国防科工委“十五”规划教材. 机械工程

工业机器人技术基础

Fundamentals of Robotics

孙树栋　主编

西北工业大学出版社
北京航空航天大学出版社　北京理工大学出版社
哈尔滨工业大学出版社　哈尔滨工程大学出版社

内容简介

本教材是编者结合所从事的教学与研究工作，借鉴国内外同行最新研究成果，为满足新时期本科与研究生教学改革与发展的具体要求而编写的。

全书共八章，包括概论、坐标系及其变换、机器人运动学、机器人动力学、机器人控制、机器人路径规划、机器人系统及典型应用以及机器人未来发展。在内容安排上做到循序渐进、由浅入深，既让读者全面掌握机器人学的基本知识，又让读者对现代机器人学的发展前景有一个了解。

本教材可作为计算机应用、自动控制、机械制造及其自动化、工业工程及其相关专业的教材，也可供在机器人技术领域工作的科研和工程技术人员参考。

图书在版编目(CIP)数据

工业机器人技术基础/孙树栋主编．—西安：西北工业大学出版社，2006.12(2019.6重印)
国防科工委"十五"规划教材．机械工程
ISBN 978-7-5612-2080-1

Ⅰ.工… Ⅱ.孙… Ⅲ.工业机器人—教材 Ⅵ.TP242.2

中国版本图书馆CIP数据核字(2006)第040624号

工业机器人技术基础

孙树栋　主编
责任编辑　季强　李阿盟
责任校对　季苏平
西北工业大学出版社出版发行
西安市友谊西路127号(710072)
市场部电话：029-88493844　88491757
http://www.nwpup.com
陕西向阳印务有限公司印制　各地书店经销
开本：787×960　1/16
印张：12.25　字数：255千字
2006年12月第1版　2019年6月第6次印刷
ISBN 978-7-5612-2080-1　定价：37.00元

国防科工委"十五"规划教材编委会

总 序

国防科技工业是国家战略性产业，是国防现代化的重要工业和技术基础，也是国民经济发展和科学技术现代化的重要推动力量。半个多世纪以来，在党中央、国务院的正确领导和亲切关怀下，国防科技工业广大干部职工在知识的传承、科技的攀登与时代的洗礼中，取得了举世瞩目的辉煌成就。研制、生产了大量武器装备，满足了我军由单一陆军，发展成为包括空军、海军、第二炮兵和其他技术兵种在内的合成军队的需要，特别是在尖端技术方面，成功地掌握了原子弹、氢弹、洲际导弹、人造卫星和核潜艇技术，使我军拥有了一批克敌制胜的高技术武器装备，使我国成为世界上少数几个独立掌握核技术和外层空间技术的国家之一。国防科技工业沿着独立自主、自力更生的发展道路，建立了专业门类基本齐全，科研、试验、生产手段基本配套的国防科技工业体系，奠定了进行国防现代化建设最重要的物质基础；掌握了大量新技术、新工艺，研制了许多新设备、新材料，以"两弹一星"、"神舟"号载人航天为代表的国防尖端技术，大大提高了国家的科技水平和竞争力，使中国在世界高科技领域占有了一席之地。党的十一届三中全会以来，伴随着改革开放的伟大实践，国防科技工业适时地实行战略转移，大量军工技术转向民用，为发展国民经济做出了重要贡献。

国防科技工业是知识密集型产业，国防科技工业发展中的一切问题归根到底都是人才问题。50 多年来，国防科技工业培养和造就了一支以"两弹一星"元勋为代表的优秀的科技人才队伍，他们具有强烈的爱国主义思想和艰苦奋斗、无私奉献的精神，勇挑重担，敢于攻关，为攀登国防科技高峰进行了创造性劳动，成为推动我国科技进步的重要力量。面向新世纪的机遇与挑战，高等院校在培养国防科技人才，生产和传播国防科技新知识、新思想，攻克国防基础科研和高技术研究难题当中，具有不可替代的作用。国防科工委高度重视，积极探索，锐意改革，大力推进国防科技教育特别是高等教育事业的发展。

高等院校国防特色专业教材及专著是国防科技人才培养当中重要的知识载体和教学工具，但受种种客观因素的影响，现有的教材与专著整体上已落后于当今国防科技的发展水平，不适应国防现代化的形势要求，对国防科技高层次人才的培养造成了相当不利的影响。为尽快改变这种状况，建立起质量上乘、品种齐全、特点突出、适应当代国防科技发展的国防特色专业教材体系，国防科工委全额资助编写、出版200种国防特色专业重点教材和专著。为保证教材及专著的质量，在广泛动员全国相关专业领域的专家学者竞投编著工作的基础上，以陈懋章、王泽山、陈一坚院士为代表的100多位专家、学者，对经各单位精选的近550种教材和专著进行了严格的评审，评选出近200种教材和学术专著，覆盖航空宇航科学与技术、控制科学与工程、仪器科学与工程、信息与通信技术、电子科学与技术、力学、材料科学与工程、机械工程、电气工程、兵器科学与技术、船舶与海洋工程、动力机械及工程热物理、光学工程、化学工程与技术、核科学与技术等学科领域。一批长期从事国防特色学科教学和科研工作的两院院士、资深专家和一线教师成为编著者，他们分别来自清华大学、北京航空航天大学、北京理工大学、华北工学院、沈阳航空工业学院、哈尔滨工业大学、哈尔滨工程大学、上海交通大学、南京航空航天大学、南京理工大学、苏州大学、华东船舶工业学院、东华理工学院、电子科技大学、西南交通大学、西北工业大学、西安交通大学等，具有较为广泛的代表性。在全面振兴国防科技工业的伟大事业中，国防特色专业重点教材和专著的出版，将为国防科技创新人才的培养起到积极的促进作用。

党的十六大提出，进入21世纪，我国进入了全面建设小康社会、加快推进社会主义现代化的新的发展阶段。全面建设小康社会的宏伟目标，对国防科技工业发展提出了新的更高的要求。推动经济与社会发展，提升国防实力，需要造就宏大的人才队伍，而教育是奠基的柱石。全面振兴国防科技工业必须始终把发展作为第一要务，落实科教兴国和人才强国战略，推动国防科技工业走新型工业化道路，加快国防科技工业科技创新步伐。国防科技工业为有志青年展示才华，实现志向，提供了缤纷的舞台，希望广大青年学子刻苦学习科学文化知识，树立正确的世界观、人生观、价值观，努力担当起振兴国防科技工业、振兴中华的历史重任，创造出无愧于祖国和人民的业绩。祖国的未来无限美好，国防科技工业的明天将再创辉煌。

张华祝

前　言

很早以来，人类就幻想有一种拟人的机械，能实现如人的手、脚一样灵活自由的运动，能代替人从事各种复杂的劳动。随着人类认识的不断深入和科学技术的进步，这种梦想正逐步变成现实。

目前，机器人已经广泛应用于工业生产中，从事点焊、弧焊、喷漆、搬运、装配等工作；在汽车工业、电子工业、核工业等许多工业部门，在服务、娱乐、医疗等行业，在深海、外太空等人类极限能力以外的应用领域，机器人正发挥着巨大的、不可替代的作用。

机器人的广泛应用，极大地提高了劳动生产率，提高了产品质量，降低了产品成本，减轻了人的劳动强度，改善了劳动条件，扩大了人类认知活动的范围。因此，世界上许多发达国家都投入巨资发展机器人技术。

对机器人技术的研究诞生了一门新兴的学科——机器人学（Robotics）。它是一门边缘学科，是力学、机械学、计算机科学、电子学、信息论、控制论等许多学科交叉、融合的结果。短短40多年的时间，机器人学已经从襁褓时期，迅速发展、壮大成为当今举足轻重的学科之一。

本教材是以编者十余年来在机器人学教学与研究中的心得、体会与成果为基础，借鉴国内外同行最新研究成果，为满足新时期本科与研究生教学改革与发展的具体要求而编写的。

全书以向读者传授机器人学基本概念、基本理论、基本方法、典型应用实例为主线，将编者的科研成果与现代机器人学的发展现状及其发展趋势紧密结合起来。在内容安排上做到循序渐进、由浅入深，既让读者全面掌握机器人学的基本知识，又能让读者对现代机器人学的发展前景有一个较全面的了解。

书中第1章对机器人发展简史、定义、基本组成、功能、分类等基础知识进行了介绍；第2章对机器人学研究中用到的坐标系选取、机器人位姿（位置和方向）的描述方法、不同坐标系之间的变换，尤其是机器人学研究中特有的齐次坐标、齐次变换作了深入讲解；第3章对机器人运动学正、反问题，雅可比矩阵及机器人奇异点等内容作了全面阐述；第4章对机器人动力学研究中常用的一些方法，如牛顿-欧拉方程、拉格朗日方程等进行了深入讲解，通过实例使读者对机器人动力学研究有较深入的理解；第5章对机器人控制系统和控制方法，包括力控制、自适应控制、变结构控制等问题进行了深入探讨；第6章结合编者近十年来的研究成果，特别是在遗传算法方面的研究成果，讲解了机器人路径规划问题；第7章对机器人的各种典型应用进行了深入描述，力争使读者对现代机器人应用系统有一个较全面的、系统的认识，为今后选用机器人系统提供必要的基础；第8章对机器人学今后的发展趋势进行了总结与阐述，使读者对当今机器人学研究前沿有一个清楚的认识。

本教材由孙树栋任主编，徐娅萍、司书宾、黄英亮参加了编写工作。其中由孙树栋编写第1章和第6章，黄英亮编写第2章和第3章，徐娅萍编写第4章和第5章，司书宾编写第7章和第8章，全书由孙树栋统稿。

本教材由清华大学孙增圻教授和南京航空航天大学朱剑英教授任主审，两位专家提出了许多建设性意见和建议，使本教材编写质量得到进一步提高，编者对两位主审老师的辛勤劳动表示衷心的感谢！

本教材在编写过程中，参考了大量国内外同行出版的教材、专著、论文、网络文献等资料，书末附有参考文献。在此，编者对各位原编著者表示衷心感谢。但书中所列文献难免有所遗漏，对此编者敬请原编著者海涵，并请告知我们，以便再版时增补。

本教材的出版得到国防科学技术工业委员会"十五"重点教材建设项目的大力支持，对此编者表示衷心的感谢！同时，感谢西北工业大学出版社的同志们为本书出版所付出的艰辛努力！

限于时间和编者水平，书中难免存在错漏之处，望读者不吝赐教。

编　者

2006年6月

目　录

第1章 概 论

人类始终渴望制造一种像人一样的机器，以便将人从繁重的、枯燥的、危险的活动中解脱出来。虽然当今机器人的本领还十分有限，但它正在迅速发展，并开始对人类生产、生活的各方面产生越来越大的影响。

1.1 机器人及其发展

1.1.1 机器人的由来

早在我国西周时期（公元前1066—公元前771年），就流传有关巧匠偃师献给周穆王一个歌舞机器人的故事。我国东汉时期（25—220年），张衡发明的指南车是世界上最早的机器人雏形。

第一次工业革命以来，随着各种自动机器、动力机械的问世，制造机器人开始由梦想转入现实，许多机械式控制的机器人，主要是各种精巧的机器人玩具和工艺品应运而生。1768—1774年间，瑞士钟表匠德罗斯父子，设计制造了三个像真人一样大小的写字偶人、绘图偶人和弹风琴偶人。它们是由凸轮控制和弹簧驱动的自动机器，至今还作为国宝保存在瑞士纳切特尔市艺术和历史博物馆内。1893年，加拿大人摩尔设计制造了以蒸汽为动力的能行走的机器偶人"安德罗丁"。这些事例标志着人类对于制造机器人从梦想到现实这一漫长道路上前进了一大步。

1920年，捷克剧作家卡雷尔·查培克（Karel Capek）在他的幻想情节剧《罗萨姆的万能机器人》中，第一次提出了"机器人"这个名词。在剧中，他把机器人描述成与人相似但能不知疲倦地工作的机器，最终机器人背叛它们的创造者而消灭了人类。1950年，美国著名科幻小说作家阿西莫夫在他的小说《我是机器人》中，提出了有名的"机器人三守则"：

（1）机器人必须不危害人类，也不允许眼看人类将受害而袖手旁观；

（2）机器人必须绝对服从于人类，除非这种服从有害于人类；

（3）机器人必须保护自身不受伤害，除非为了保护人类或者是人类命令它做出牺牲。

这三条守则现在仍被机器人研究人员、研制厂家和用户共同遵守。

现代机器人的研究始于第二次世界大战之后处理放射性物质的遥控机械手。当时的遥控机械手包括主操作手和从操作手，从操作手通过一系列连杆与主操作手相连，使用者通过操作主操作手而使从操作手完成同样的动作。1949年，为了使从操作手能够操作诸如玻璃杯等易碎品，在从操作手上增加了力反馈。

在遥控机械手发展的同时，由于航空工业的需求，出现了能够完成复杂曲面加工的数控机床(CNC)。1954 年，美国人乔治・德沃尔(George Devol)用 CNC 机床控制器的可编程技术取代遥控机械手的主操作手，发明了第一台“可编程关节式输送装置”，并取得了该项专利，即工业机器人专利。约瑟夫・艾根伯格(Joseph Engelberger)购买了该专利，于 1956 年成立了万能自动化(Unimation)公司。1961 年，该公司研制出第一台机器人 Unimate，并在美国通用汽车公司(GM)投入使用，其外形如图1.1所示，这标志着第一代工业机器人的诞生。

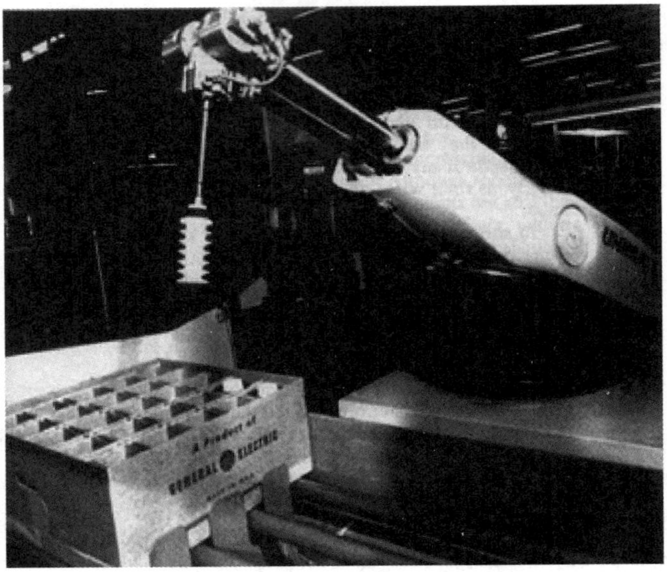

图 1.1　第一台机器人 Unimate

1.1.2　机器人的发展

1962 年，斯坦福(Stanford)操作手问世，其外形如图 1.2 所示。该机器人有 6 个关节，其中一个是移动关节。1974 年，机床制造商辛辛那提・米拉克龙(Cincinnati Milacron)的公司研制成功第一台计算机控制的机器人未来工具(The Tomorrow Tool，T^3)，其外形如图 1.3 所示。它能提起 45kg 重物，并能在装配线上跟踪运动的工件。1978 年，Unimation 公司开发出用于装配的可编程万能机器 PUMA(Programmable Universal Manipulator for Assembly)机器人，其外形如图 1.4 所示。它是一种多关节结构形式、全电机驱动、多 CPU 分级控制的机器人，应用范围十分广泛。

1976 年，美国国家航空航天局(NASA)成功实现了“海盗”号宇宙飞船火星着陆计划，该宇宙飞船在火星着陆后，释放出两台机器人，它们在地面监控人员和计算机的共同控制下，在火星上采集样品进行实验，并把实验所得数据通过卫星送回地面。

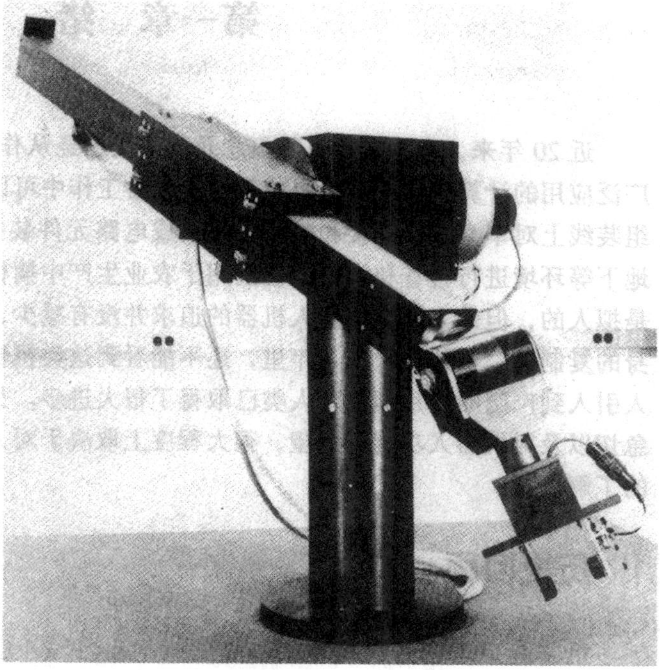

图 1.2　Stanford 操作手

图 1.3　T^3机器人

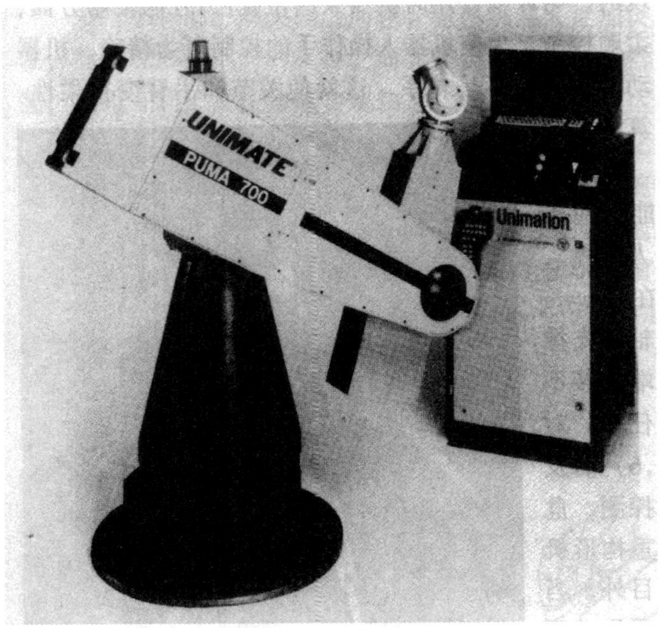

图 1.4 PUMA 机器人

1968 年，日本川崎重工业公司从美国引进 Unimate 机器人，并对它进行改进，增加了视觉功能，使其成为一种具有智能的机器人。这一成就引起了日本产业界和政府的高度重视，并在 1971 年成立了日本工业机器人协会。1979 年，日本山梨大学的牧野洋教授研制成功水平关节型 SCARA(Selective Compliance Assembly Robot Arm)机器人，其外形如图 1.5 所示，它特别适合于垂直方向装配作业。

随着工业机器人应用的普及和推广，机器人的驱动方式也发生了巨大变化。出于洁净和廉价的考虑，对于轻载作业的机器人常采用电机驱动，但是由于电机只有在高速时才能获得最大功率，机器人在工作时需对电机进行减速，齿轮减速不可避免带来摩擦、间隙等，引起较大运动误差，因此需要寻找一种无须对电机进行减速、能直接驱动机器人关节的方法。1981 年，美国卡内基·梅隆大学(Carnegie Mellon)研制成功直接驱动机器人。

我国对于现代机器人研究和开发始于 20 世纪 70 年代，从 80 年代中期进入快速发展阶段。国家科技攻关计划、国家高技术研究与发展计划等都将机器人的研究和开发列为重点。我国先后研制成功点焊、弧焊、喷漆和搬运等工业机器人，并成功用于工业生产中；在特种机器人领域，我国也取得了丰硕成果，先后研制成功 6 000 m 水下自治机器人、双足步行机器人、多手指灵巧手等。

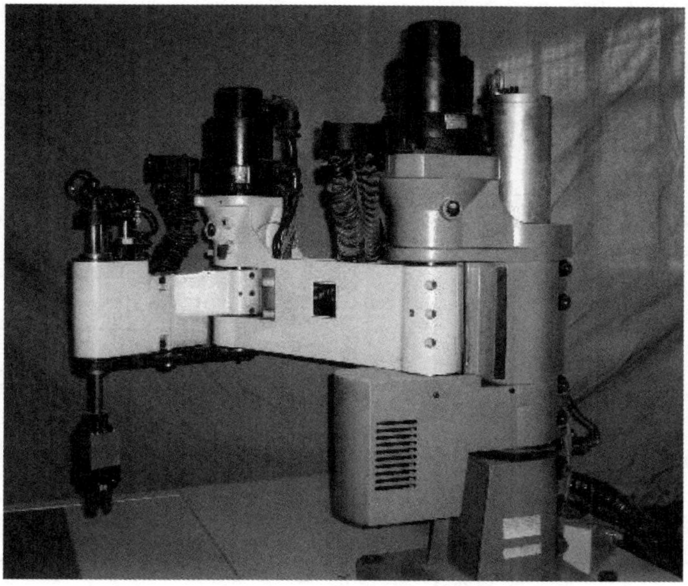

图 1.5 SCARA 机器人

1.2 机器人定义与基本组成

1.2.1 机器人与机器人学定义

机器人的定义处在不断发展变化之中。美国机器人协会(RIA)认为,机器人是一种用于移动各种材料、零件、工具或专用装置,通过可编程序动作来执行各种任务,并具有编程能力的多功能机械手(Manipulator)。日本工业机器人协会(JIRA)认为,工业机器人是一种装备有记忆装置和末端执行器(End Effector),能够转动并通过自动完成各种移动来代替人类劳动的通用机器。国际标准化组织(ISO)给出的定义是,机器人是一种自动的、位置可控的、具有编程能力的多功能机械手,这种机械手具有几个轴,能够借助于可编程序操作来处理各种材料、零件、工具和专用装置,以执行多种任务。

综上所述,我们认为机器人是一种能自动控制、可重复编程、多功能,可以代替人完成特定任务的一种自动化机电装置。

机器人技术的迅速发展,为机器人学的建立奠定了基础。机器人学是综合运用数学、力学、机械、电子、计算机、自动控制、人工智能等多学科知识,对机器人的体系结构、机构、控制、智能、传感、编程语言以及机器人应用等进行研究的一门综合性新兴交叉学科。

1.2.2 机器人基本组成

机器人系统一般由下列四个互相作用的部分组成:执行机构、控制器、环境和任务,如图1.6所示。

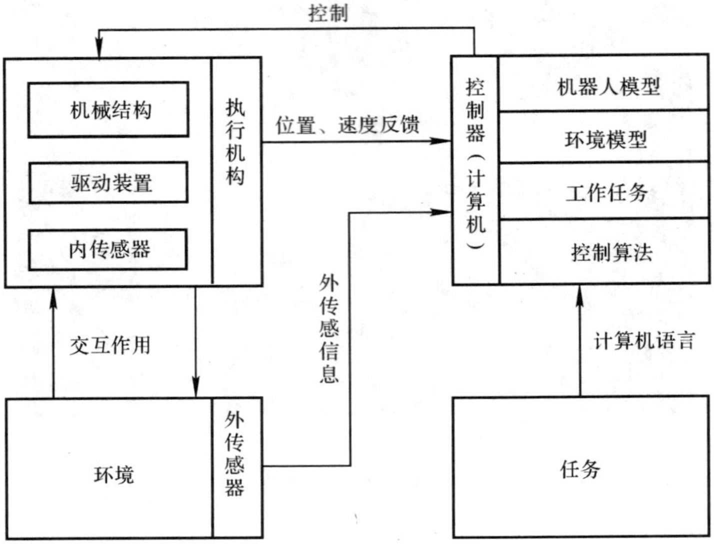

图 1.6 机器人系统的基本组成

执行机构(也称为机械手、操作器或操作手)一般是一种多关节式机械结构,由连杆、关节、末端执行器等组成,其末端执行器根据操作需要也可以换装焊枪、吸盘、扳手等工具。

环境指机器人在执行任务时所能达到的几何空间,且包含该空间中每个事物的全部自然特性所决定的条件。在机器人工作环境中,机器人会得到完成任务所需的支持,如自动传输线将为机器人传送生产所需的工件、材料等。同时,在机器人的工作环境中,也会遇到一些障碍物和其他突发事件,机器人必须设计合理的运动路线,避免与这些障碍发生碰撞,并妥善处理好环境中各种突发事件,以保证机器人完成特定任务。环境信息一般是确定的和已知的,这种环境称为结构化环境。但在许多情况下,环境具有未知和不确定性,这种环境称为非结构化环境。

任务的定义为环境的初始状态和目标状态间的差别。这些任务必须用适当的程序设计语言来描述,并把它们存入机器人系统的控制计算机中。而且,这种描述必须能为计算机所理解。随着所用系统的不同,语言描述方式可为图形、语音或书面文字。

控制器是机器人系统的指挥中枢,负责信息处理和与人交互,它接收来自传感器的信号,对其进行数据处理,并按照预存信息、机器人的状态及其环境情况等,产生出控制信号去驱动机器人的各个关节。为此,控制器内必须具有保证机器人实现其功能所必需的程序。对于技术比较简单的机器人，计算机只含有固定程序；对于技术比较先进的机器人，可采用可编程序计算机或微处理器作为控制器。

1.3 机器人技术参数

1.3.1 机器人自由度与机动度

自由度是机器人的一个重要技术指标，它是由机器人的结构决定的，并直接影响到机器人的机动性。

(1)刚体的自由度。刚体能够对坐标系进行独立运动的数目称为自由度(Degree of Freedom，Dof)。如图1.7所示，刚体所能进行的运动有：

沿坐标轴 Ox，Oy 和 Oz 的三个平移运动 T_1，T_2 和 T_3；

绕坐标轴 Ox，Oy 和 Oz 的三个旋转运动 R_1，R_2 和 R_3。

这意味着刚体能够运用三个平移和三个旋转，相对于坐标系进行定位和定向。

一个刚体有六个自由度。当两个刚体间确立起某种关系时，每一刚体就对另一刚体失去一些自由度。这种关系也可以用两刚体间由于建立连接关系而不能进行的移动或转动来表示。

(2)机器人的自由度。机器人的自由度是指其末端相对于参考坐标系能够独立运动的数目。一般情况下，机械手的手臂可以看成是由相互连接的刚体组成。如上所述，若要求机器人能够达到空间任意位姿，则它应当具有六个自由度。不过，如果工具本身具有某种特别结构，那么就可能不需要六个自由度。例如，要把一个球放到空间某个给定位置，有三个自由度就足够了(见图 1.8(a))；又如，旋转钻头的定位与定向仅需要五个自由度，因为钻头可表示为某个绕着它的主轴旋转的圆柱体(见图 1.8(b))。

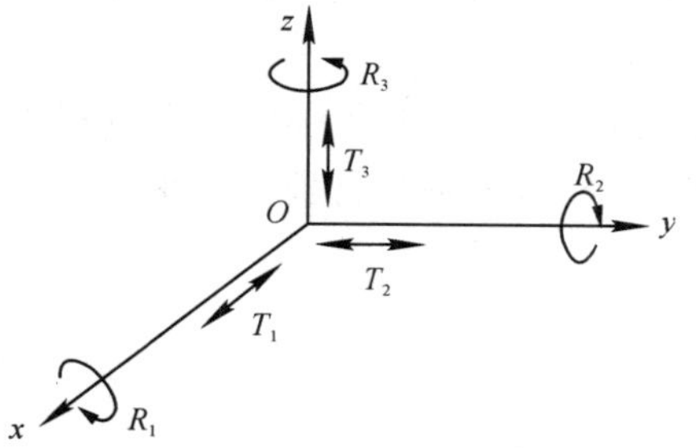

图 1.7 刚体的六个自由度

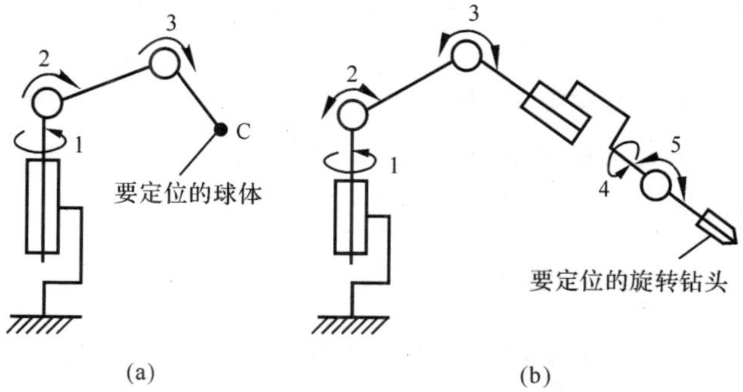

图 1.8 机器人自由度举例

当要求机器人钻孔时，钻头必须转动，不过，这一转动总是由外部的电机带动的，因此，不把它看做机器人的一个自由度。同样，机械手的手爪应能开闭，也不能把它当做机器人的自由度之一，因为手爪开闭只对手爪的操作起作用。

(3)机器人的机动度。机器人的机动度(Degree of Mobility)是指机器人各关节所具有的能自由运动的数目。如图1.9(a)所示，在三维空间中，若仅仅需要确定点D的位置，那么关节C在理论上将是冗余的，这时，可以认为关节C不再具有自由度，但具有机动度。但是，如果需要同时确定点D的位置和方向，那么关节C就成为一个自由度，它能够使CD在一定范围内定向。如果要使CD指向任何方向，那么还需要增加另外两个自由度。由此可见，并不是所有的机动度都构成一个自由度。例如，在图1.9(b)所示的二维空间中，尽管机器人有五个关节，但是在任何情况下这台机器人的独立自由度不多于两个。

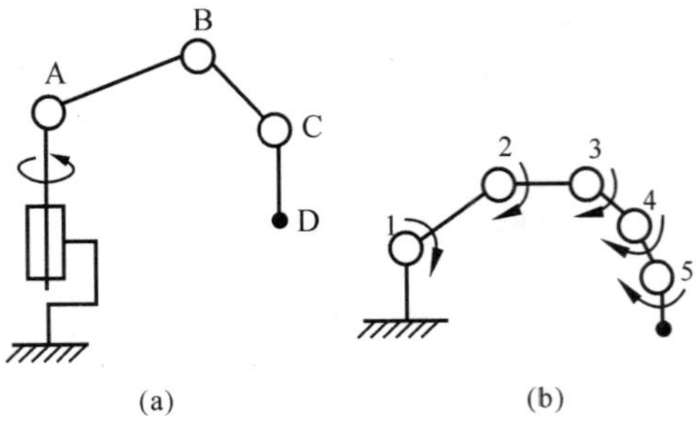

图1.9　自由度与机动度

在三维空间中，一般不要求机器人具有六个以上的自由度，但是可以采用较多的机动度。机动度越多机器人的灵活性越大，然而其控制难度将随之增加。

1.3.2　机器人额定速度与额定负载

机器人每个关节的运动过程一般包括启动加速阶段、匀速运动阶段、减速制动阶段。为了缩短机器人运动周期，提高生产效率，希望启动加速阶段和减速制动阶段的时间尽可能短，匀速运动速度尽可能高，因此加速阶段和减速阶段的加速度较大，将会产生较大惯性力，容易导致被抓物品松脱。由此可见，机器人负载能力与其速度有关。

机器人在保持运动平稳性和位置精度前提下所能达到的最大速度称为额定速度(Rated Velocity)。其某一关节运动的速度称为单轴速度，由各轴速度分量合成的速度称为合成速度。

机器人在额定速度和行程范围内，末端执行器所能承受负载的允许值称为额定负载(Rated Load)。极限负载是在限制作业条件下，保证机械结构不损坏，末端执行器所能承受负载的最大值。

1.3.3　机器人工作空间

机器人末端执行器上参考点能达到的空间的集合称为机器人工作空间(Working Space)。通常，工业机器人的工作空间用其在垂直面内和水平面内的投影表示，如图1.10所示。对于一些结构简单的机器人，其工作空间也可用解析方程表示。

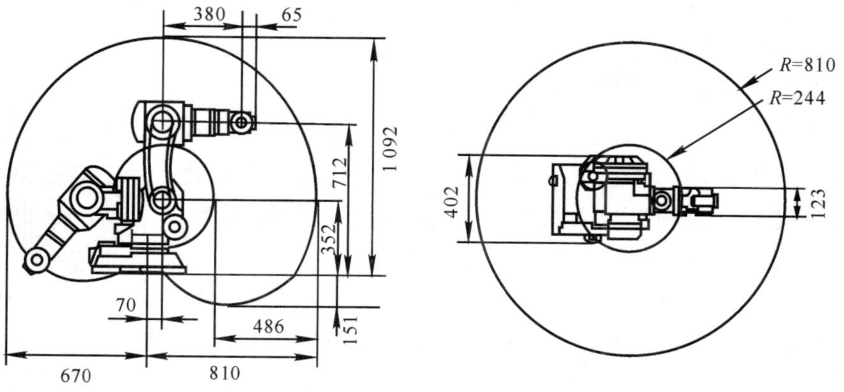

图 1.10 工业机器人工作空间示例

1.3.4 机器人分辨率、位姿准确度和位姿重复性

分辨率是机器人各关节运动能够实现的最小移动距离或最小转动角度，它有控制分辨率(Control Resolution)和空间分辨率(Spatial Resolution)之分。

控制分辨率是机器人控制器根据指令能控制的最小位移增量。若机器人末端执行器借助于二进制 n 位指令移动距离为 d，则控制分辨率为 $d/2^n$；对于转动关节，则为角度的运动范围除以 2^n 得到控制角分辨率，再乘以臂长得到末端执行器的控制分辨率。空间分辨率是机器人末端执行器运动的最小增量。空间分辨率是一种包括控制分辨率、机械误差及计算机计算时的圆整、截尾、近似计算误差在内的联合误差。

机器人多次执行同一位姿指令，其末端执行器在指定坐标系中实到位姿与指令位姿之间的偏差称为机器人位姿准确度(Pose Accuracy)。位姿准确度可分为位置准确度(Positioning Accuracy)和姿态准确度(Orientation Accuracy)。

在相同条件下，用同一方法操作机器人时，重复多次所测得的同一位姿散布的不一致程度称为位姿重复性(Pose Repeatability)。

1.4 机器人的分类

机器人的分类方法很多，这里介绍四种分类法，即分别按机器人的几何结构、控制方式、智能程度以及移动方式等来分。

1.4.1 按机器人的几何结构分类

机器人的结构形式多种多样。最常见的结构形式是用其坐标特性来描述的。这些坐标结构包括笛卡儿坐标结构、柱面坐标结构、极坐标结构、球面坐标结构和关节式结构等。这里简单介绍柱面、球面和关节式结构这三种最常见的机器人。

(1) 柱面坐标机器人。柱面坐标机器人主要由垂直柱子、水平移动关节和底座构成。水平移动关节装在垂直柱子上,能自由伸缩,并可沿垂直柱子上下运动。垂直柱子安装在底座上,并与水平移动关节一起绕底座转动。这种机器人的工作空间就形成一个圆柱面,如图 1.11 所示。因此,把这种机器人叫做柱面坐标机器人。

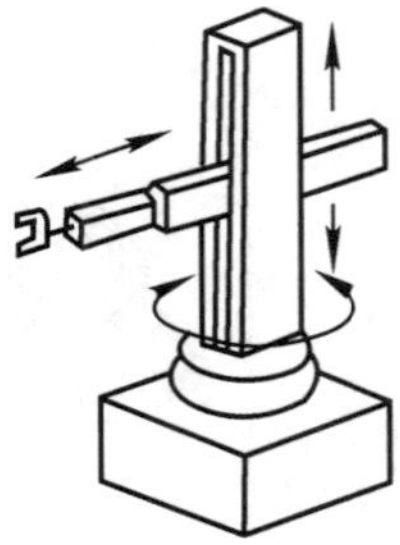

图 1.11　柱面坐标机器人

(2) 球面坐标机器人。这种机器人如图 1.12 所示。它像坦克的炮塔一样。机械手能够做里外伸缩移动、在垂直平面内摆动以及绕底座在水平面内转动。因此,这种机器人的工作空间形成球面的一部分,称为球面坐标机器人。

(3) 关节式机器人。这种机器人主要由底座、大臂和小臂构成。大臂和小臂可在通过底座的垂直平面内运动,如图 1.13 所示,大臂和小臂间的关节称为肘关节,大臂和底座间的关节称为肩关节。在水平平面上的旋转运动,既可由肩关节完成,也可以绕底座旋转来实现。这种机器人与人的手臂非常类似,称为关节式机器人。

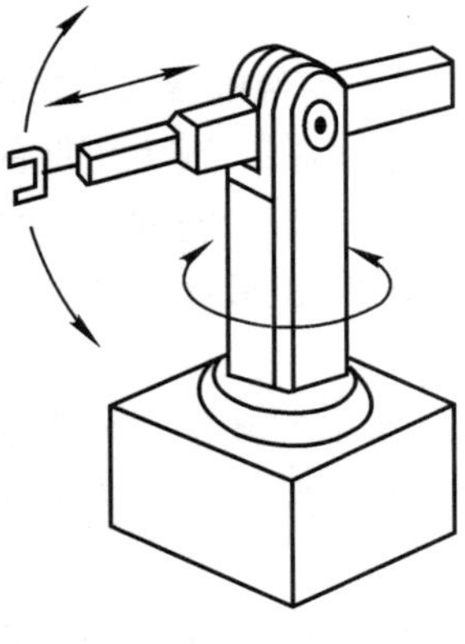

图 1.12　球面坐标机器人

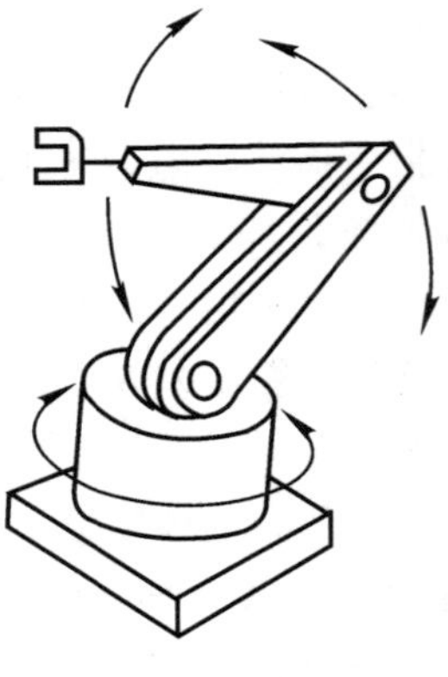

图 1.13　关节式机器人

1.4.2　按机器人的控制方式分类

按照控制方式可把机器人分为非伺服机器人和伺服控制机器人两种。

(1) 非伺服机器人(Non-servo Robots)。非伺服机器人按照预先编好的程序进行工作,使用终端限位开关、制动器、插销板和定序器来控制机器人的运动,其工作原理如图 1.14 所示。图中,插销板用来预先规定机器人的工作顺序,而且往往是可调的;定序器是一种定序开关或步进装置,它能够按照预定的正确顺序接通驱动装置的能源;驱动装置接通能源后,就带动机器人的手臂、腕部和手爪等装置运动,当它们移动到由终端限位开关所规定的位置时,限位开关切换工作状态，给定序器送去一个“工作任务(或规定运动)已完成”的信号，并使终端制动器动作，切断驱动能源。机器人完成一个工作循环。

(2) 伺服控制机器人(Servo-controlled Robots)。伺服控制机器人比非伺服机器人有更强的工作能力，但是在某些情况下不如非伺服机器人可靠。如图1.15所示，伺服系统的输出可为机器人末端执行装置(或工具)的位置、速度、加速度或力等。通过反馈传感器取得的反馈信号与来自给定装置(如给定电位器)的综合信号，用比较器加以比较后，得到误差信号，经过放大后用以控制机器人的驱动装置，进而带动末端执行装置以一定规律运动到达规定的位置或速度等。

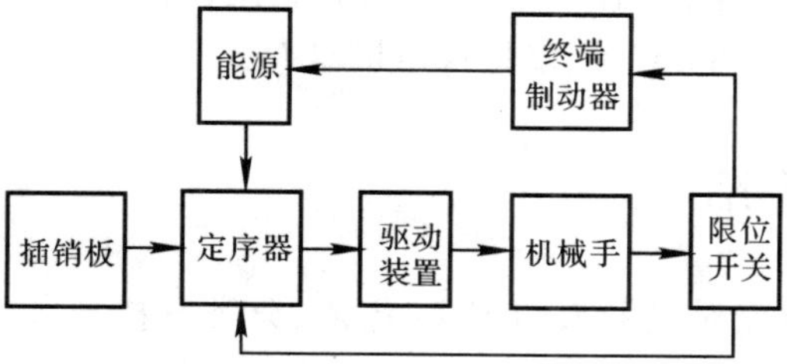

图1.14 非伺服机器人功能示意图

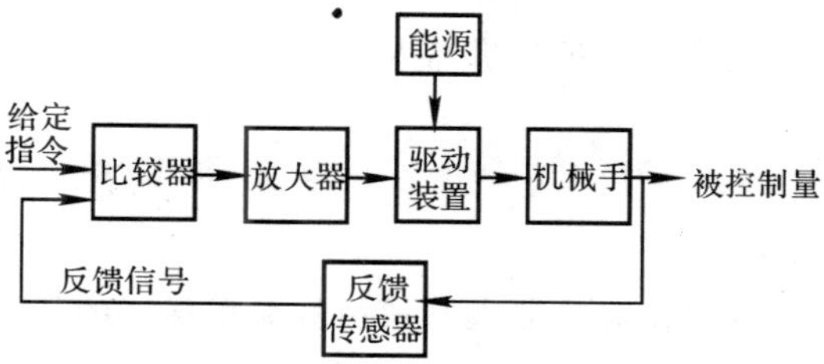

图1.15 伺服机器人功能示意图

伺服控制机器人又可分为点位伺服控制和连续轨迹伺服控制两种。

点位伺服控制机器人一般只对其一段路径的端点进行示教，而且机器人以最快和最直接的路径从一个端点移到另一端点。点与点之间的运动总是有些不平稳，即使同时控制两根轴，它们的运动轨迹也很难完全一样，因此，点位伺服控制机器人用于只有终端位置有要求而对点位之间的路径和速度不作要求的场合。

点位伺服控制机器人的初始程序比较容易设计，但不易在运行期间对点位进行修正。由于没有行程控制，因此实际工作路径可能与示教路径不同。这种机器人具有很大的操作灵活性，因而其负载能力和工作范围均较大。点焊等加工是这种机器人的典型应用。

连续轨迹伺服控制机器人能够平滑地跟随某个规定的轨迹，它能较准确复原示教路径。

连续轨迹伺服控制机器人具有良好的控制和运行特性，其数据是依时间采样的，而不是依预先规定的空间点采样。这样，就能够把大量的空间信息存储在磁盘或光盘上。这种机器人的运行速度较快，功率较小，负载能力也较小。喷漆、弧焊、抛光和磨削等加工是这种机器人的典型应用。

1.4.3 按机器人的智能程度分类

(1) 一般机器人，不具有智能，只具有一般编程能力和操作功能。

(2) 智能机器人，按照具有智能的程度不同又可分为：

1）传感型机器人，具有利用传感信息（包括视觉、听觉、触觉、接近觉、力觉和红外、超声及激光等）进行传感信息处理、实现控制与操作的能力。

2）交互型机器人，通过计算机系统与操作员或程序员进行人机对话，实现对机器人的控制与操作。

3）自主型机器人，无需人的干预，能够在各种环境下自动完成各项任务。

1.4.4 按机器人的移动方式分类

（1）固定机器人，固定在某个底座上，只能通过移动各个关节完成任务。

（2）移动机器人，可沿某个方向或任意方向移动。这种机器人又可分为有轨式机器人、履带式机器人和步行机器人，其中步行机器人又可分为单足、双足、多足行走机器人。

1.5 本章小结

本章在对机器人发展历程简单描述的基础上，重点对机器人的定义、组成、分类及技术参数等问题进行了详细叙述，其目的在于使读者对机器人的基本概念、常用术语有一个较深入的了解，为后续学习、选用机器人打下一个良好的基础。

习 题

1. 机器人有哪些组成部分？为什么？
2. 机器人有哪些分类方法？试举例说明。
3. 试给出机器人两种以上不同定义，分析说明它们之间的异同点。
4. 请分析说明为什么现代机器人在短短几十年间就取得了显著进步。
5. 你认为今后机器人的研究与应用重点何在，为什么？
6. 设用回转关节连接的平面两连杆机器人杆长分别为 l_1 和 l_2，试确定该平面两连杆机器人的工作空间。
7. 试列举 5 个以上国内外有关机器人技术网站，并分析其特点。

第 2 章　坐标系及其变换

2.1　机器人坐标系

机器人是一个非常复杂的系统，为了准确、清楚地描述机器人位姿，通常采用参考坐标系和关节坐标系。

2.1.1　参考坐标系

参考坐标系的位置和方向不随机器人各关节的运动而变化，对机器人其他坐标系起参考定位的作用，通常采用三维空间中的固定坐标系 $OXYZ$ 来表述，如图 2.1 所示。在这种坐标系中，无论手臂在哪里，x 轴的正向运动就总是在 X 轴的正方向；y 轴的正向运动就总是在 Y 轴的正方向；z 轴的正向运动就总是在 Z 轴的正方向。参考坐标用来定义机器人相对于其他物体的运动以及机器人运动路径等。

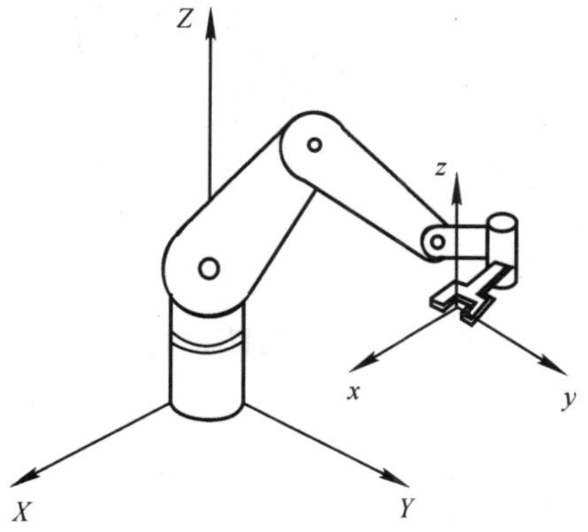

图 2.1　参考坐标系

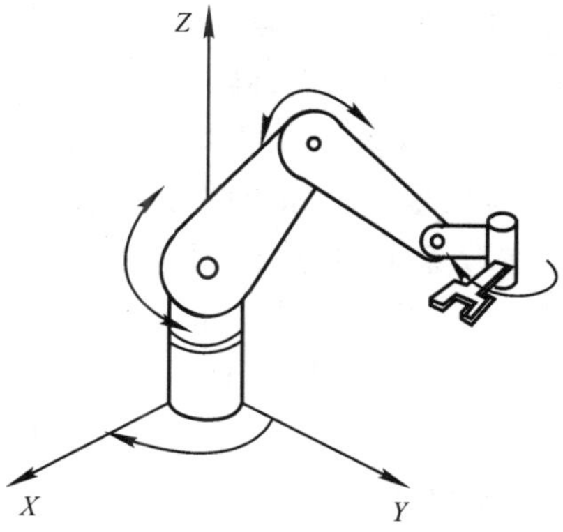

图 2.2　关节坐标系

2.1.2　关节坐标系

关节坐标系用来描述机器人每一个独立关节的运动。如图 2.2 所示，假设希望将机器人的末端运动到某一个特定的位置，可以每次只运动一个关节，从而把末端引导到期望的位置上。在这种情况下，每一个关节单独控制，从而每次只有一个关节运动。由于所用关节的类型(滑动型，旋转型，球型)不同，机器人末端的动作也各不相同。例如，如果是旋转关节运动，机器人末端将绕着关节的轴旋转。

2.2 机器人位姿表述

机器人的机构可以看成一个由一系列关节连接起来的连杆所组成的多刚体系统。在研究机器人的运动过程中，将要涉及组成这一系统的各连杆之间，以及系统与对象之间的相互关系。

2.2.1 直角坐标表示

1. 刚体位姿表示

对于一个刚体，若给定了其上某一点的位置和该刚体在空间的姿态，则这个刚体在空间完全定位。

如图 2.3 所示，设 O' 为刚体上任意一点，$OXYZ$ 为参考坐标系，O' 点在 O 系中的坐标可用一个列向量表示为

$$\boldsymbol{R}_0 = [x_0 \quad y_0 \quad z_0]^{\mathrm{T}}$$

上式表示的即是刚体上点 O' 在 O 系中的位置。若在刚体上建立一个坐标系 $O'X'Y'Z'$，则刚体的方向可以由 O' 系坐标轴的方向表示，令 $\boldsymbol{n}$，$\boldsymbol{o}$，$\boldsymbol{a}$ 分别代表 X'，Y'，Z' 坐标轴方向的单位矢量，每个单位矢量在 O 系上的分量为 O' 系各坐标轴投影在 O 系上的方向余弦，于是刚体在参考坐标系内的方向可用由 $\boldsymbol{n}$，$\boldsymbol{o}$，$\boldsymbol{a}$ 三个矢量组合起来的 3 阶矩阵 $\boldsymbol{R}$ 来表示，即

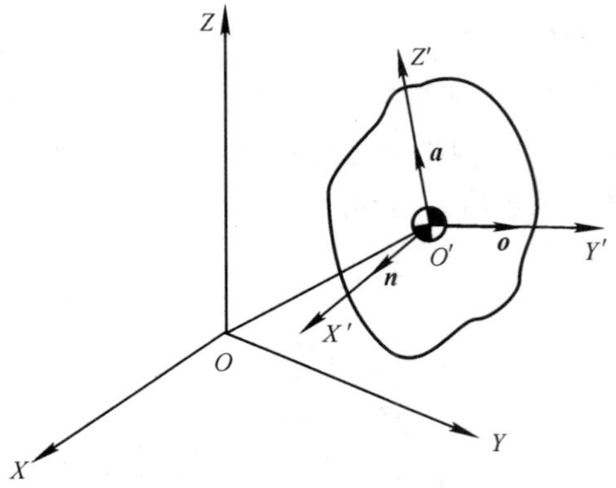

图 2.3 刚体位置和方向

$$\boldsymbol{R} = [\boldsymbol{n} \quad \boldsymbol{o} \quad \boldsymbol{a}]$$

此矩阵为一旋转矩阵。

2. 旋转矩阵的一般形式

刚体的运动可分解为旋转和平移，而运动的描述可以用上述 O 系和 O' 系的关系来表达，因此首先研究反映刚体定点旋转的坐标系变换矩阵 —— 旋转矩阵，这是研究机器人运动姿态的基础。

设有两个共原点的坐标系 $OX_AY_AZ_A$ 和 $OX_BY_BZ_B$，如图 2.4 所示，$\{B\}$ 系可认为是 $\{A\}$ 系绕定点 O 旋转而成的。若空间有一点 P，该点在 $\{A\}$ 系内的坐标为 $[x_A \quad y_A \quad z_A]^{\mathrm{T}}$，在 $\{B\}$ 系内的坐标为 $[x_B \quad y_B \quad z_B]^{\mathrm{T}}$，若以 $\{A\}$ 系为参考坐标系，根据投影关系，P 点从 $\{B\}$ 系变换到 $\{A\}$ 系的坐标变换关系为

$$\begin{cases} x_A = x_B\cos(x_A, x_B) + y_B\cos(x_A, y_B) + z_B\cos(x_A, z_B) \\ y_A = x_B\cos(y_A, x_B) + y_B\cos(y_A, y_B) + z_B\cos(y_A, z_B) \\ z_A = x_B\cos(z_A, x_B) + y_B\cos(z_A, y_B) + z_B\cos(z_A, z_B) \end{cases}$$

这一关系可以用矩阵表达为

$$^{A}\boldsymbol{r} = {}^{A}\boldsymbol{R}_{B}{}^{B}\boldsymbol{r}$$

式中

$$^{A}\boldsymbol{R}_{B} = \begin{bmatrix} \cos(x_A, x_B) & \cos(x_A, y_B) & \cos(x_A, z_B) \\ \cos(y_A, x_B) & \cos(y_A, y_B) & \cos(y_A, z_B) \\ \cos(z_A, x_B) & \cos(z_A, y_B) & \cos(z_A, z_B) \end{bmatrix} \tag{2.1}$$

即为一般形式的旋转矩阵，也称为从$\{B\}$系向$\{A\}$系变换的旋转矩阵，对$\{A\}$系来说，$^{A}\boldsymbol{R}_{B}$描述了$\{B\}$系的姿态，故也称为姿态矩阵。

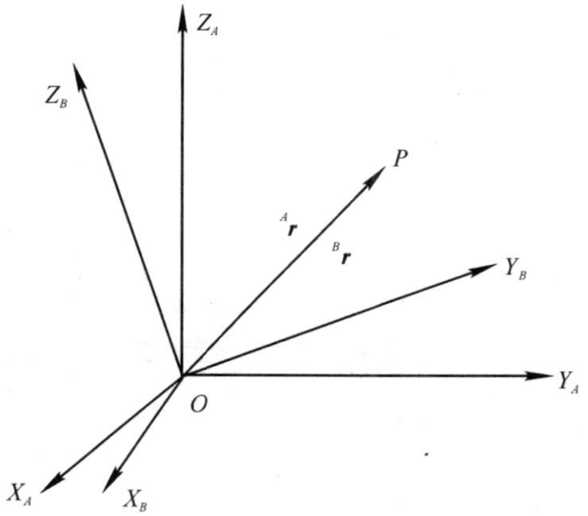

图 2.4　坐标系的旋转

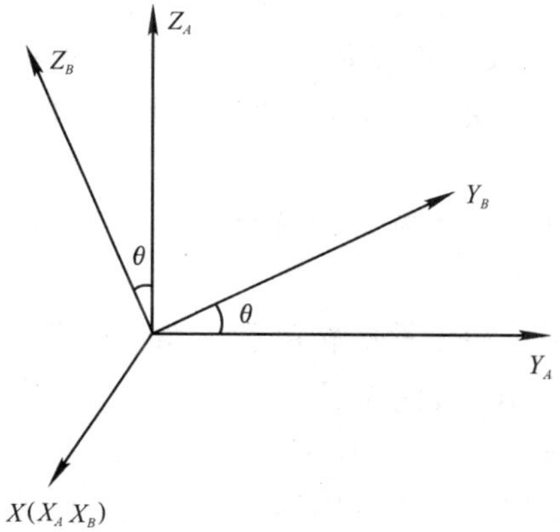

图 2.5　绕坐标轴 X 的转动

绕 X,Y,Z 坐标轴的旋转变换矩阵是最基本的旋转矩阵，它们是一般旋转矩阵的特例，故可由一般旋转矩阵得到。先看绕 X 轴的旋转，如图 2.5 所示，$\{B\}$系可认为是由$\{A\}$系绕 X_A 轴旋转 θ 角而成。由式(2.1)得到

$$\boldsymbol{R}(X_A, \theta) = \begin{bmatrix} 1 & 0 & 0 \\ 0 & \cos\theta & -\sin\theta \\ 0 & \sin\theta & \cos\theta \end{bmatrix}$$

同理可得到分别绕 Y_A 轴、Z_A 轴旋转的矩阵为

$$\boldsymbol{R}(Y_A, \theta) = \begin{bmatrix} \cos\theta & 0 & \sin\theta \\ 0 & 1 & 0 \\ -\sin\theta & 0 & \cos\theta \end{bmatrix}, \quad \boldsymbol{R}(Z_A, \theta) = \begin{bmatrix} \cos\theta & -\sin\theta & 0 \\ \sin\theta & \cos\theta & 0 \\ 0 & 0 & 1 \end{bmatrix} \tag{2.2}$$

2.2.2 欧拉角表示

所谓欧拉角是对绕不同坐标轴旋转的转角规定的一个序列，由于欧拉角的不同取法，旋转矩阵有不同的表达式。它们均可描述刚体相对于固定参考系的姿态。

图 2.6 中的$\{B\}$系对$\{A\}$系的姿态可以认为是通过绕 Z_A 轴旋转 φ 角，然后绕新的 Y_1 轴旋转 θ 角，最后绕新的 Z_2（即 Z_B）轴旋转 ψ 角而得，因此用三个欧拉角 φ,θ,ψ 表示的旋转矩阵为

$$[{}^A\mathrm{Euler}_B(\varphi,\theta,\psi)] = \boldsymbol{R}(Z_A,\varphi)\boldsymbol{R}(Y_1,\theta)\boldsymbol{R}(Z_2,\psi)$$

此式右边表示三次连续旋转的旋转矩阵。反之，若右边三个矩阵从右向左连乘，表示各次旋转均绕参考系$\{A\}$的有关轴进行，即首先绕 Z_A 轴旋转 ψ 角，再绕 Y_A 轴旋转 θ 角，最后再绕 Z_A 轴旋转 φ 角，如此可同样得到$\{B\}$系对$\{A\}$系的姿态。

可见多个旋转矩阵连乘时，次序不同则含义不同，右乘的次序说明连续绕新的坐标轴旋转，而左乘的次序则表明绕固定参考系坐标轴依次旋转。

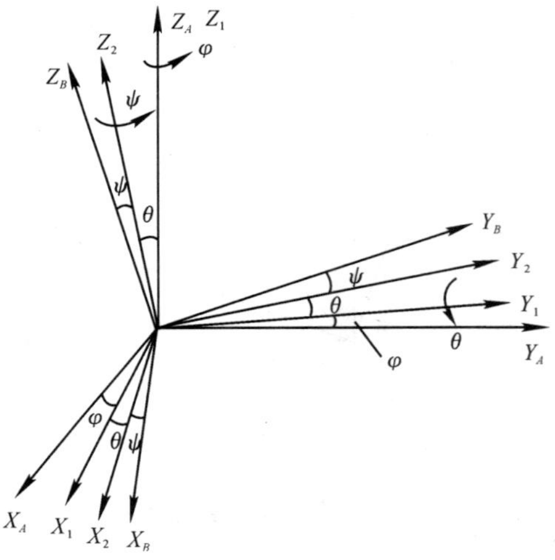

图 2.6 欧拉角旋转变换

展开上述旋转矩阵就得到欧拉角所表示的旋转矩阵。

另一种表示旋转的欧拉角称为侧滚（Roll）、俯仰（Pitch）、偏航（Yaw），主要用于航空工程中分析飞行器的运动，如图 2.7 所示。这三个角是导航专业中常用的，$\{B\}$系开始时与$\{A\}$系重合，侧滚是绕 Z_A 轴旋转 φ 角，俯仰是绕 Y_A 轴旋转 θ 角，偏航是绕 X_A 轴旋转 ψ 角，规定旋转次序为先绕 X_A 轴，再绕 Y_A 轴，最后绕 Z_A 轴，则三次旋转矩阵为

$$[{}^A\mathrm{RPY}_B(\varphi,\theta,\psi)] = \boldsymbol{R}(Z_A,\varphi)\boldsymbol{R}(Y_A,\theta)\boldsymbol{R}(X_A,\psi) = \begin{bmatrix} \mathrm{c}\varphi\mathrm{c}\theta & \mathrm{c}\varphi\mathrm{s}\theta\mathrm{s}\psi - \mathrm{s}\varphi\mathrm{c}\psi & \mathrm{c}\varphi\mathrm{s}\theta\mathrm{c}\psi + \mathrm{s}\varphi\mathrm{s}\psi \\ \mathrm{s}\varphi\mathrm{c}\theta & \mathrm{s}\varphi\mathrm{s}\theta\mathrm{s}\psi + \mathrm{c}\varphi\mathrm{c}\psi & \mathrm{s}\varphi\mathrm{s}\theta\mathrm{c}\psi - \mathrm{c}\varphi\mathrm{s}\psi \\ -\mathrm{s}\theta & \mathrm{c}\theta\mathrm{s}\psi & \mathrm{c}\theta\mathrm{c}\psi \end{bmatrix} \tag{2.3}$$

式(2.3)中 sin 简写为 s，cos 简写为 c，本书以后将一律采用此约定。

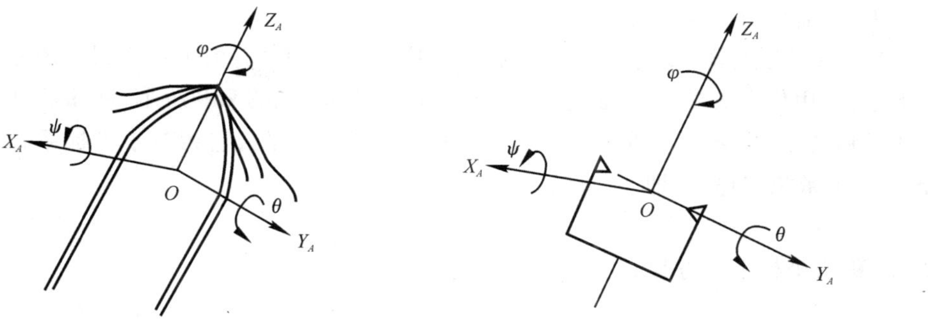

图 2.7　RPY 旋转变换

2.3　坐标变换

2.3.1　直角坐标及其变换

1. 直角坐标与向量运算

用 $\boldsymbol{i},\boldsymbol{j},\boldsymbol{k}$ 表示直角坐标 x，y，z 轴的单位向量，如图 2.8 所示，那么一个向量可以表示为

$$\boldsymbol{R} = a\boldsymbol{i} + b\boldsymbol{j} + c\boldsymbol{k}$$

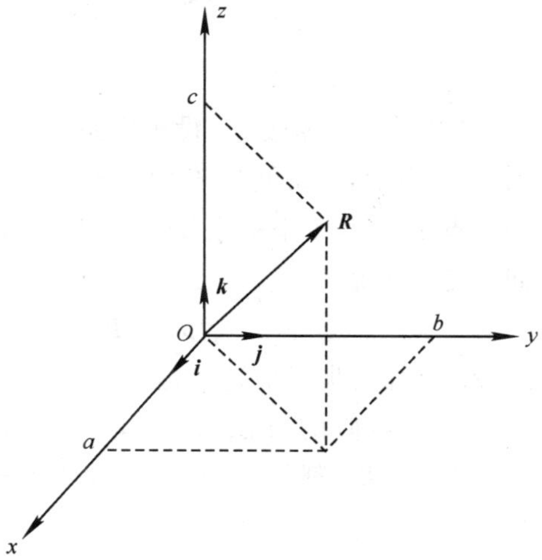

图 2.8　向量在直角坐标系的坐标

设两个向量分别为

$$\begin{cases}\boldsymbol{A} = a_x\boldsymbol{i} + a_y\boldsymbol{j} + a_z\boldsymbol{k} \\ \boldsymbol{B} = b_x\boldsymbol{i} + b_y\boldsymbol{j} + b_z\boldsymbol{k}\end{cases}$$

设 α 为常值标量，则标量乘向量为

$$\alpha\boldsymbol{A} = \alpha a_x\boldsymbol{i} + \alpha a_y\boldsymbol{j} + \alpha a_z\boldsymbol{k}$$

两向量和为

$$\boldsymbol{A} + \boldsymbol{B} = (a_x + b_x)\boldsymbol{i} + (a_y + b_y)\boldsymbol{j} + (a_z + b_z)\boldsymbol{k}$$

两向量的点积为

$$\boldsymbol{A} \cdot \boldsymbol{B} = a_x b_x + a_y b_y + a_z b_z$$

两向量的叉积为

$$\boldsymbol{R} = \boldsymbol{A} \times \boldsymbol{B} = \begin{vmatrix} \boldsymbol{i} & \boldsymbol{j} & \boldsymbol{k} \\ a_x & a_y & a_z \\ b_x & b_y & b_z \end{vmatrix} =$$

$$(a_y b_z - a_z b_y)\boldsymbol{i} + (a_z b_x - a_x b_z)\boldsymbol{j} + (a_x b_y - a_y b_x)\boldsymbol{k}$$

2. 坐标变换

空间中任意点 P 在不同坐标系的描述是不同的，为了阐明从一个坐标系到另一个坐标系

的描述关系，需要讨论坐标的变换。

(1) 平移坐标变换。设坐标系$\{B\}$与$\{A\}$具有相同的方位，但坐标系$\{B\}$的原点与$\{A\}$的原点不重合，用位置矢量${}^{A}\boldsymbol{p}_{B_O}$描述它相对于$\{A\}$的位置，如图 2.9 所示，称${}^{A}\boldsymbol{p}_{B_O}$为$\{B\}$相对于$\{A\}$的平移矢量。如果点$P$在坐标系$\{B\}$中的位置为${}^{B}\boldsymbol{p}$，那么它相对于坐标系$\{A\}$的位置矢量${}^{A}\boldsymbol{p}$可由矢量相加得出，即

$$ {}^{A}\boldsymbol{p} = {}^{B}\boldsymbol{p} + {}^{A}\boldsymbol{p}_{B_O} \tag{2.4} $$

式(2.4) 称为坐标平移方程。

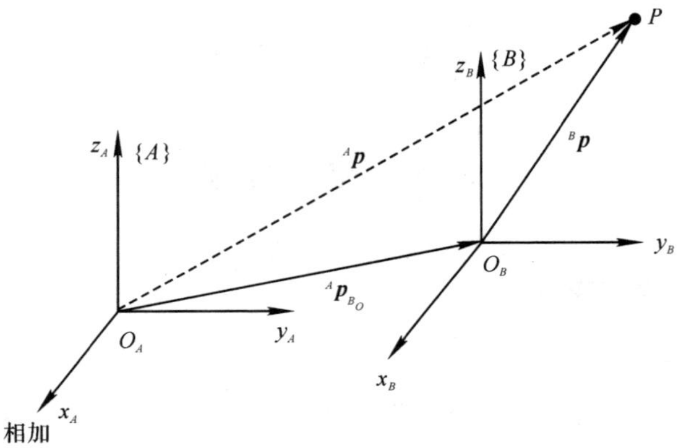

图 2.9 平移变换

(2) 旋转坐标变换。设坐标系$\{B\}$与$\{A\}$具有共同的坐标原点，但两坐标系的方位不同，如图 2.10 所示，用旋转矩阵${}^{A}\boldsymbol{R}_{B}$描述$\{B\}$相对于$\{A\}$的方位。同一点P在两个坐标系$\{A\}$和$\{B\}$中的描述${}^{A}\boldsymbol{p}$和${}^{B}\boldsymbol{p}$具有如下变换关系：

$$ {}^{A}\boldsymbol{p} = {}^{A}\boldsymbol{R}_{B}\,{}^{B}\boldsymbol{p} \tag{2.5} $$

式(2.5) 称为坐标旋转方程。

可用类似的方法描述坐标系$\{A\}$相对于$\{B\}$的方位。${}^{A}\boldsymbol{R}_{B}$和${}^{B}\boldsymbol{R}_{A}$都是正交矩阵，两者互逆，根据正交矩阵的性质有

$$ {}^{B}\boldsymbol{R}_{A} = {}^{A}\boldsymbol{R}_{B}^{-1} = {}^{A}\boldsymbol{R}_{B}^{\mathrm{T}} $$

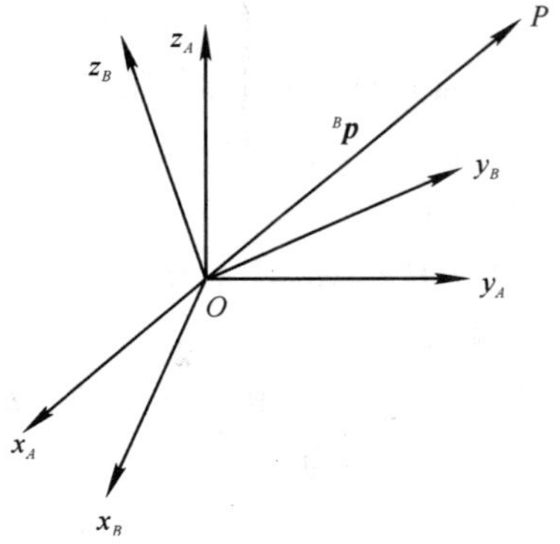

图 2.10 旋转变换

对于一般的情形，坐标系$\{B\}$与$\{A\}$的原点既不重合，方位也不相同，用位置矢量${}^{A}\boldsymbol{p}_{B_O}$描述$\{B\}$的坐标原点相对于$\{A\}$的位置；用旋转矩阵${}^{A}\boldsymbol{R}_{B}$描述$\{B\}$相对于$\{A\}$的方位。如图 2.11 所示，对于任一点$P$在两坐标系$\{A\}$和$\{B\}$中的描述${}^{A}\boldsymbol{p}$和${}^{B}\boldsymbol{p}$具有以下变换关系：

$$ {}^{A}\boldsymbol{p} = {}^{A}\boldsymbol{R}_{B}\,{}^{B}\boldsymbol{p} + {}^{A}\boldsymbol{p}_{B_O} \tag{2.6} $$

式(2.6)表示坐标旋转和坐标平移的复合变换。

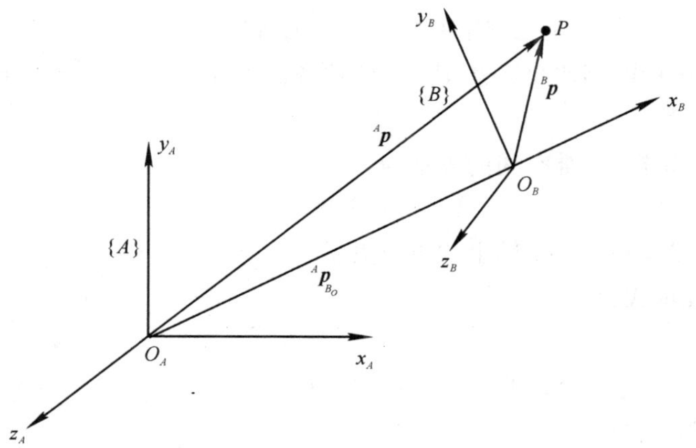

图 2.11　复合变换

例 2.1　已知坐标系$\{B\}$的初始位姿与$\{A\}$重合，首先$\{B\}$相对于$\{A\}$的z_A轴旋转 30°，再沿$\{A\}$的x_A轴移动 12 个单位，y_A轴移动 6 个单位，求位置矢量${}^A\boldsymbol{p}_{B_O}$和旋转矩阵${}^A\boldsymbol{R}_B$。假设点 P 在坐标系$\{B\}$的描述为${}^B\boldsymbol{p}=[5\quad 9\quad 0]^{\mathrm{T}}$，求它在坐标系$\{A\}$中的描述。

解　由题意得

$$
{}^A\boldsymbol{R}_B=\boldsymbol{R}(z_A,\ 30°)=\begin{bmatrix}\cos 30° & -\sin 30° & 0\\ \sin 30° & \cos 30° & 0\\ 0 & 0 & 1\end{bmatrix}=\begin{bmatrix}0.866 & -0.5 & 0\\ 0.5 & 0.866 & 0\\ 0 & 0 & 1\end{bmatrix}
$$

$$
{}^A\boldsymbol{p}_{B_O}=[12\quad 6\quad 0]^{\mathrm{T}}
$$

由复合变换得

$$
{}^A\boldsymbol{p}={}^A\boldsymbol{R}_B\,{}^B\boldsymbol{p}+{}^A\boldsymbol{p}_{B_O}=\begin{bmatrix}-0.902\\ 7.560\\ 0\end{bmatrix}+\begin{bmatrix}12\\ 6\\ 0\end{bmatrix}=\begin{bmatrix}11.908\\ 13.562\\ 0\end{bmatrix}
$$

2.3.2　齐次坐标及其变换

1. 齐次坐标

(1) 点的齐次坐标。不同时为零的任意 4 个数$[x_1\quad x_2\quad x_3\quad x_4]^{\mathrm{T}}$称为三维空间点$[x\quad y\quad z]^{\mathrm{T}}$的齐次坐标。

点的齐次坐标$[x_1\quad x_2\quad x_3\quad x_4]^{\mathrm{T}}$与点的直角坐标$[x\quad y\quad z]^{\mathrm{T}}$的关系为

$$
x=\frac{x_1}{x_4},\quad y=\frac{x_2}{x_4},\quad z=\frac{x_3}{x_4}
$$

由上式可以看出：

1）齐次坐标不是单值的（表示形式不唯一），如$[\lambda x_1 \quad \lambda x_2 \quad \lambda x_3 \quad \lambda x_4]^T$，只要$\lambda \neq 0$，则与$[x_1 \quad x_2 \quad x_3 \quad x_4]^T$描述的都是三维空间中一个点的齐次坐标。

2）只有当齐次坐标的第四个元素$x_4 \neq 0$时，齐次坐标$[x_1 \quad x_2 \quad x_3 \quad x_4]^T$才能确定三维空间唯一的点。

（2）矢量的齐次坐标。三维空间的矢量为

$$\boldsymbol{V} = a\boldsymbol{i} + b\boldsymbol{j} + c\boldsymbol{k}$$

式中　$\boldsymbol{i}, \boldsymbol{j}, \boldsymbol{k}$——$OX, OY, OZ$轴上的单位矢量。

$\boldsymbol{V}$的齐次坐标表示式为

$$\boldsymbol{V} = [x \quad y \quad z \quad \omega]^T$$

式中　x, y, z, ω——齐次坐标的4个元素，其中$\omega \neq 0$。

矢量的齐次坐标运算关系：

1）矢量$\boldsymbol{V} = [v_1 \quad v_2 \quad v_3 \quad 1]^T$与标量$s$相乘的定义为

$$s\boldsymbol{V} = [sv_1 \quad sv_2 \quad sv_3 \quad s]^T \quad 或 \quad s\boldsymbol{V} = s[v_1 \quad v_2 \quad v_3 \quad 1]^T$$

2）矢量$\boldsymbol{V} = [v_1 \quad v_2 \quad v_3 \quad v_4]^T$与矢量$\boldsymbol{U} = [u_1 \quad u_2 \quad u_3 \quad u_4]^T$相加减得到合成矢量$\boldsymbol{R} = [r_1 \quad r_2 \quad r_3 \quad r_4]^T$，有

$$r_i = \frac{v_i}{v_4} \pm \frac{u_i}{u_4}, \quad i = 1, 2, 3, \text{取}\ r_4 = 1$$

3）两矢量的数量积（点积）为

$$\boldsymbol{V} \cdot \boldsymbol{U} = \boldsymbol{V}^T\boldsymbol{U} = \frac{1}{v_4 u_4}(v_1 u_1 + v_2 u_2 + v_3 u_3)$$

或

$$\boldsymbol{V} \cdot \boldsymbol{U} = v_1 u_1 + v_2 u_2 + v_3 u_3 \quad (\text{取}\ u_4 = v_4 = 1)$$

4）两矢量的矢量积（叉积）为

$$\boldsymbol{R} = \boldsymbol{V} \times \boldsymbol{U} = [r_1 \quad r_2 \quad r_3 \quad r_4]^T$$

式中

$$r_1 = \frac{v_2 u_3 - v_3 u_2}{v_4 u_4} \quad 或 \quad r_1 = v_2 u_3 - v_3 u_2 \quad (\text{取}\ v_4 = u_4 = 1)$$

$$r_2 = \frac{v_3 u_1 - v_1 u_3}{v_4 u_4} \quad 或 \quad r_2 = v_3 u_1 - v_1 u_3 \quad (\text{取}\ v_4 = u_4 = 1)$$

$$r_3 = \frac{v_1 u_2 - v_2 u_1}{v_4 u_4} \quad 或 \quad r_3 = v_1 u_2 - v_2 u_1 \quad (\text{取}\ v_4 = u_4 = 1)$$

$$r_4 = 1 \quad 或 \quad r_4 = v_4 u_4$$

5）矢量$\boldsymbol{V}$的长度为

$$|\boldsymbol{V}| = \frac{(v_1^2 + v_2^2 + v_3^2)^{1/2}}{|v_4|}$$

应注意到矢量齐次坐标表示法的多值性，即x_4的取值，为了简便计算，常取$x_4 = 1$，零矢量则用$[0 \quad 0 \quad 0 \quad 1]^T$表示。

(3) 平面的齐次坐标。平面 P 的齐次坐标用 1×4 阶矩阵表示为

$$\boldsymbol{P} = [a_1 \quad a_2 \quad a_3 \quad a_4]$$

在平面 P 上的点 V 存在下式：

$$\boldsymbol{PV} = [a_1 \quad a_2 \quad a_3 \quad a_4][x_1 \quad x_2 \quad x_3 \quad x_4]^{\mathrm{T}} = 0$$

或

$$a_1x_1 + a_2x_2 + a_3x_3 + a_4x_4 = 0 \tag{2.7}$$

若取 $x_4 = 1$，则式(2.7) 就是直角坐标三维空间的平面方程，令

$$m = \sqrt{a_1^2 + a_2^2 + a_3^2} \quad 及 \quad x_4 = \omega$$

可将式(2.7) 写成

$$\frac{x_1}{\omega}\frac{a_1}{m} + \frac{x_2}{\omega}\frac{a_2}{m} + \frac{x_3}{\omega}\frac{a_3}{m} = -\frac{a_4}{m}$$

此式可解释为矢量$\frac{x_1}{\omega}\boldsymbol{i} + \frac{x_2}{\omega}\boldsymbol{j} + \frac{x_3}{\omega}\boldsymbol{k}$ 与矢量$\frac{a_1}{m}\boldsymbol{i} + \frac{a_2}{m}\boldsymbol{j} + \frac{a_3}{m}\boldsymbol{k}$ 的数量积的值等于 $-\frac{a_4}{m}$，$-\frac{a_4}{m}$ 是坐标系 OX_1，OX_2，OX_3 的原点 O 沿平面法线方向到平面的距离。据此可判断点 V 与平面 P 的关系：

1) 点 V 在平面 P 上，$\boldsymbol{PV} = 0$。

2) 点 V 不在平面 P 上，$\boldsymbol{PV} \neq 0$：$\boldsymbol{PV} < 0$，则点在平面的下方；$\boldsymbol{PV} > 0$，则点在平面的上方。

对于机器人视觉的图像处理，需投影变换。该变换不得不使用一些新的几何元素，如无穷远点、无穷远直线和无穷远平面。采用齐次坐标为这些带来方便。

2. 齐次坐标变换

坐标系 $O'X'Y'Z'$ 中的点$[x' \quad y' \quad z']^{\mathrm{T}}$ 向另一坐标系 $OXYZ$ 变换，变换后的坐标$[x \quad y \quad z]^{\mathrm{T}}$ 由下式计算：

$$x = n_x x' + o_x y' + a_x z' + p_x$$
$$y = n_y x' + o_y y' + a_y z' + p_y$$
$$z = n_z x' + o_z y' + a_z z' + p_z$$

式中　p_x，p_y，p_z —— 坐标系 $O'X'Y'Z'$ 的原点在坐标系 $OXYZ$ 中的坐标；

n_x，n_y，n_z —— 坐标系 $O'X'Y'Z'$ 的 $O'X'$ 轴对坐标系 $OXYZ$ 的 3 个方向余弦；

o_x，o_y，o_z —— 坐标系 $O'X'Y'Z'$ 的 $O'Y'$ 轴对坐标系 $OXYZ$ 的 3 个方向余弦；

a_x，a_y，a_z —— 坐标系 $O'X'Y'Z'$ 的 $O'Z'$ 轴对坐标系 $OXYZ$ 的 3 个方向余弦。

若$[x_1' \quad x_2' \quad x_3' \quad x_4']^{\mathrm{T}}$ 是 $O'X'Y'Z'$ 系的点的齐次坐标，$[x_1 \quad x_2 \quad x_3 \quad x_4]^{\mathrm{T}}$ 是 $OXYZ$ 系的点的齐次坐标，假设 $x_4 = x_4'$，有

$$x_1 = n_x x_1' + o_x x_2' + a_x x_3' + p_x x_4'$$
$$x_2 = n_y x_1' + o_y x_2' + a_y x_3' + p_y x_4'$$
$$x_3 = n_z x_1' + o_z x_2' + a_z x_3' + p_z x_4'$$
$$x_4 = x_4'$$

将此式写成矩阵 $\boldsymbol{X}=\boldsymbol{TX}'$ 形式，有

$$\begin{bmatrix} x_1 \\ x_2 \\ x_3 \\ x_4 \end{bmatrix} = \begin{bmatrix} n_x & o_x & a_x & p_x \\ n_y & o_y & a_y & p_y \\ n_z & o_z & a_z & p_z \\ 0 & 0 & 0 & 1 \end{bmatrix} \begin{bmatrix} x_1' \\ x_2' \\ x_3' \\ x_4' \end{bmatrix} \tag{2.8}$$

式中

$$\boldsymbol{X}=[x_1 \quad x_2 \quad x_3 \quad x_4]^{\mathrm{T}}$$

$$\boldsymbol{X}'=[x_1' \quad x_2' \quad x_3' \quad x_4']^{\mathrm{T}}$$

$$\boldsymbol{T}=\left[\begin{array}{ccc:c} n_x & o_x & a_x & p_x \\ n_y & o_y & a_y & p_y \\ n_z & o_z & a_z & p_z \\ \hdashline 0 & 0 & 0 & 1 \end{array}\right] = \left[\begin{array}{c:c} \boldsymbol{R} & \boldsymbol{P} \\ \hdashline \boldsymbol{O} & \boldsymbol{I} \end{array}\right] \tag{2.9}$$

式(2.9)中 $\boldsymbol{T}$ 是一个 4×4 阶矩阵，被称为直角坐标系的齐次坐标变换，它建立了两个坐标系的关系。

由以上内容可看出，所谓齐次变换，就是把被变换坐标系所描述的矢量变换成用其参考坐标系所描述的矢量。这需要坐标系的平移和旋转。

齐次坐标变换矩阵可分解为一个平移矩阵和一个旋转矩阵之积。

$$\boldsymbol{T}=\begin{bmatrix} n_x & o_x & a_x & p_x \\ n_y & o_y & a_y & p_y \\ n_z & o_z & a_z & p_z \\ 0 & 0 & 0 & 1 \end{bmatrix} = \begin{bmatrix} 1 & 0 & 0 & p_x \\ 0 & 1 & 0 & p_y \\ 0 & 0 & 1 & p_z \\ 0 & 0 & 0 & 1 \end{bmatrix} \begin{bmatrix} n_x & o_x & a_x & 0 \\ n_y & o_y & a_y & 0 \\ n_z & o_z & a_z & 0 \\ 0 & 0 & 0 & 1 \end{bmatrix} =$$

$$\mathrm{Trans}(p_x,\ p_y,\ p_z)\mathrm{Rot}(\boldsymbol{\kappa},\ \theta) \tag{2.10}$$

式中 $\mathrm{Trans}(p_x,\ p_y,\ p_z)$ —— 平移变换矩阵，平移矢量 $[p_x \quad p_y \quad p_z]^{\mathrm{T}}$；

$\mathrm{Rot}(\boldsymbol{\kappa},\ \theta)$ —— 旋转变换矩阵，$\boldsymbol{\kappa}$ 为旋转轴线方向的单位矢量，θ 为旋转角。

(1) 平移变换。矢量的平移总是要沿着某个方向进行，设矢量 $\boldsymbol{U}=[x \quad y \quad z \quad \omega]^{\mathrm{T}}$ 沿矢量 $\boldsymbol{P}=a\boldsymbol{i}+b\boldsymbol{j}+c\boldsymbol{k}$ 平移，则该平移变换可看做是这两个矢量的叠加，即 $\boldsymbol{V}=\boldsymbol{P}+\boldsymbol{U}$，展开得

$$\boldsymbol{P}+\boldsymbol{U}=\begin{bmatrix} a+\dfrac{x}{\omega} \\ b+\dfrac{y}{\omega} \\ c+\dfrac{z}{\omega} \\ 1 \end{bmatrix} = \begin{bmatrix} a\omega+x \\ b\omega+y \\ c\omega+z \\ \omega \end{bmatrix} = \begin{bmatrix} 1 & 0 & 0 & a \\ 0 & 1 & 0 & b \\ 0 & 0 & 1 & c \\ 0 & 0 & 0 & 1 \end{bmatrix} \begin{bmatrix} x \\ y \\ z \\ \omega \end{bmatrix} = \boldsymbol{TU}$$

可见平移的齐次变换为

$$T=\begin{bmatrix}1&0&0&a\\0&1&0&b\\0&0&1&c\\0&0&0&1\end{bmatrix}=\text{Trans}(a,\ b,\ c)$$

矩阵中第 4 列的 4 个元素可看成是表示平移后新坐标系的原点的齐次坐标。

例 2.2　向量 $\boldsymbol{U}=3\boldsymbol{i}+4\boldsymbol{j}+6\boldsymbol{k}$ 沿向量 $\boldsymbol{P}=2\boldsymbol{i}+5\boldsymbol{j}-\boldsymbol{k}$ 平移，求平移变换后生成的新向量 $\boldsymbol{V}$。

解
$$\boldsymbol{V}=\boldsymbol{TU}=\begin{bmatrix}1&0&0&2\\0&1&0&5\\0&0&1&-1\\0&0&0&1\end{bmatrix}\begin{bmatrix}3\\4\\6\\1\end{bmatrix}=\begin{bmatrix}5\\9\\5\\1\end{bmatrix}$$

若用矢量相加，则

$$\boldsymbol{V}=\boldsymbol{U}+\boldsymbol{P}=(3+2)\boldsymbol{i}+(4+5)\boldsymbol{j}+(6-1)\boldsymbol{k}=5\boldsymbol{i}+9\boldsymbol{j}+5\boldsymbol{k}$$

(2) 旋转变换。旋转的齐次变换矩阵与纯旋转矩阵的不同之处是留出了平移元素的位置，使 3×3 阶矩阵变成了 4×4 阶矩阵，其他旋转元素不变，因此若用 Rot 表示旋转的齐次变换矩阵，得到

$$\text{Rot}(x,\ \theta)=\begin{bmatrix}1&0&0&0\\0&\cos\theta&-\sin\theta&0\\0&\sin\theta&\cos\theta&0\\0&0&0&1\end{bmatrix}\tag{2.11}$$

$$\text{Rot}(y,\ \theta)=\begin{bmatrix}\cos\theta&0&\sin\theta&0\\0&1&0&0\\-\sin\theta&0&\cos\theta&0\\0&0&0&1\end{bmatrix}\tag{2.12}$$

$$\text{Rot}(z,\ \theta)=\begin{bmatrix}\cos\theta&-\sin\theta&0&0\\\sin\theta&\cos\theta&0&0\\0&0&1&0\\0&0&0&1\end{bmatrix}\tag{2.13}$$

例 2.3　若被变换矢量 $\boldsymbol{U}=7\boldsymbol{i}+3\boldsymbol{j}+2\boldsymbol{k}$，第一个变换是绕参考系 Z 轴旋转 90°，这时 $\boldsymbol{U}$ 变换成 $\boldsymbol{V}$，求 $\boldsymbol{V}$；后再绕同一参考系 Y 轴旋转 90°，矢量变成 $\boldsymbol{W}$，求 $\boldsymbol{W}$；最后沿矢量 $4\boldsymbol{i}-3\boldsymbol{j}+7\boldsymbol{k}$ 平移，求得到的矢量 $\boldsymbol{E}$。

解　按题意，有

$$V=\mathrm{Rot}(z,\ 90^\circ)U=\begin{bmatrix}0&-1&0&0\\1&0&0&0\\0&0&1&0\\0&0&0&1\end{bmatrix}\begin{bmatrix}7\\3\\2\\1\end{bmatrix}=\begin{bmatrix}-3\\7\\2\\1\end{bmatrix}$$

$$W=\mathrm{Rot}(y,\ 90^\circ)V=\begin{bmatrix}0&0&1&0\\0&1&0&0\\-1&0&0&0\\0&0&0&1\end{bmatrix}\begin{bmatrix}-3\\7\\2\\1\end{bmatrix}=\begin{bmatrix}2\\7\\3\\1\end{bmatrix}$$

$$E=\mathrm{Trans}(4,\ -3,\ 7)W=\begin{bmatrix}1&0&0&4\\0&1&0&-3\\0&0&1&7\\0&0&0&1\end{bmatrix}\begin{bmatrix}2\\7\\3\\1\end{bmatrix}=\begin{bmatrix}6\\4\\10\\1\end{bmatrix}$$

(3) 相对变换。如上所述，一个齐次坐标可分解为平移及旋转变换，根据这些平移和旋转是相对什么坐标系去实现的，就导出了不同相对变换的概念，前面只提及相对于参考系的变换，实际上还可相对于变换过程中当前坐标系来实现变换。

1) 坐标系的相对变换。

i) 相对于参考系的相对变换 —— 始终相对于一个相同的参考系的变换。

ii) 相对于当前系的相对变换 —— 每个平移、旋转变换始终相对于当前坐标系(每个当前坐标系均不同)。

2) 坐标系前乘变换或后乘变换的相对变换。

设$\{C\}$是以齐次坐标矩阵表示的坐标系，$\boldsymbol{T}$是由若干平移、旋转变换因子按一定顺序组成的变换。显然$\boldsymbol{TC}$及$\boldsymbol{CT}$将得到完全不同的变换结果，原因是坐标系$\{C\}$所作的相对变换不同。

i) 坐标系$\{C\}$前乘(左乘)变换时，得到的$\boldsymbol{TC}$是$\{C\}$始终相对于同一参考系的变换，变换的动作顺序由$\boldsymbol{T}$的最后(最右)因子开始，以最前(最左)的因子结束其变换。

ii) 坐标系$\{C\}$后乘(右乘)变换时，得到的$\boldsymbol{CT}$是$\{C\}$相对于不同当前坐标系的变换，变换的动作顺序由$\boldsymbol{T}$的最前(最左)因子开始，以最后(最右)的因子结束其变换。

$\boldsymbol{TC}$与$\boldsymbol{CT}$导致不同变换的结果与矩阵乘法不服从交换律的性质是一致的。

例 2.4 给定一坐标系$\{C\}$，$C=\begin{bmatrix}1&0&0&20\\0&0&-1&10\\0&1&0&0\\0&0&0&1\end{bmatrix}$及一变换$\boldsymbol{T}=\mathrm{Trans}(10,\ 0,\ 0)\mathrm{Rot}(z,\ 90^\circ)$，试确定$\boldsymbol{C}$相对于参考系的变换$\boldsymbol{X}=\boldsymbol{TC}$及$\boldsymbol{C}$相对于当前系的变换$\boldsymbol{Y}=\boldsymbol{CT}$。

解 相对于参考系的相对变换为

$$X=TC$$

$$\boldsymbol{X}=\begin{bmatrix}0 & -1 & 0 & 10\\1 & 0 & 0 & 0\\0 & 0 & 1 & 0\\0 & 0 & 0 & 1\end{bmatrix}\begin{bmatrix}1 & 0 & 0 & 20\\0 & 0 & -1 & 10\\0 & 1 & 0 & 0\\0 & 0 & 0 & 1\end{bmatrix}=\begin{bmatrix}0 & 0 & 1 & 0\\1 & 0 & 0 & 20\\0 & 1 & 0 & 0\\0 & 0 & 0 & 1\end{bmatrix}$$

其变换的动作顺序为先旋转后平移。

相对于当前系的相对变换为

$$\boldsymbol{Y}=\boldsymbol{CT}$$

$$\boldsymbol{Y}=\begin{bmatrix}1 & 0 & 0 & 20\\0 & 0 & -1 & 10\\0 & 1 & 0 & 0\\0 & 0 & 0 & 1\end{bmatrix}\begin{bmatrix}0 & -1 & 0 & 10\\1 & 0 & 0 & 0\\0 & 0 & 1 & 0\\0 & 0 & 0 & 1\end{bmatrix}=\begin{bmatrix}0 & -1 & 0 & 30\\0 & 0 & -1 & 10\\1 & 0 & 0 & 0\\0 & 0 & 0 & 1\end{bmatrix}$$

其变换的动作顺序为先平移后旋转。

(4) 逆变换。将被变换坐标系变回到原来的坐标系时,可以用变换 $\boldsymbol{T}$ 的逆 $\boldsymbol{T}^{-1}$ 来实现。

例如 $\boldsymbol{X}=\boldsymbol{TC}$ 使 $\boldsymbol{C}$ 变换为 $\boldsymbol{X}$,若用 $\boldsymbol{X}$ 求 $\boldsymbol{C}$ 则为

$$\boldsymbol{T}^{-1}\boldsymbol{X}=\boldsymbol{T}^{-1}\boldsymbol{TC}=\boldsymbol{IC}$$

给定变换

$$\boldsymbol{T}=\begin{bmatrix}n_x & o_x & a_x & p_x\\n_y & o_y & a_y & p_y\\n_z & o_z & a_z & p_z\\0 & 0 & 0 & 1\end{bmatrix}$$

则 $\boldsymbol{T}$ 的逆阵为

$$\boldsymbol{T}^{-1}=\begin{bmatrix}n_x & n_y & n_z & -\boldsymbol{p}\cdot\boldsymbol{n}\\o_x & o_y & o_z & -\boldsymbol{p}\cdot\boldsymbol{o}\\a_x & a_y & a_z & -\boldsymbol{p}\cdot\boldsymbol{a}\\0 & 0 & 0 & 1\end{bmatrix} \tag{2.14}$$

式中 $\boldsymbol{p},\boldsymbol{n},\boldsymbol{o},\boldsymbol{a}$ ——$\boldsymbol{T}$ 的各列矢量;

“$\cdot$” —— 二矢量的数量积。

(5) 一般旋转变换。所谓一般旋转变换,即其旋转轴线不与参考系任何轴线重合,而是参考系中某一矢量,这一矢量的方向用其上的单位矢量 $\boldsymbol{\kappa}=x\boldsymbol{i}+y\boldsymbol{i}+z\boldsymbol{k}$ 表示。

为了导出一般旋转变化 $\mathrm{Rot}(\boldsymbol{\kappa},\theta)$ 的计算公式,设 $\boldsymbol{\kappa}$ 是一个坐标系$\{C\}$ 中轴 Z_C 的单位矢量,一般坐标系为

$$
\boldsymbol{C}=\begin{bmatrix} n_x & o_x & a_x & 0 \\ n_y & o_y & a_y & 0 \\ n_z & o_z & a_z & 0 \\ 0 & 0 & 0 & 1 \end{bmatrix} \tag{2.15}
$$

其中轴 Z_C 的单位矢量为

$$
\boldsymbol{\kappa}=a_x\boldsymbol{i}+a_y\boldsymbol{j}+a_z\boldsymbol{k}
$$

这样，绕矢量 $\boldsymbol{\kappa}$ 旋转就等于绕坐标系 $\{C\}$ 的 Z_C 轴旋转，即

$$
\mathrm{Rot}(\boldsymbol{\kappa},\ \theta)=\mathrm{Rot}(Z_C,\ \theta) \tag{2.16}
$$

如图 2.12 所示，被旋转的坐标系为 $O'x'y'z'$，该系以坐标系 $OXYZ$ 为参考系时记为 $\boldsymbol{Y}$，以坐标系 $\{C\}$ 为参考系时记为 $\boldsymbol{X}$（注意：$\boldsymbol{X}$,$\boldsymbol{Y}$ 均为坐标系）。$\boldsymbol{Y}$ 与 $\boldsymbol{X}$ 的关系为

$$
\boldsymbol{Y}=\boldsymbol{CX} \quad \text{或} \quad \boldsymbol{X}=\boldsymbol{C}^{-1}\boldsymbol{Y} \tag{2.17}
$$

绕 $\boldsymbol{\kappa}$ 旋转 $\boldsymbol{Y}$ 等效于绕坐标系 $\{C\}$ 的 Z_C 轴旋转 $\boldsymbol{X}$，即

$$
\mathrm{Rot}(\boldsymbol{\kappa},\ \theta)\boldsymbol{Y}=\boldsymbol{C}\mathrm{Rot}(Z_C,\ \theta)\boldsymbol{X} \tag{2.18}
$$

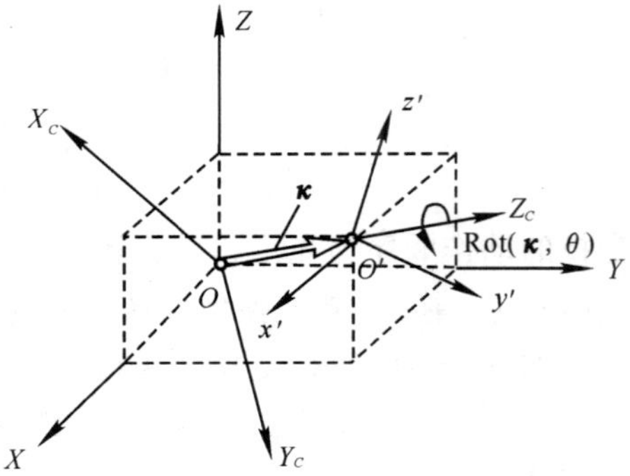

图 2.12 一般旋转变换

式中的 $\boldsymbol{C}\mathrm{Rot}(Z_C,\ \theta)\boldsymbol{X}$ 表示将 $\mathrm{Rot}(Z_C,\ \theta)\boldsymbol{X}$ 变换到与左端 $\mathrm{Rot}(\boldsymbol{\kappa},\ \theta)\boldsymbol{Y}$ 相同的参考系中去，否则式(2.18) 的等号两边不成立。

将式(2.17) 代入式(2.18)，得

$$
\mathrm{Rot}(\boldsymbol{\kappa},\ \theta)\boldsymbol{Y}=\boldsymbol{C}\mathrm{Rot}(Z_C,\ \theta)\boldsymbol{C}^{-1}\boldsymbol{Y}
$$

因此

$$
\mathrm{Rot}(\boldsymbol{\kappa},\ \theta)=\boldsymbol{C}\mathrm{Rot}(Z_C,\ \theta)\boldsymbol{C}^{-1}
$$

现将此式展开，并利用 $\boldsymbol{C}$ 矩阵的正交性对展开式进行整理，得到一般旋转变换的计算公式

$$
\mathrm{Rot}(\boldsymbol{\kappa},\ \theta)=\begin{bmatrix} \kappa_x\kappa_x V+\mathrm{c}\theta & \kappa_y\kappa_x V-\kappa_z \mathrm{s}\theta & \kappa_z\kappa_x V+\kappa_y \mathrm{s}\theta & 0 \\ \kappa_x\kappa_y V+\kappa_z \mathrm{s}\theta & \kappa_y\kappa_y V+\mathrm{c}\theta & \kappa_z\kappa_y V-\kappa_x \mathrm{s}\theta & 0 \\ \kappa_x\kappa_z V-\kappa_y \mathrm{s}\theta & \kappa_y\kappa_z V+\kappa_x \mathrm{s}\theta & \kappa_z\kappa_z V+\mathrm{c}\theta & 0 \\ 0 & 0 & 0 & 1 \end{bmatrix} \tag{2.19}
$$

式中 κ_x，κ_y，κ_z —— 一般轴的单位矢量在 3 个方向的分量，即式(2.15) 中的 a_x，a_y，a_z；

V —— $\mathrm{vers}\theta=1-\cos\theta$ 的缩写；

s —— sin 的简写；

c —— cos 的简写。

由式(2.19) 可见，一般旋转变换在 θ 角不变时，它仅仅是矢量 $\boldsymbol{\kappa}=\kappa_x\boldsymbol{i}+\kappa_y\boldsymbol{j}+\kappa_z\boldsymbol{k}$ 的函数，绕坐标轴的旋转变换仅是一般旋转变换的特例。例如绕坐标轴的旋转变换 $\mathrm{Rot}(Z,\ \theta)$，其 $\kappa_x=\kappa_y=0$，$\kappa_z=1$，将这些值代入式(2.19)，得

$$\mathrm{Rot}(Z,\theta)=\begin{bmatrix} c\theta & -s\theta & 0 & 0 \\ s\theta & c\theta & 0 & 0 \\ 0 & 0 & 1 & 0 \\ 0 & 0 & 0 & 1 \end{bmatrix}$$

它与式(2.13)完全一致。

(6) 等效旋转轴及等效旋转角。对于一个任意给定的旋转变换，可以利用式(2.19)求出绕等效旋转轴 $\boldsymbol{\kappa}$、等效旋转角为 θ 的等效变换。

设给定的旋转变换

$$\boldsymbol{R}=\begin{bmatrix} n_x & o_x & a_x & 0 \\ n_y & o_y & a_y & 0 \\ n_z & o_z & a_z & 0 \\ 0 & 0 & 0 & 1 \end{bmatrix}$$

使上式与式(2.19)相等，得

$$\begin{bmatrix} n_x & o_x & a_x & 0 \\ n_y & o_y & a_y & 0 \\ n_z & o_z & a_z & 0 \\ 0 & 0 & 0 & 1 \end{bmatrix}=\begin{bmatrix} \kappa_x\kappa_x V+c\theta & \kappa_y\kappa_x V-\kappa_z s\theta & \kappa_z\kappa_x V+\kappa_y s\theta & 0 \\ \kappa_x\kappa_y V+\kappa_z s\theta & \kappa_y\kappa_y V+c\theta & \kappa_z k_y V-\kappa_x s\theta & 0 \\ \kappa_x\kappa_z V-\kappa_y s\theta & \kappa_y\kappa_z V+\kappa_x s\theta & \kappa_z\kappa_z V+c\theta & 0 \\ 0 & 0 & 0 & 1 \end{bmatrix} \tag{2.20}$$

式(2.20)两端矩阵的对角线元素分别相加，仍然相等，故有

$$n_x+o_y+a_z+1=\kappa_x^2 V+c\theta+\kappa_y^2 V+c\theta+\kappa_z^2 V+c\theta+1 \tag{2.21}$$

利用 $\kappa_x^2+\kappa_y^2+\kappa_z^2=1$ 及 $V=1-\cos\theta$，得

$$n_x+o_y+a_z=1+2\cos\theta \tag{2.22}$$

由此解出等效旋转角 θ 的余弦为

$$\cos\theta=\frac{1}{2}(n_x+o_x+a_x-1) \tag{2.23}$$

式(2.20)两端矩阵非对角线上对称元素相等，得

$$\left.\begin{aligned} o_z-a_y &= 2\kappa_x\sin\theta \\ a_x-n_z &= 2\kappa_y\sin\theta \\ n_y-o_x &= 2\kappa_z\sin\theta \end{aligned}\right\} \tag{2.24}$$

由此解出等效旋转角 θ 的正弦为

$$\sin\theta=\pm\frac{1}{2}\sqrt{(o_z-a_y)^2+(a_x-n_z)^2+(n_y-o_x)^2} \tag{2.25}$$

规定 θ 在 $0^\circ\leqslant\theta\leqslant180^\circ$ 中选取，故上式取正值，因而等效旋转角 θ 唯一地按下式确定：

$$\tan\theta=\frac{\sqrt{(o_z-a_y)^2+(a_x-n_z)^2+(n_y-o_x)^2}}{n_x+o_y+a_z-1} \tag{2.26}$$

等效旋转轴矢量 $\boldsymbol{\kappa}$ 的分量可用式(2.24) 确定：

$$\left.\begin{aligned}\kappa_x &= \frac{o_z - a_y}{2\sin\theta} \\ \kappa_y &= \frac{a_x - n_z}{2\sin\theta} \\ \kappa_z &= \frac{n_y - o_x}{2\sin\theta}\end{aligned}\right\} \tag{2.27}$$

利用式(2.27) 解矢量 $\boldsymbol{\kappa}$，当 θ 很小时可能导致单位矢量的模大于1，这时需要对 $\boldsymbol{\kappa}$ 进行标准化：

$$\kappa_x' = \frac{\kappa_x}{|\boldsymbol{\kappa}|},\quad \kappa_y' = \frac{\kappa_y}{|\boldsymbol{\kappa}|},\quad \kappa_z' = \frac{\kappa_z}{|\boldsymbol{\kappa}|}$$

当 θ 接近于 180° 时，式(2.27) 的计算精度变得越来越差。实践表明，当 $\theta \geqslant 150° \sim 180°$ 时需另求计算公式如下。

仍然利用式(2.20)，可得

$$\left.\begin{aligned}\kappa_x &= \operatorname{sgn}(o_z - a_y)\sqrt{\frac{n_x - \cos\theta}{1 - \cos\theta}} \\ \kappa_y &= \operatorname{sgn}(a_x - n_z)\sqrt{\frac{o_y - \cos\theta}{1 - \cos\theta}} \\ \kappa_z &= \operatorname{sgn}(n_y - o_x)\sqrt{\frac{a_z - \cos\theta}{1 - \cos\theta}}\end{aligned}\right\} \tag{2.28}$$

式中　sgn—— 符号函数，当括弧内差值为正时取正号，否则取负号。

2.4　本章小结

本章首先介绍了机器人参考坐标系和关节坐标系；其次，讲解了机器人位姿表述的两种形式，即直角坐标表述和欧拉角表述；最后，详细讲述了直角坐标及其变换，齐次坐标及其变换，其中直角坐标变换涉及平移坐标变换和旋转坐标变换，齐次坐标变换涉及平移变换、旋转变换、相对变换、逆变换、一般旋转变换和等效旋转轴及等效旋转角。

习　题

1. 对于矢量 $\boldsymbol{V} = 4\boldsymbol{i} + 4\boldsymbol{j} + 6\boldsymbol{k}$ 及 $\boldsymbol{U} = 5\boldsymbol{i} - 6\boldsymbol{j} + 7\boldsymbol{k}$，求它们的齐次坐标表示的矢量，并计算：(1) 常数 5 乘 $\boldsymbol{V}$ 及 $\boldsymbol{U}$；(2) $\boldsymbol{V}$ 及 $\boldsymbol{U}$ 的合成矢量；(3) $\boldsymbol{V}$ 及 $\boldsymbol{U}$ 的数量积及矢量积。

2. 试判断点 $\boldsymbol{U} = [2\quad 4\quad 5\quad 1]^{\mathrm{T}}$ 是否在平面 $\boldsymbol{P} = [1\quad 0\quad 0\quad 2]$ 上，若变换为

$$\boldsymbol{T}=\begin{bmatrix}1&0&0&5\\0&1&0&-2\\0&0&1&8\\0&0&0&1\end{bmatrix}$$

试求平面 P 的变换平面 Q，并验证 $\boldsymbol{V}=\boldsymbol{TU}$ 是否在平面 Q 上。

3. 已知矩阵 $\begin{bmatrix}?&0&-1&0\\?&0&0&1\\?&-1&0&2\\?&0&0&1\end{bmatrix}$ 代表齐次坐标变换，求其中的未知元素（第一列元素）。

4. 为什么说任一 4×4 阶的齐次坐标变换矩阵 $\boldsymbol{T}$ 可以是一个变换，也可以表示一个坐标系？$\boldsymbol{T}$ 为变换时，其中什么子矩阵表示旋转变换？什么子矩阵表示平移变换？$\boldsymbol{T}$ 为坐标系时，其原点、坐标轴用什么表示？试用矩阵

$$\boldsymbol{T}=\begin{bmatrix}1&0&0&4\\0&0&1&-5\\0&-1&0&8\\0&0&0&1\end{bmatrix}$$

加以说明，并绘图。

5. 试绘图说明一下变换的两种不同相对变换的顺序：$\mathrm{Trans}(5,\ -2,\ 8)\mathrm{Rot}(z,\ 90°)\mathrm{Rot}(y,\ 90°)$ 与 $\mathrm{Trans}(5,\ -2,\ 8)\mathrm{Rot}(y,\ 90°)\mathrm{Rot}(z,\ 90°)$ 所表示的坐标系是否相同？为什么？

6. 设坐标系为 $\{C\}$，变换为 $\boldsymbol{T}$，而 $\boldsymbol{C}=\begin{bmatrix}0&1&0&0\\0&0&1&3\\1&0&0&8\\0&0&0&1\end{bmatrix}$，$\boldsymbol{T}=\begin{bmatrix}0&-1&0&10\\1&0&0&0\\0&0&1&0\\0&0&0&1\end{bmatrix}$。试求：$\boldsymbol{X}=\boldsymbol{TC}$ 及 $\boldsymbol{Y}=\boldsymbol{CT}$，并说明 $\boldsymbol{X}$，$\boldsymbol{Y}$ 是什么样的相对变换。

7. 求齐次变换 $\boldsymbol{T}=\begin{bmatrix}0&1&0&-1\\0&0&-1&2\\-1&0&0&0\\0&0&0&1\end{bmatrix}$ 的逆变换 $\boldsymbol{T}^{-1}$。

8. 已知 ${}^{A}\boldsymbol{T}_{B}=\begin{bmatrix}0.25&0.43&0.86&5\\0.87&-0.5&0&-4\\0.43&0.75&-0.5&3\\0&0&0&1\end{bmatrix}$，求 ${}^{B}\boldsymbol{T}_{A}$ 的第(2,4)元素。

9. 试解释以下变换的几何意义：$\boldsymbol{T}_1 = \begin{bmatrix} a & 0 & 0 & 0 \\ 0 & b & 0 & 0 \\ 0 & 0 & c & 0 \\ 0 & 0 & 0 & 1 \end{bmatrix}$，$\boldsymbol{T}_2 = \begin{bmatrix} \delta & 0 & 0 & 0 \\ 0 & \delta & 0 & 0 \\ 0 & 0 & \delta & 0 \\ 0 & 0 & 0 & 1 \end{bmatrix}$，式中，$a$，$b$，$c$ 及 δ 均为不为 0 的数。

10. 已知旋转矩阵 $\boldsymbol{R}(\boldsymbol{\kappa}, \theta) = \begin{bmatrix} 0 & 1 & 0 & 0 \\ 0 & 0 & -1 & 0 \\ -1 & 0 & 0 & 0 \\ 0 & 0 & 0 & 1 \end{bmatrix}$，试求其等效转轴 $\boldsymbol{\kappa}$ 及等效转角 θ。

第 3 章　机器人运动学

3.1　概　述

机器人机构由一系列关节连接起来的连杆所组成。把关节坐标系固连在机器人的每一个连杆上，可以用齐次变换来描述这些坐标系之间的相对位置和方向。

描述一个连杆相对于相邻连杆之间关系的齐次变换矩阵记为 $\boldsymbol{A}$ 矩阵。一个 $\boldsymbol{A}$ 矩阵是描述连杆机构坐标系之间相对平移和旋转的齐次变换。$\boldsymbol{A}_1$ 描述第 1 个连杆相对于参考坐标系的位姿，$\boldsymbol{A}_2$ 描述第 2 个连杆相对于第 1 个连杆坐标系的位姿。这样，则由式(2.9) 得到第 2 个连杆相对于参考坐标系的位姿可用下述矩阵表示：

$$\boldsymbol{T}_2 = \boldsymbol{A}_1\boldsymbol{A}_2 \tag{3.1}$$

类似地，$\boldsymbol{A}_3$ 描述第 3 个连杆相对于第 2 个连杆的位姿，则第 3 个连杆相对参考坐标系的位姿为

$$\boldsymbol{T}_3 = \boldsymbol{A}_1\boldsymbol{A}_2\boldsymbol{A}_3 \tag{3.2}$$

$\boldsymbol{A}_1$，$\boldsymbol{A}_2$，$\boldsymbol{A}_3$ 矩阵之积称为 $\boldsymbol{T}_3$ 矩阵。如此类推，若有一个六连杆机器人，则有

$$\boldsymbol{T}_6 = \boldsymbol{A}_1\boldsymbol{A}_2\boldsymbol{A}_3\boldsymbol{A}_4\boldsymbol{A}_5\boldsymbol{A}_6 \tag{3.3}$$

一个六连杆机器人有 6 个自由度(每一连杆有一个自由度)。机器人最后一个构件(手部)有 3 个自由度用来确定其位置，3 个自由度确定其方向。用式(3.3) 的 $\boldsymbol{T}_6$ 可以表示手部的位置和方向，这样，六连杆机器人在它的活动范围内可以任意定位和定向。如图 3.1 所示的一个机器人手部，$O_0X_0Y_0Z_0$ 为绝对坐标系，用3个单位向量 $\boldsymbol{n}$，$\boldsymbol{o}$ 和 $\boldsymbol{a}$ 描述机器人的姿态。$\boldsymbol{n}$ 表示法向矢量，其分量为 $\boldsymbol{T}_6$ 系的 OX 轴对绝对坐标系的 3 个方向余弦；$\boldsymbol{o}$ 表示端面矢量，其分量为 $\boldsymbol{T}_6$ 系的 OY 轴对绝对坐标系的 3 个方向余弦；$\boldsymbol{a}$ 表示逼近矢量，其分量为 $\boldsymbol{T}_6$ 系的 OZ 轴对绝对坐标系的 3 个方向余弦，表示手部执行器向被抓物运动的方向；$\boldsymbol{p}$ 表示 $\boldsymbol{T}_6$ 系的原点在绝对坐标系中的位置矢量。这样，变换 $\boldsymbol{T}_6$ 可用下列矩阵表示：

$$\boldsymbol{T}_6 = \begin{bmatrix} n_x & o_x & a_x & p_x \\ n_y & o_y & a_y & p_y \\ n_z & o_z & a_z & p_z \\ 0 & 0 & 0 & 1 \end{bmatrix}$$

机器人机构运动方程建立之后，如何根据已知(给定) 的 $\boldsymbol{T}_6$ 来求各关节坐标系的解，是机器人控制中更为重要的问题。因此，这里要介绍解机器人机构运动学方程的各种方法(Euler 变换

解、RPY 变换解和 SPH 变换解等)，并介绍求解机器人运动学方程的实例。

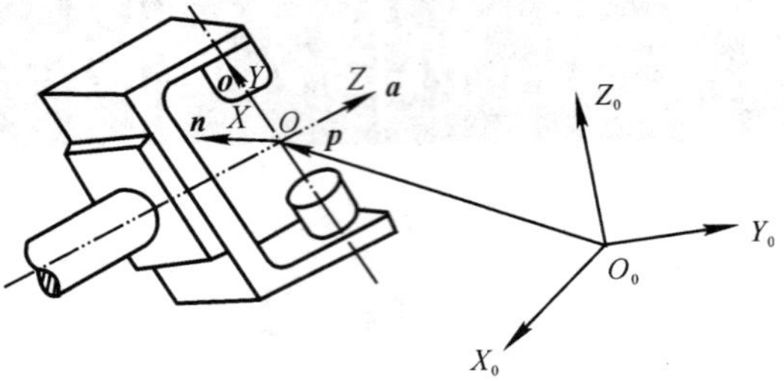

图 3.1　末端执行器坐标系

为了研究机器人构件运动过程中的动态特性，研究驱动力和力矩，必须研究机器人构件运动的微分变换(微分平移和微分旋转)、坐标系之间的微分变化的变换和变换表达式中的微分关系式等。

从给定的 $\boldsymbol{T}_6$ 微分变化就可以使用上述的微分关系式，求出诸关节坐标系中的相应的微分变化。这对于后面的机器人的动力学及控制的研究是十分重要的。因此，这里要介绍机器人的雅可比矩阵和逆雅可比矩阵。

3.2　机器人运动学方程

3.2.1　A 矩阵

1. 连杆的几何参数

如图 3.2 所示，与机器人运动学有关的几何量只有两个：

(1) 连杆的长度 a_i：两关节转轴之间的最短距离，即两轴线之间公垂线的长度。当两轴线相交于一点时，$a_i = 0$，有无穷多相等的公共垂线长度；当两轴线交错时，只有唯一的公共垂线。所以这样定义连杆长度是唯一的。但是机座(不动连杆)及末端连杆由于它们只有一个关节，特别地规定它们的长度为0，即 $a_0 = a_n = 0$。对于一端为旋转关节，另一端为移动关节的连杆，长度也规定为 0。

(2) 连杆的扭角 α_i：将同一连杆的任一轴线向另一轴线移动，使之相交(见图 3.2)，则此二直线决定一个与连杆长度 a_i 垂直的平面，此二直线的平面交角就是该连杆的扭角 α_i。显然机座连杆及末端连杆的扭角为 0。

a_i 及 α_i 的下标 $i = 0,1,2,\cdots,n$，是连杆的编号。编号顺序如下：机座 = 0，与机座相连接的连杆 $i = 1$，与第 1 号连杆相连接的连杆 $i = 2$，…… 比 i 号连杆编号小或大的连杆称为 i 号连杆的上或下编号连杆。

除机座与末端连杆外，其余每个连杆均有两个关节，i 号连杆与 $i-1$ 号连杆相连接的关节称为 i 号连杆的下关节，另一关节称为 i 号连杆上关节。下关节编号为 i，上关节编号为 $i+1$。

2. 关节变量及偏置量

关节变量是指两相邻连杆相对位置的变化量，一般用广义坐标 q_i 表示。当两连杆以旋转关节相连时，q_i 为转角 θ_i，当两连杆以移动关节相连时，q_i 是两者沿关节轴线的相对位移 d_i。

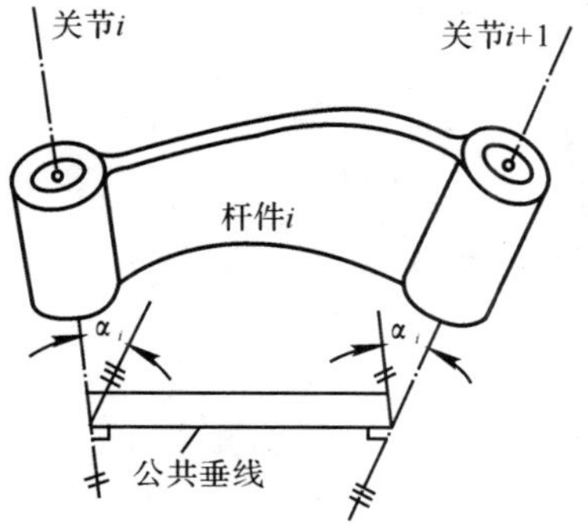

图 3.2　连杆的长度及扭角图

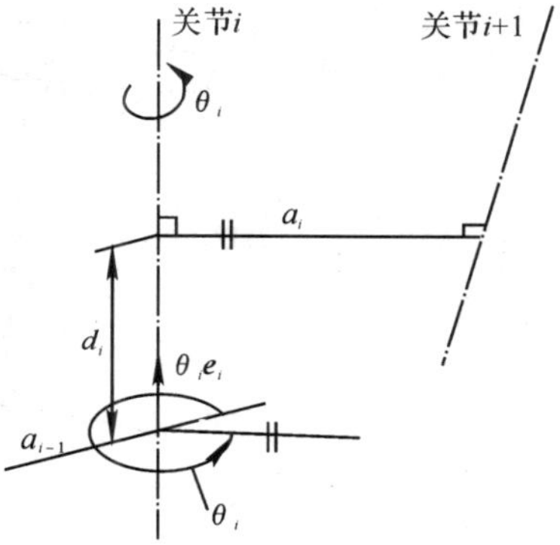

图 3.3　关节变量及偏置量

如图 3.3 所示，连杆 i 与连杆 $i-1$ 在关节 i 处相连。若关节是旋转关节，则关节 i 是旋转关节，则关节变量角为 θ_i。由于连杆 i 及连杆 $i-1$ 的杆长 a_i 及 a_{i-1} 一般不相交，故两者沿 i 号关节轴线存在一距离，称为连杆的偏置量 d_i。

为了规定关节变量角 θ_i 或 d_i 的正方向，须指定关节轴线的方向，本书用单位矢量 $\boldsymbol{e}$ 表示关节轴线的方向（见图 3.3）。

（1）关节变量角 θ_i：将 i 连杆的长度线 a_i 平移至 $i-1$ 连杆长度线 a_{i-1} 处与其相交，它们决定一个与关节 i 轴线相交的平面，θ_i 角就在此平面测量。θ_i 的起始线为 a_{i-1} 之延长线，终止线为 a_i 的平行线。θ_i 的正方向按 i 轴单位矢量 $\boldsymbol{e}_i$ 的右手定则决定。如图 3.3 所示的角 θ_i 是正的。

（2）偏置量 d_i：连杆 i 的偏置量是杆长线 a_i 及 a_{i-1} 在 i 号关节轴线上截取的距离。若关节 i 是旋转关节，则 d_i 为常量；如关节 i 为移动关节（又称为棱柱关节），则 d_i 是关节变量，由单位矢量 $\boldsymbol{e}$ 指定它的正方向。

3. **A** 矩阵

A 矩阵（Denavit-Hartenberg Matrix）是二相邻连杆坐标系的齐次坐标变换矩阵，它将上编号连杆坐标系向下编号连杆坐标系变换。为了使变换具有规范性，要求各连杆坐标系的建立具有一致性。

设 i 连杆的坐标系 $\{i\}$ 设置于 $i+1$ 号关节上，并固定于 i 连杆上，坐标系 $\{i\}$ 与连杆 i 无相对运动。如图 3.4 所示，i 连杆坐标系 $\{i\}$ 的 $o_ix_iy_iz_i$ 系是固定在 i 连杆关节 $i+1$ 处的，它的原点在关节 $i+1$ 的轴线上；o_iz_i 轴与关节 $i+1$ 的轴线重合，正方向由单位矢量 $\boldsymbol{e}_{i+1}$ 指定；o_ix_i 轴是连杆长度线的延长线，方向以延长方向为正向；o_iy_i 轴方向由右手坐标系的原则决定。同样地将连杆 $i-1$ 的坐标系$\{i-1\}$设置在连杆 $i-1$ 的上关节 i 的轴线处。

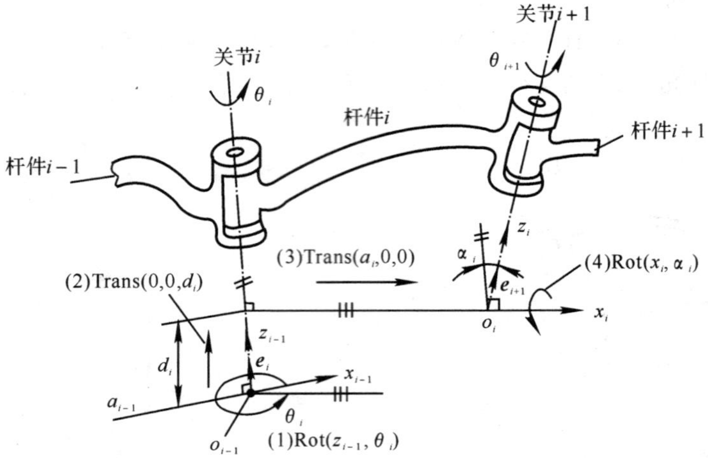

图 3.4　关节 A 矩阵的坐标系

坐标系$\{i\}$向坐标系$\{i-1\}$变换，等价于将$\{i-1\}$经图 3.4 所示的旋转(1) 平移(2) 平移(3) 旋转(4) 后完全与$\{i\}$"吻合"，所以$\{i\}$向$\{i-1\}$的变换为

$$\boldsymbol{A}_i = \mathrm{Rot}(\underset{(1)}{z_{i-1}},\ \theta_i)\ \mathrm{Trans}(\underset{(2)}{0},\ 0,\ d_i)\ \mathrm{Trans}(\underset{(3)}{a_i},\ 0,\ 0)\ \mathrm{Rot}(\underset{(4)}{x_i},\ \alpha_i) \tag{3.4}$$

$\boldsymbol{A}_i$ 为 4×4 阶矩阵。

$$\boldsymbol{A}_i = \begin{bmatrix} \cos\theta_i & -\sin\theta_i\cos\alpha_i & \sin\theta_i\sin\alpha_i & \alpha_i\cos\theta_i \\ \sin\theta_i & \cos\theta_i\cos\alpha_i & -\cos\theta_i\sin\alpha_i & \alpha_i\sin\theta_i \\ 0 & \sin\alpha_i & \cos\alpha_i & d_i \\ 0 & 0 & 0 & 1 \end{bmatrix} \tag{3.5}$$

若关节 i 是旋转关节，则式中 d_i 是常量；若关节 i 是移动关节，则式中 d_i 是关节变量，且 $\theta_i=0°$，即坐标系$\{i\}$与坐标系$\{i-1\}$无相对转动。

应当注意到机器人的每个活动连杆只有一个自由度，所以每个连杆的关节变量不是 θ_i 便是 d_i，二者必居其一，若用广义坐标 q_i 表示第 i 号连杆的关节变量，则

$$q_i = \begin{cases} s_i\theta_i \\ (1-s_i)d_i \end{cases} \tag{3.6}$$

式中　s_i—— 关节的辨识符号，

$$s_i = \begin{cases} 1 \\ 0 \end{cases} \tag{3.7}$$

例 3.1　如图 3.5 所示的 3 自由度平面关节机器人，设连杆 1,2 的长度为 l_1，l_2，试确定各

连杆的 **A** 矩阵，并求末端执行器(连杆 3) 对绝对坐标系的变换。

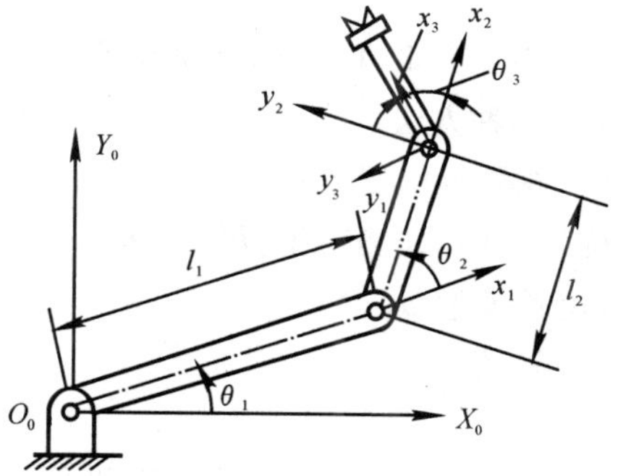

图 3.5 3 自由度平面关节机器人

解 因每个关节轴线都是彼此平行的，所以 $\alpha_1 = \alpha_2 = \alpha_3 = 0°$。

因各连杆都处于同一平面，故各连杆坐标系原点都在同一平面上，所以 $d_1 = d_2 = d_3 = 0$。**A** 矩阵的参数如表 3.1 所示。

表 3.1 A 矩阵的参数

连杆编号	关节变量	α_i	a_i	d_i	$\cos\alpha_i$	$\sin\alpha_i$
1	θ_1	0°	l_1	0	1	0
2	θ_2	0°	l_2	0	1	0
3	θ_3	0°	0	0	1	0

各连杆坐标系(右手坐标系) 均设置在关节处，各 z 轴均垂直于图纸平面，取离开纸平面为正方向。各 x 轴均为各连杆的延长线。绝对坐标系如图 3.5 所示。

根据式(3.5) 得出 $\boldsymbol{A}_1$，$\boldsymbol{A}_2$，$\boldsymbol{A}_3$，并由式(3.2) 求出 $\boldsymbol{T}_3$。

$$\boldsymbol{T}_3 = \boldsymbol{A}_1\boldsymbol{A}_2\boldsymbol{A}_3 = \begin{bmatrix} c_{123} & -s_{123} & 0 & l_1 c_1 + l_2 c_{12} \\ s_{123} & c_{123} & 0 & l_1 s_1 + l_2 s_{12} \\ 0 & 0 & 1 & 0 \\ 0 & 0 & 0 & 1 \end{bmatrix} \tag{3.8}$$

式中简写符号

$$\begin{cases} c_i = \cos\theta_i \\ s_i = \sin\theta_i \\ i = 1,2,3 \end{cases} \quad \begin{cases} c_{12} = c_1 c_2 - s_1 s_2 \\ c_{123} = c_{12} c_3 - s_{12} s_3 \end{cases} \quad \begin{cases} s_{12} = c_1 s_2 + s_1 c_2 \\ s_{123} = c_{12} s_3 + s_{12} c_3 \end{cases} \tag{3.9}$$

3.2.2 T 矩阵

根据第2章所述及式(3.3)与图3.1知,$\boldsymbol{T}_6$ 的确定视在绝对坐标系中对末端执行器位姿的测量方法不同而不同,一般有以下几种方法:

(1) 用3个欧拉角确定方向,并测得位置矢量 $\boldsymbol{p}$。

(2) 用侧滚、俯仰、偏转角确定方向,并测得位置矢量 $\boldsymbol{p}$。

(3) 用圆柱坐标,只需测得位置矢量 $\boldsymbol{p}$。

(4) 用球坐标,只需测得位置矢量 $\boldsymbol{p}$。

1. 欧拉变换

为了确定 $\boldsymbol{T}_6$,可把图3.1所示的绝对坐标系 $O_0X_0Y_0Z_0$ 沿位置矢量 $\boldsymbol{p}$ 移至末端执行器的中心,如图3.6所示。这时 $O_0X_0Y_0$ 平面与末端执行器的位姿坐标系 O_0xyz 的 O_0xy 平面相交,交线为 ab(称为欧拉变换的节线)。

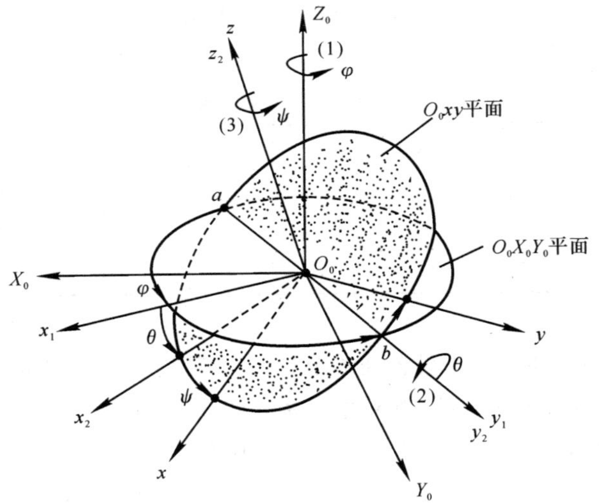

图 3.6 欧拉变换

从图3.6可看出,只要绕 Z_0 轴旋转一个 φ 角使 O_0Y_0 转到节线 ab 处,就易于使 $O_0X_0Y_0Z_0$ 与 O_0xyz 重合,这个具体的变换过程称为欧拉变换,即

$$\mathrm{Euler}(\varphi,\ \theta,\ \psi)=\mathrm{Rot}(\underset{(1)}{Z_0},\ \varphi)\ \mathrm{Rot}(\underset{(2)}{y_1},\ \theta)\ \mathrm{Rot}(\underset{(3)}{z_2},\ \psi) \tag{3.10}$$

式中 (1),(2),(3)—— 绕当前轴旋转变换顺序。

φ —— 绕当前轴 Z_0 的转角;

θ —— 绕当前轴 y_1 的转角;

ψ —— 绕当前轴 z_2 的转角。

将式(3.10)展开,得

$$\mathrm{Euler}(\varphi,\ \theta,\ \psi)=\begin{bmatrix} c\varphi c\theta c\psi-s\varphi s\psi & -c\varphi c\theta s\psi-s\varphi c\psi & c\varphi s\theta & 0\\ s\varphi c\theta c\psi+c\varphi s\psi & -s\varphi c\theta s\psi+c\varphi c\psi & s\varphi s\theta & 0\\ -s\theta c\psi & s\theta s\psi & c\theta & 0\\ 0 & 0 & 0 & 1 \end{bmatrix} \tag{3.11}$$

将式(3.11)左乘以平移变换 $\mathrm{Trans}(p_x,\ p_y,\ p_z)$ 则得到 $\boldsymbol{T}_6$,它的 12 个非 0 元素分别为

$$\begin{aligned}
n_x &= c\varphi c\theta c\psi-s\varphi s\psi\\
n_y &= s\varphi c\theta c\psi+c\varphi s\psi\\
n_z &=-s\theta c\psi\\
o_x &=-c\varphi c\theta s\psi-s\varphi c\psi\\
o_y &=-s\varphi c\theta s\psi+c\varphi c\psi\\
o_z &= s\theta s\psi\\
a_x &= c\varphi s\theta\\
a_y &= s\varphi s\theta\\
a_z &= c\theta\\
p_x &= p_x\\
p_y &= p_y\\
p_z &= p_z
\end{aligned}$$

若测得 3 个欧拉角及位置矢量的分量,则末端执行器的位姿就确定了。

2. 侧滚、俯仰、偏航角变换(RPY 变换)

仿照船航行时侧滚角 φ、俯仰角 θ 及偏航角 ψ 的方法定义末端执行器的 3 个方向角度,如图 3.7 及 3.8 所示。

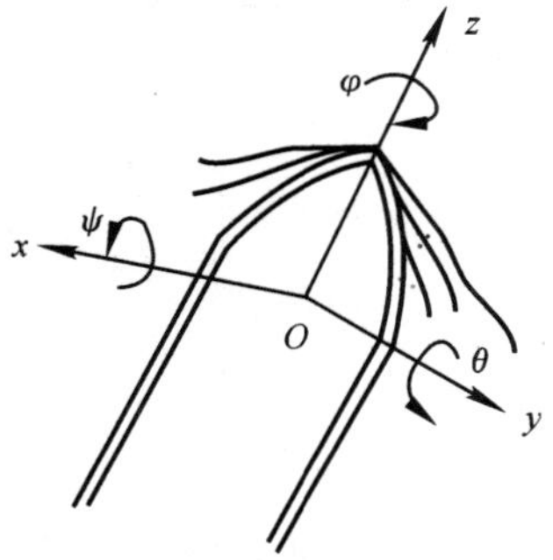

图 3.7　航船的 3 个方向角

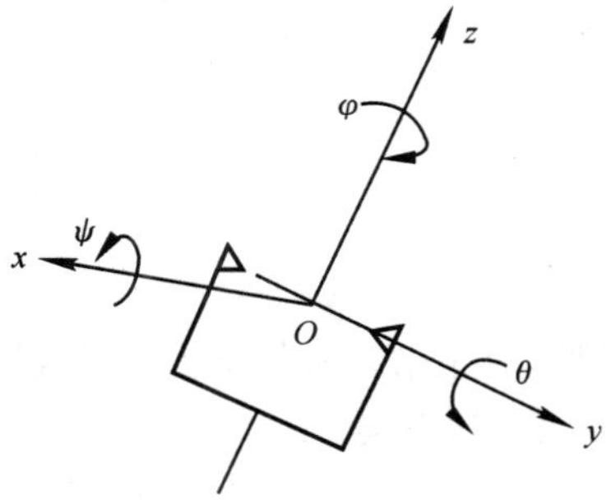

图 3.8　末端执行器的 3 个方向角

这种变换定义为

$$\mathrm{RPY}(\varphi,\ \theta,\ \psi)=\mathrm{Rot}(\underset{(1)}{z},\ \varphi)\mathrm{Rot}(\underset{(2)}{y},\ \theta)\mathrm{Rot}(\underset{(3)}{x},\ \psi) \tag{3.12}$$

展开得

$$\mathrm{RPY}(\varphi,\theta,\psi)=\begin{bmatrix} c\varphi c\theta & c\varphi s\theta s\psi - s\varphi c\psi & c\varphi s\theta c\psi + s\varphi s\psi & 0 \\ s\varphi c\theta & s\varphi s\theta s\psi + c\varphi c\psi & s\varphi s\theta c\psi - c\varphi s\psi & 0 \\ -s\theta & c\theta s\psi & c\theta c\psi & 0 \\ 0 & 0 & 0 & 1 \end{bmatrix} \tag{3.13}$$

仿照欧拉变换,可以确定出 $\boldsymbol{T}_6$。

3. 圆柱坐标变换

当末端执行器能始终保持逼近矢量与绝对坐标系 O_0Z_0 轴平行时(如吊车式工业机器人),使用圆柱坐标变换确定 $\boldsymbol{T}_6$ 非常方便,这时只需测定矢量 $\boldsymbol{p}$ 就可以确定 $\boldsymbol{T}_6$。

如图 3.9 所示,这种变换为

$$\mathrm{Cyl}(z,\ \alpha,\ r)=\mathrm{Trans}(\underset{(3)}{0},\ 0,\ z)\ \mathrm{Rot}(\underset{(2)}{z},\ \alpha)\ \mathrm{Trans}(\underset{(1)}{r},\ 0,\ 0) \tag{3.14}$$

此变换按式中的顺序(1),(2),(3) 进行,是始终相对于绝对坐标系的变换。展开式(3.14),得

$$\mathrm{Cyl}(z,\ \alpha,\ r)=\begin{bmatrix} c\alpha & -s\alpha & 0 & rc\alpha \\ s\alpha & c\alpha & 0 & rs\alpha \\ 0 & 0 & 1 & z \\ 0 & 0 & 0 & 1 \end{bmatrix} \tag{3.15}$$

由式(3.15) 第 4 列得 $\boldsymbol{T}_6$ 位置矢量为

$$\boldsymbol{p}=\begin{bmatrix} p_x \\ p_y \\ p_z \\ 1 \end{bmatrix}=\begin{bmatrix} rc\alpha \\ rs\alpha \\ z \\ 1 \end{bmatrix} \tag{3.16}$$

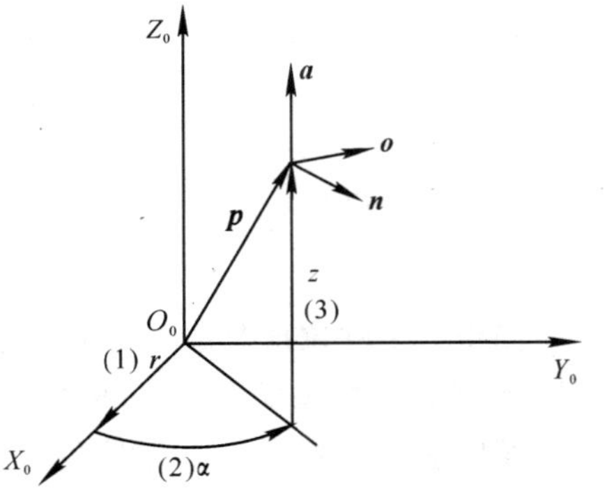

图 3.9　圆柱坐标变换

不难解得 r,α 及 z 为

$$\begin{bmatrix} r \\ \alpha \\ z \end{bmatrix}=\begin{bmatrix} \sqrt{p_x^2+p_y^2} \\ \arctan(p_y/p_x) \\ p_z \end{bmatrix} \tag{3.17}$$

由此可见,对于吊车式机器人的 $\boldsymbol{T}_6$,只需测定矢量 $\boldsymbol{p}$ 就可确定了。

4. 球坐标变换

若末端执行器逼近矢量始终与球坐标的向径 r 保持相同的方向,则可方便地用球坐标变换去确定 $\boldsymbol{T}_6$。如图 3.10 所示,球坐标变换的定义为

$$\mathrm{Sph}(\alpha,\ \beta,\ r)=\mathrm{Rot}(\underset{(3)}{z},\ \alpha)\ \mathrm{Rot}(\underset{(2)}{y},\ \beta)\ \mathrm{Trans}(\underset{(1)}{0},\ 0,\ r) \tag{3.18}$$

此变换中的(1),(2),(3) 均是相对于绝对坐标系的变换,将式(3.18) 展开,得

$$\mathrm{Sph}(\alpha,\beta,r)=\begin{bmatrix}c\alpha c\beta & -s\alpha & c\alpha s\beta & rc\alpha s\beta\\ s\alpha c\beta & c\alpha & s\alpha s\beta & rs\alpha s\beta\\ -s\beta & 0 & c\beta & rc\beta\\ 0 & 0 & 0 & 1\end{bmatrix} \tag{3.19}$$

式中，第 4 列为 $\boldsymbol{T}_6$ 的位置矢量 $\boldsymbol{p}$，即

$$\boldsymbol{p}=\begin{bmatrix}rc\alpha s\beta\\ rs\alpha s\beta\\ rc\beta\\ 1\end{bmatrix} \tag{3.20}$$

利用此式不难求得 α，β，r 为

$$\begin{bmatrix}r\\ \beta\\ \alpha\end{bmatrix}=\begin{bmatrix}\sqrt{p_x^2+p_y^2+p_z^2}\\ \arctan(p_x/p_z)\\ \arctan(p_y/p_x)\end{bmatrix} \tag{3.21}$$

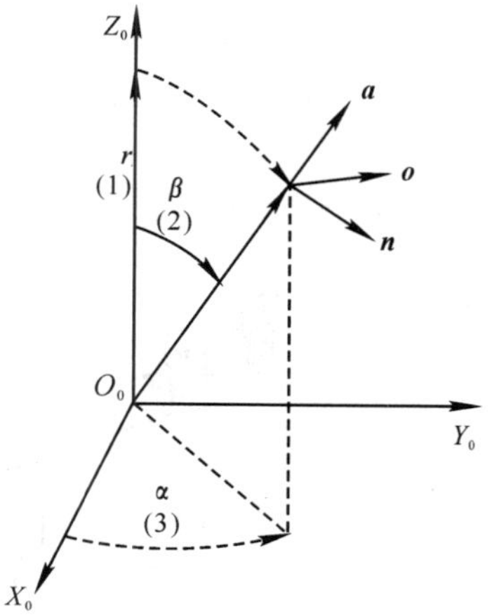

图 3.10　球坐标变换

球坐标变换也与圆柱坐标变换相似，只需求位置矢量 $\boldsymbol{p}$ 就可确定 $\boldsymbol{T}_6$。

3.2.3　运动学方程

下面以一个机器人手的实例来求机器人运动学方程。

例 3.2　斯坦福机器人的结构示意图如图 3.11 所示，共由 6 个活动连杆组成。求 $\boldsymbol{A}_i(i=1,2,3,4,5,6)$ 及 $\boldsymbol{T}_6$ 的表达式。

解　求运动学方程，就是确定出 6 个活动连杆的连杆坐标系向绝对坐标系的齐次坐标变换。

(1) 设定机器人各个连杆的坐标系，如图 3.11 所示。

(2) 确定各连杆的关节参数和关节变量，如表 3.2 所示。

表 3.2　A 矩阵的参数

连杆编号 i	关节变量 θ_i	α_i	a_i	d_i	$\cos\alpha_i(c_i)$	$\sin\alpha_i(s_i)$
1	θ_1	$-90°$	0	d_1	0	-1
2	θ_2	$90°$	0	d_2	0	1
3	θ_3	$0°$	0	d_3	1	0
4	θ_4	$-90°$	0	0	0	-1
5	θ_5	$90°$	0	0	0	1
6	θ_6	$0°$	0	d_6	1	0

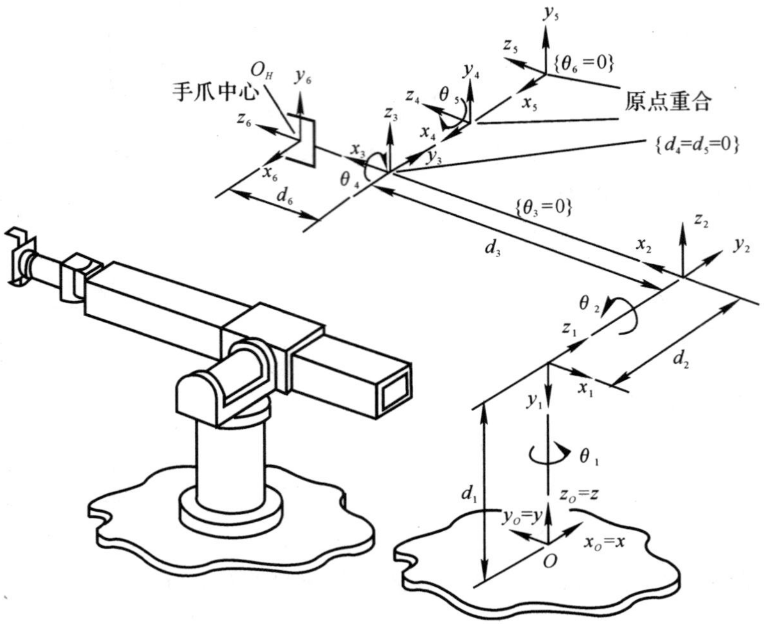

图 3.11　斯坦福机器人及其坐标系

(3) 求两连杆间的位姿矩阵 $\boldsymbol{A}_i$。由式(3.5)得 $\boldsymbol{A}$ 矩阵：

$$\boldsymbol{A}_1=\begin{bmatrix} c_1 & 0 & -s_1 & 0 \\ s_1 & 0 & c_1 & 1 \\ 0 & -1 & 0 & d_1 \\ 0 & 0 & 0 & 1 \end{bmatrix},\ \boldsymbol{A}_2=\begin{bmatrix} c_2 & 0 & s_2 & 0 \\ s_2 & 0 & -c_2 & 0 \\ 0 & 1 & 0 & d_2 \\ 0 & 0 & 0 & 1 \end{bmatrix},\ \boldsymbol{A}_3=\begin{bmatrix} 1 & 0 & 0 & 0 \\ 0 & 1 & 0 & 0 \\ 0 & 0 & 1 & d_3 \\ 0 & 0 & 0 & 1 \end{bmatrix}$$

$$\boldsymbol{A}_4=\begin{bmatrix} c_4 & 0 & -s_4 & 0 \\ s_4 & 0 & c_4 & 0 \\ 0 & -1 & 0 & 0 \\ 0 & 0 & 0 & 1 \end{bmatrix},\ \boldsymbol{A}_5=\begin{bmatrix} c_5 & 0 & s_5 & 0 \\ s_5 & 0 & -c_5 & 0 \\ 0 & 1 & 0 & 0 \\ 0 & 0 & 0 & 1 \end{bmatrix},\ \boldsymbol{A}_6=\begin{bmatrix} c_6 & -s_6 & 0 & 0 \\ s_6 & c_6 & 0 & 0 \\ 0 & 0 & 1 & d_6 \\ 0 & 0 & 0 & 1 \end{bmatrix}$$

(4) 求机器人的运动学方程。斯坦福机器人的运动学方程由以下 6 个式子组成：

$${}^5\boldsymbol{T}_6=\boldsymbol{A}_6,\ {}^4\boldsymbol{T}_6=\boldsymbol{A}_5\boldsymbol{A}_6,\ {}^3\boldsymbol{T}_6=\boldsymbol{A}_4\boldsymbol{A}_5\boldsymbol{A}_6,\ {}^2\boldsymbol{T}_6=\boldsymbol{A}_3\boldsymbol{A}_4\boldsymbol{A}_5\boldsymbol{A}_6,\ {}^1\boldsymbol{T}_6=\boldsymbol{A}_2\boldsymbol{A}_3\boldsymbol{A}_4\boldsymbol{A}_5\boldsymbol{A}_6$$

$$\boldsymbol{T}_6=\boldsymbol{A}_1\boldsymbol{A}_2\boldsymbol{A}_3\boldsymbol{A}_4\boldsymbol{A}_5\boldsymbol{A}_6=\begin{bmatrix} n_x & o_x & a_x & p_x \\ n_y & o_y & a_y & p_y \\ n_z & o_z & a_z & p_z \\ 0 & 0 & 0 & 1 \end{bmatrix}$$

式中

$$n_x=c_1[c_2(c_4c_5c_6-s_4s_6)-s_2s_5c_6]-s_1(s_4c_5c_6+c_4s_6)$$

$$n_y = s_1[c_2(c_4c_5c_6 - s_4s_6) - s_2s_5c_6] + c_1(s_4c_5c_6 + c_4s_6)$$
$$n_z = -s_2(c_4c_5c_6 - s_4s_6) - c_2s_5c_6$$
$$o_x = c_1[-c_2(c_4c_5s_6 + s_4c_6) + s_2s_5s_6] - s_1(-s_4c_5s_6 + c_4c_6)$$
$$o_y = s_1[-c_2(c_4c_5s_6 + s_4c_6) + s_2s_5s_6] + c_1(-s_4c_5s_6 + c_4c_6)$$
$$o_z = s_2(c_4c_5s_5 + s_4c_6) + c_2s_5s_6$$
$$a_x = c_1(c_2c_4s_5 + s_2c_5) - s_1s_4s_5$$
$$a_y = s_1(c_2c_4s_5 + s_2c_5) + c_1s_4s_5$$
$$a_z = -s_2c_4s_5 + c_2c_5$$
$$p_x = c_1s_2d_3 - s_1d_2 + d_6(c_1c_2c_4s_5 - s_1s_4s_5 + c_1c_5s_2)$$
$$p_y = s_1s_2d_3 + c_1d_2 + d_6(c_2c_4s_1s_5 + c_1s_4s_5 + c_5s_1s_2s_5)$$
$$p_z = c_2d_3 + d_1 + d_6(-s_2s_5 + c_2c_5)$$

3.3　机器人运动学方程求解

3.3.1　运动学方程求解方法

1. 概述

本节讨论给定机器人末端执行器的位姿 $\boldsymbol{T}_n$，通过运动学方程求解关节变量 $\boldsymbol{q} = [q_1 \quad q_2 \quad \cdots \quad q_n]^{\mathrm{T}}$ 的问题。机器人的自由度 n 就确定了 $\boldsymbol{q}$ 的个数，由已知的 $\boldsymbol{T}_n$ 求解对应的 $\boldsymbol{q}$ 称为解机器人位置的逆运动学问题。机器人末端执行器在空间运动的轨迹是由机器人工作任务所决定的，轨迹上的各点对应于它们所要求的 $\boldsymbol{q}$，解出这些 $\boldsymbol{q}$ 去控制机器人各执行机构的运动，从而实现所规划轨迹的跟踪，就是机器人运动学的基本任务。

本节讨论按已知的 $\boldsymbol{T}$，求解 $\boldsymbol{q}$ 的具体方法及技巧。对于工业机器人，其自由度 $n \leqslant 6$，即最多有 6 个 $\boldsymbol{q}$ 需要求解。但是机器人运动学方程中所给出的代数方程的个数远多于求解变量 $\boldsymbol{q}$ 的个数，其中存在着冗余的方程，因而就决定了求解的困难和复杂性，但是这种观察和分析也是有规律可循的。为了易于阅读和理解，便于掌握解法的规律性，首先利用已知 $\boldsymbol{T}$ 求解 3 个欧拉角、3 个行向角及求解球坐标变换的 3 个变量作为引例，介绍求解方法的规律性和某些技巧，然后介绍自由度较多的机器人的求解。

2. 欧拉变换的解

若已知欧拉变换方程

$$\boldsymbol{T} = \mathrm{Euler}(\varphi,\ \theta,\ \psi) = \mathrm{Rot}(Z,\ \varphi)\mathrm{Rot}(Y,\ \theta)\mathrm{Rot}(Z,\ \psi) \tag{3.22}$$

反向求解是指已知 $\boldsymbol{T}$ 的各元素，求出 φ，θ，ψ。

最简便的方法是展开两边，然后令各对应的元素相等，这样可得到 9 个方程。

$$\begin{bmatrix} n_x & o_x & a_x & p_x \\ n_y & o_y & a_y & p_y \\ n_z & o_z & a_z & p_z \\ 0 & 0 & 0 & 0 \end{bmatrix} = \begin{bmatrix} -c\varphi c\theta c\psi - s\varphi s\psi & -c\varphi c\theta s\psi - s\varphi c\psi & c\varphi s\theta & 0 \\ s\varphi c\theta c\psi + c\varphi s\psi & -s\varphi c\theta s\psi + c\varphi c\psi & s\varphi s\theta & 0 \\ -s\theta c\psi & s\theta s\psi & c\theta & 0 \\ 0 & 0 & 0 & 1 \end{bmatrix} \tag{3.23}$$

式中

$$n_x = -c\varphi c\theta c\psi - s\varphi s\psi$$
$$n_y = s\varphi c\theta c\psi + c\varphi s\psi$$
$$n_z = -s\theta c\psi$$
$$o_x = -c\varphi c\theta c\psi - s\varphi c\psi$$
$$o_y = -s\varphi c\theta c\psi + c\varphi c\psi$$
$$o_z = s\theta s\psi$$
$$a_x = c\varphi s\theta$$
$$a_y = s\varphi s\theta$$
$$a_z = c\theta$$

由这些方程可得

$$\theta = \arccos(a_z) \tag{3.24}$$

$$\varphi = \arccos(a_x / s\theta) \tag{3.25}$$

$$\psi = \arccos(-n_z / s\theta) \tag{3.26}$$

但该算法有些缺陷：其一是用反余弦函数求出的 θ 无法判断其正负，在 $0°$ 或 $180°$ 附近，θ 的变化很大而 $\cos\theta$ 变化很小；其二是在求 φ，ψ 时均使用反余弦函数，导致符号不定，分母 $\sin\theta$ 在 $0°$ 附近导致误差很大；其三是分母 $\sin\theta$ 在 $0°$ 及 $\pm180°$ 时导致分母为零无定义。故在机器人运动学中不用反余弦函数而用反正切函数来求关节转角，因其可唯一确定 φ, θ, ψ 值。为了求出反正切函数所需的 y/x 值，对欧拉变换方程左乘以 $\mathrm{Rot}(Z, \varphi)^{-1}$，得

$$\mathrm{Rot}(Z, \varphi)^{-1}\boldsymbol{T} = \mathrm{Rot}(Y, \theta)\mathrm{Rot}(Z, \psi) \tag{3.27}$$

此式左边为 φ 和 $\boldsymbol{T}$ 的函数，只要找到右边矩阵中等于零或常数的元素，令其与左边的对应项相等，便可得到 y/x 的显式解，为此展开式(3.27)，得

$$\begin{bmatrix} n_x c\varphi + n_y s\varphi & o_x c\varphi + o_y s\varphi & a_x c\varphi + a_y s\varphi & 0 \\ -n_x s\varphi + n_y c\varphi & -o_x s\varphi + o_y c\varphi & -a_x s\varphi + a_y c\varphi & 0 \\ n_z & o_z & a_z & 0 \\ 0 & 0 & 0 & 1 \end{bmatrix} = \begin{bmatrix} c\theta c\psi & -c\theta s\psi & s\theta & 0 \\ s\psi & c\psi & 0 & 0 \\ -s\theta c\psi & s\theta s\psi & c\theta & 0 \\ 0 & 0 & 0 & 1 \end{bmatrix} \tag{3.28}$$

取第 2 行第 3 列元素相等，则有

$$-a_x c\varphi + a_y c\varphi = 0$$

$$\varphi = \arctan\left(\frac{a_y}{a_x}\right) \tag{3.29}$$

当然 φ 也可能是

$$\varphi = \arctan\left(\frac{-a_y}{-a_x}\right) \tag{3.30}$$

此解与前面的 φ 相差 180°。注意当 a_x，a_y 皆为零时，手部在 x，y 方向上无分量，为向上或向下状态，此时 φ 与 ψ 相应于同一旋转，是一种退化的状态，故此时令 $\varphi = 0°$。

再从式(3.28) 取第 1 行第 3 列相等，有

$$a_x \mathrm{c}\varphi + a_y \mathrm{s}\varphi = \mathrm{s}\theta$$

又由第 3 行第 3 列有

$$a_z = \mathrm{c}\theta$$

$$\theta = \arctan\left(\frac{a_x \mathrm{c}\varphi + a_y \mathrm{s}\varphi}{a_z}\right) \tag{3.31}$$

此处 θ 被唯一确定，且因 a_x，a_y，a_z 不可能同时为零，故 θ 不存在退化问题。

再从式(3.28) 第 2 行第 1 列和第 2 行第 2 列，分别有

$$-n_x \mathrm{s}\varphi + n_y \mathrm{c}\varphi = \mathrm{s}\psi$$

$$-o_x \mathrm{s}\varphi + o_y \mathrm{c}\varphi = \mathrm{c}\psi$$

$$\psi = \arctan\left(\frac{-n_x \mathrm{s}\varphi + n_y \mathrm{s}\varphi}{-o_z \mathrm{s}\varphi + o_y \mathrm{c}\varphi}\right) \tag{3.32}$$

至此欧拉方程的解 φ，θ，ψ 全部求出。

3. RPY 变换的解

RPY 变换方程为

$$\boldsymbol{T} = \mathrm{Rot}(Z, \varphi)\mathrm{Rot}(Y, \theta)\mathrm{Rot}(X, \psi) \tag{3.33}$$

用 $\mathrm{Rot}(Z, \varphi)^{-1}$ 左乘式(3.33)，得

$$\mathrm{Rot}(Z, \varphi)^{-1}\boldsymbol{T} = \mathrm{Rot}(Y, \theta)\mathrm{Rot}(X, \psi)$$

展开得

$$\begin{bmatrix} n_x \mathrm{c}\varphi + n_y \mathrm{s}\varphi & o_x \mathrm{c}\varphi + o_y \mathrm{s}\varphi & a_x \mathrm{c}\varphi + a_y \mathrm{s}\varphi & 0 \\ -n_x \mathrm{s}\varphi + n_y \mathrm{c}\varphi & -o_x \mathrm{s}\varphi + o_y \mathrm{c}\varphi & -a_x \mathrm{s}\varphi + a_y \mathrm{c}\varphi & 0 \\ n_z & o_z & a_z & 0 \\ 0 & 0 & 0 & 1 \end{bmatrix} = \begin{bmatrix} \mathrm{c}\theta & -\mathrm{s}\theta\mathrm{c}\psi & \mathrm{s}\theta\mathrm{c}\psi & 0 \\ 0 & \mathrm{c}\psi & -\mathrm{s}\psi & 0 \\ -\mathrm{s}\theta & \mathrm{c}\theta\mathrm{s}\psi & \mathrm{c}\theta\mathrm{c}\psi & 0 \\ 0 & 0 & 0 & 1 \end{bmatrix} \tag{3.34}$$

由第 2 行第 1 列得

$$-n_x \mathrm{s}\varphi + n_y \mathrm{c}\varphi = 0$$

$$\varphi = \arctan\left(\frac{n_y}{n_x}\right) \quad 及 \quad \varphi = \varphi + 180° \tag{3.35}$$

由第 1 行第 1 列得

$$n_x c\varphi + n_y c\varphi = c\theta$$

再由第 3 行第 1 列得

$$n_z = -s\theta$$

$$\theta = \arctan\left(\frac{-n_z}{n_x c\varphi + n_y s\varphi}\right) \tag{3.36}$$

最后求 ψ,由第 2 行第 2 列及第 2 行第 3 列得

$$-o_x s\varphi + o_y c\varphi = c\psi$$

$$-a_x s\varphi + a_y c\varphi = -s\psi$$

$$\psi = \arctan\left(\frac{a_x s\varphi - a_y c\varphi}{-o_x s\varphi + o_y c\varphi}\right) \tag{3.37}$$

4. 球坐标变换的解

对球坐标变换,有方程

$$\boldsymbol{T} = \mathrm{Rot}(Z, \alpha)\mathrm{Rot}(Y, \beta)\mathrm{Trans}(0, 0, r)$$

可同样左乘以 $\mathrm{Rot}(Z, \alpha)^{-1}$,得

$$\mathrm{Rot}(Z, \alpha)^{-1}\boldsymbol{T} = \mathrm{Rot}(Y, \beta)\mathrm{Trans}(0, 0, r) \tag{3.38}$$

展开得

$$\begin{bmatrix} n_x c\alpha + n_y s\alpha & o_x c\alpha + o_y s\alpha & a_x c\alpha + a_y s\alpha & p_x c\alpha + p_y s\alpha \\ -n_x s\alpha + n_y c\alpha & -o_x s\alpha + o_y c\alpha & -a_x s\alpha + a_y c\alpha & -p_x s\alpha + p_y c\alpha \\ n_z & o_z & a_z & p_z \\ 0 & 0 & 0 & 1 \end{bmatrix} = \begin{bmatrix} c\beta & 0 & s\beta & rs\beta \\ 0 & 1 & 0 & 0 \\ -s\beta & 0 & c\beta & rc\beta \\ 0 & 0 & 0 & 1 \end{bmatrix} \tag{3.39}$$

取第 2 行第 4 列,有

$$-p_x s\alpha + p_y c\alpha = 0$$

$$\alpha = \arctan\left(\frac{p_y}{p_x}\right) \quad 及 \quad \alpha = \alpha + 180° \tag{3.40}$$

再取第 1 行第 4 列及第 3 行第 4 列,有

$$p_x c\alpha + p_y s\alpha = rs\beta$$

$$p_z = rc\beta$$

$$\beta = \arctan\left(\frac{p_x c\alpha + p_y s\alpha}{p_z}\right) \tag{3.41}$$

利用式(3.38)不容易求 r,为此用 $\mathrm{Rot}(Y, \beta)^{-1}$ 左乘以式(3.38),有

$$\mathrm{Rot}(Y, \beta)^{-1}\mathrm{Rot}(Z, \alpha)^{-1}\boldsymbol{T} = \mathrm{Trans}(0, 0, r)$$

展开后取其第 3 行第 4 列,可得

$$r = s\beta(p_x c\alpha + p_y s\beta) + p_z c\beta \tag{3.42}$$

至此 α, β, r 全部求出。

3.3.2　运动学方程求解实例

上节中已建立了斯坦福机器人的运动方程

$$\boldsymbol{T}_6 = \boldsymbol{A}_1\boldsymbol{A}_2\boldsymbol{A}_3\boldsymbol{A}_4\boldsymbol{A}_5\boldsymbol{A}_6 \tag{3.43}$$

现在已知手部位姿 $\boldsymbol{T}_6$ 及各杆的结构参数 a_i, d_i,求 $\theta_1 \sim \theta_6$。

(1) 先求 θ_1。用 $\boldsymbol{A}_1^{-1}$ 左乘式(3.43),得

$$\boldsymbol{A}_1^{-1}\boldsymbol{T}_6 = \boldsymbol{A}_2\boldsymbol{A}_3\boldsymbol{A}_4\boldsymbol{A}_5\boldsymbol{A}_6 \tag{3.44}$$

展开得

$$\begin{bmatrix} n_x c_1 + n_y s_1 & o_x c_1 + o_y s_1 & a_x c_1 + a_y s_1 & p_x c_1 + p_y s_1 \\ -n_z & -o_z & -a_z & -p_z \\ -n_x s_1 + n_y c_1 & -o_x s_1 + o_y c_1 & -a_x s_1 + a_y c_1 & -p_x s_1 + p_y c_1 \\ 0 & 0 & 0 & 1 \end{bmatrix} =$$

$$\begin{bmatrix} c_2(c_4c_5c_6 - s_4s_6) - s_2s_5c_6 & -c_2(c_4c_5s_6 + s_4c_6) & c_2c_4s_5 + s_2c_5 & s_2d_3 \\ s_2(c_4c_5c_6 - s_4s_6) + c_2s_5c_6 & -s_2(c_4c_5s_6 + s_4c_6) & s_2c_4s_5 - s_2c_5 & -c_2d_3 \\ s_4c_5c_6 + c_4s_6 & -s_4c_5s_6 + c_4c_6 & s_4s_5 & d_2 \\ 0 & 0 & 0 & 1 \end{bmatrix} \tag{3.45}$$

式中　$c_i = \cos\theta_i$, $s_i = \sin\theta_i$; $i = 1, 2, \cdots, 6$。

取第 3 行第 4 列,有

$$-s_1 p_x + c_1 p_y = d_2 \tag{3.46}$$

为求 θ_1,引入中间变量 r, φ,令

$$p_x = r\cos\varphi$$

$$p_y = r\sin\varphi$$

$$r = \sqrt{p_x^2 + p_y^2}$$

$$\varphi = \arctan\frac{p_y}{p_x}$$

则式(3.46)化为

$$\cos\theta_1\sin\varphi - \sin\theta_1\cos\varphi = \frac{d_2}{r}$$

利用和差公式,化为

$$\sin(\varphi - \theta_1) = \frac{d_2}{r}$$

这里 $0 < \dfrac{d_2}{r} < 1$, $0 < \varphi - \theta_1 < \pi$,又

$$\cos(\varphi-\theta_1)=\pm\sqrt{1-\left(\frac{d_2}{r}\right)^2}$$

故有

$$\varphi-\theta_1=\arctan\frac{\frac{d_2}{r}}{\pm\sqrt{1-\left(\frac{d_2}{r}\right)^2}}=\arctan\frac{d_2}{\pm\sqrt{r^2-d_2^2}}$$

$$\theta_1=\arctan\frac{p_y}{p_x}-\arctan\frac{d_2}{\pm\sqrt{r^2-d_2^2}} \tag{3.47}$$

这里“+”号对应右肩位姿，“−”号对应左肩位姿。

(2) 求 θ_2。取式(3.45)的第 1 行第 4 列和第 2 行第 4 列，有

$$c_1 p_x+s_1 p_y=s_2 d_3$$
$$-p_z=-c_2 d_3$$

因 θ_1 已求出，而 d_3 要求位移大于零，故两式中 d_3 与 θ_2 的正弦、余弦成正比，且 θ_2 唯一，故

$$\theta_2=\arctan\frac{c_1 p_x+s_1 p_y}{p_z} \tag{3.48}$$

(3) 求 d_3。显然式(3.45)不便于求 d_3，为此用 $\boldsymbol{A}_2^{-1}$ 左乘以式(3.45)，得

$$\boldsymbol{A}_2^{-1}\boldsymbol{A}_1^{-1}\boldsymbol{T}_6=\boldsymbol{A}_3\boldsymbol{A}_4\boldsymbol{A}_5\boldsymbol{A}_6 \tag{3.49}$$

展开后取第 3 行第 4 列，则有

$$d_3=s_2(c_1 p_x+s_1 p_y)+c_2 p_z \tag{3.50}$$

d_3 因此求出。

(4) 求 θ_4。采用如下运动方程：

$$\boldsymbol{A}_4^{-1}\boldsymbol{A}_3^{-1}\boldsymbol{A}_2^{-1}\boldsymbol{A}_1^{-1}\boldsymbol{T}_6=\boldsymbol{A}_5\boldsymbol{A}_6 \tag{3.51}$$

展开后取第 3 行第 3 列，有

$$-s_4[c_2(c_1 a_x+s_1 a_y)-s_2 a_y]+c_4[-s_1 a_x+c_1 a_y]=0$$

$$\theta_4=\arctan\frac{-s_1 a_x+c_1 a_y}{c_2(c_1 a_x+s_1 a_y)-s_2 a_y} \tag{3.52}$$

及

$$\theta_4=\theta_4+180^\circ$$

于是 θ_4 求出。

若式(3.52)分子分母皆为零时，不能用式(3.52)求 θ_4，可从式(3.49)的展开式中取第 1 行第 3 列、第 2 行第 3 列，有

$$c_2(c_1 a_x+s_1 a_y)-s_2 a_z=c_4 s_5$$
$$-s_1 a_x+c_1 a_y=s_4 s_5$$

此时若 $\theta_5>0$，则

$$\theta_4 = \arctan \frac{-s_1 a_x + c_1 a_y}{c_2(c_1 a_x + s_1 a_y) - s_2 a_z} \tag{3.53}$$

若 $\theta_5 < 0$,则 $\theta_4 = \theta_4 + 180°$。若 $\theta_5 = 0$,则位姿退化,此时关节4与6的轴线重合,θ_4 可为任意值。

(5) 求 θ_5。采用式(3.51)的展开式,取第1行第3列、第2行第3列,有

$$c_4[c_2(c_1 a_x + s_1 a_y) - s_2 a_z] + s_4(-s_1 a_x + c_1 a_y) = s_5$$

$$s_2(c_1 a_x + s_1 a_y) + s_2 a_z = c_5$$

$$\theta_5 = \arctan \frac{c_4[c_2(c_1 a_x + s_1 a_y) - s_2 a_z] + s_4(-s_1 a_x + c_1 a_y)}{s_2(c_1 a_x + s_1 a_y) + c_2 a_z} \tag{3.54}$$

(6) 求 θ_6。采用下述方程

$$\boldsymbol{A}_5^{-1}\boldsymbol{A}_4^{-1}\boldsymbol{A}_3^{-1}\boldsymbol{A}_2^{-1}\boldsymbol{A}_1^{-1}\boldsymbol{T}_6 = \boldsymbol{A}_6 \tag{3.55}$$

展开取第1行第2列及第2行第2列,有

$$-c_5\{c_4[c_2(c_1 o_x + s_1 o_y) - s_2 o_z] + s_4(-s_1 o_x + c_1 o_y)\} + s_5[s_2(c_1 o_x + s_1 o_y) + c_2 o_z] = s_6$$

$$-s_4[c_2(c_1 o_x + s_1 o_y) - s_2 o_z] + c_4(-s_1 o_x + c_1 o_y) = c_6$$

$$\theta_6 = \arctan \frac{s_6}{c_6} =$$

$$\arctan \frac{-c_5\{c_4[c_2(c_1 o_x + s_1 o_y) - s_2 o_z] + s_4(-s_1 o_x + c_1 o_y)\} + s_5[s_2(c_1 o_x + s_1 o_y) + c_2 o_z]}{-s_4[c_2(c_1 o_x + s_1 o_y) - s_2 o_z] + c_4(-s_1 o_x + c_1 o_y)} \tag{3.56}$$

至此 θ_1, θ_2, d_3, θ_4, θ_5, θ_6 全部求出。从求解过程可以看出,这个方法是将一个未知数由矩阵方程的右边移到左边,使其与其他未知数分开,解出这个未知数,再把下一个未知数移到左边,重复进行,直至解出全部未知数,所以这个方法也称为分离变量法。此方法是代数法的一种,其特点是利用运动方程的不同形式,找出易于简单表达某个未知数的元素,力求得到未知数较少的方程,然后求解。

3.4 雅可比矩阵

3.4.1 微分运动和微分变换

前面研究了机器人手部位姿与关节运动间的关系,其目的是使机器人的手部达到空间某一给定的位置并满足一定的姿态。以下将研究机器人运动中各坐标之间的微分关系,这个关系是机器人微分运动学和动力学的基本点。在机器人运动中,有时需要对手部位姿作微小的调整,因此要讨论机器人连杆在作微小运动时的位姿变化。为了使手部按给定的方向并以给定的速度运动,因此须推导关节位移和末杆位置的微分关系,解出各关节的速度,在此基础上可进行加速度和运动学分析。

1. 机器人的微运动

首先研究机器人连杆在作微小运动时位姿变化的表达。机器人运动链中某一连杆对于固定系的位姿为 $\boldsymbol{T}$，经过微运动后该杆对固定系的位姿变为 $\boldsymbol{T}+\mathrm{d}\boldsymbol{T}$，若这个微运动是相对于固定系进行的，总可以用微小的平移和旋转来表示，即

$$\boldsymbol{T}+\mathrm{d}\boldsymbol{T}=\mathrm{Trans}(d_x, d_y, d_z)\mathrm{Rot}(\boldsymbol{\kappa}, \mathrm{d}\theta)\boldsymbol{T}$$

$$\mathrm{d}\boldsymbol{T}=\mathrm{Trans}(d_x, d_y, d_z)\mathrm{Rot}(\boldsymbol{\kappa}, \mathrm{d}\theta)\boldsymbol{T}-\boldsymbol{T}=[\mathrm{Trans}(d_x, d_y, d_z)\mathrm{Rot}(\boldsymbol{\kappa}, \mathrm{d}\theta)-\boldsymbol{I}]\boldsymbol{T} \tag{3.57}$$

根据齐次变换的相对性，若微运动是相对于某个杆系 $\{i\}$ 进行的，则 $\boldsymbol{T}+\mathrm{d}\boldsymbol{T}$ 可以表示为

$$\boldsymbol{T}+\mathrm{d}\boldsymbol{T}=\boldsymbol{T}\mathrm{Trans}(d_x, d_y, d_z)\mathrm{Rot}(\boldsymbol{\kappa}, \mathrm{d}\theta)$$

$$\mathrm{d}\boldsymbol{T}=\boldsymbol{T}\mathrm{Trans}(d_x, d_y, d_z)\mathrm{Rot}(\boldsymbol{\kappa}, \mathrm{d}\theta)-\boldsymbol{T}=\boldsymbol{T}[\mathrm{Trans}(d_x, d_y, d_z)\mathrm{Rot}(\boldsymbol{\kappa}, \mathrm{d}\theta)-\boldsymbol{I}] \tag{3.58}$$

可见无论对哪个杆系作微运动，均会出现方括号内的公共部分，将此式表示为

$$\boldsymbol{\Delta}=\mathrm{Trans}(d_x, d_y, d_z)\mathrm{Rot}(\boldsymbol{\kappa}, \mathrm{d}\theta)-\boldsymbol{I}$$

于是式(3.57)变为

$$\mathrm{d}\boldsymbol{T}=\boldsymbol{\Delta}_0\boldsymbol{T}$$

而式(3.58)变为

$$\mathrm{d}\boldsymbol{T}=\boldsymbol{T}\boldsymbol{\Delta}_i$$

这里 $\boldsymbol{\Delta}$ 的下标不同是由于微运动是相对不同的坐标系进行的。

2. 微分平移和微分旋转

微分平移变换与一般平移一样，其变换矩阵为

$$\mathrm{Trans}(d_x, d_y, d_z)=\begin{bmatrix}1 & 0 & 0 & d_x\\ 0 & 1 & 0 & d_y\\ 0 & 0 & 1 & d_z\\ 0 & 0 & 0 & 1\end{bmatrix}$$

微分旋转表达式可由一般旋转变换式求出。

$$\mathrm{Rot}(\boldsymbol{\kappa}, \theta)=\begin{bmatrix}a_{11} & a_{12} & a_{13} & 0\\ a_{21} & a_{22} & a_{23} & 0\\ a_{31} & a_{32} & a_{33} & 0\\ 0 & 0 & 0 & 1\end{bmatrix}$$

式中

$$a_{11}=\kappa_x^2\mathrm{vers}\theta+\mathrm{c}\theta$$
$$a_{12}=\kappa_x\kappa_y\mathrm{vers}\theta-\kappa_y\mathrm{s}\theta$$
$$a_{13}=\kappa_x\kappa_z\mathrm{vers}\theta+\kappa_z\mathrm{s}\theta$$
$$a_{21}=\kappa_x\kappa_y\mathrm{vers}\theta+\kappa_z\mathrm{s}\theta$$
$$a_{22}=\kappa_y^2\mathrm{vers}\theta+\mathrm{c}\theta$$

$$a_{23}=\kappa_y\kappa_z\text{vers}\theta-\kappa_x\text{s}\theta$$

$$a_{31}=\kappa_x\kappa_z\text{vers}\theta-\kappa_y\text{s}\theta$$

$$a_{32}=\kappa_y\kappa_z\text{vers}\theta+\kappa_x\text{s}\theta$$

$$a_{33}=\kappa_z^2\text{vers}\theta+\text{c}\theta$$

注意当 $\theta\approx 0$ 时，$\sin\theta\approx \text{d}\theta$，$\cos\theta\approx 1$，$\text{vers}\theta\approx\theta$，因此上式变成

$$\text{Rot}(\boldsymbol{\kappa},\ \text{d}\theta)=\begin{bmatrix}1 & -\kappa_z\text{d}\theta & \kappa_y\text{d}\theta & 0\\ \kappa_z\text{d}\theta & 1 & -\kappa_x\text{d}\theta & 0\\ -\kappa_y\text{d}\theta & \kappa_x\text{d}\theta & 1 & 0\\ 0 & 0 & 0 & 1\end{bmatrix} \tag{3.59}$$

于是

$$\boldsymbol{\Delta}=\text{Trans}(d_x,\ d_y,\ d_z)\text{Rot}(\boldsymbol{\kappa},\ \text{d}\theta)-\boldsymbol{I}=\begin{bmatrix}0 & \kappa_z\text{d}\theta & \kappa_y\text{d}\theta & d_x\\ \kappa_z\text{d}\theta & 0 & -\kappa_x\text{d}\theta & d_y\\ -\kappa_y\text{d}\theta & \kappa_x\text{d}\theta & 0 & d_z\\ 0 & 0 & 0 & 0\end{bmatrix} \tag{3.60}$$

3. 微分旋转的无序性

在齐次变换中，矩阵左乘与右乘的意义和效果是不同的，而对微分旋转来说，左乘与右乘的次序是无关的。为了说明这一点，先看绕坐标轴微分旋转的情况。

当 $\theta\approx 0$ 时，有 $\sin\theta\approx\text{d}\theta$，$\cos\theta\approx 1$，若令 $\delta_x\approx\text{d}\theta_x$，$\delta_y\approx\text{d}\theta_y$，$\delta_z\approx\text{d}\theta_z$，则绕 3 个坐标轴的微分旋转矩阵分别变成

$$\text{Rot}(X,\ \delta_x)=\begin{bmatrix}1 & 0 & 0 & 0\\ 0 & 1 & -\delta_x & 0\\ 0 & \delta_x & 1 & 0\\ 0 & 0 & 0 & 1\end{bmatrix} \tag{3.61}$$

$$\text{Rot}(Y,\ \delta_y)=\begin{bmatrix}1 & 0 & \delta_y & 0\\ 0 & 1 & 0 & 0\\ -\delta_y & 0 & 1 & 0\\ 0 & 0 & 0 & 1\end{bmatrix} \tag{3.62}$$

$$\text{Rot}(Z,\ \delta_z)=\begin{bmatrix}1 & -\delta_z & 0 & 0\\ \delta_z & 1 & 0 & 0\\ 0 & 0 & 1 & 0\\ 0 & 0 & 0 & 1\end{bmatrix} \tag{3.63}$$

现在来看左乘和右乘的结果：

$$\mathrm{Rot}(X,\ \delta_x)\mathrm{Rot}(Y,\ \delta_y)=\begin{bmatrix}1&0&\delta_y&0\\ \delta_x\delta_y&1&-\delta_x&0\\ -\delta_y&\delta_x&1&0\\ 0&0&0&1\end{bmatrix}=\begin{bmatrix}1&0&\delta_y&0\\ 0&1&-\delta_x&0\\ -\delta_y&\delta_x&1&0\\ 0&0&0&1\end{bmatrix}$$

最后结果中忽略了高阶小量 $\delta_x\delta_y$。

$$\mathrm{Rot}(Y,\ \delta_y)\mathrm{Rot}(X,\ \delta_x)=\begin{bmatrix}1&\delta_x\delta_y&\delta_y&0\\ 0&1&-\delta_x&0\\ -\delta_y&\delta_x&1&0\\ 0&0&0&1\end{bmatrix}=\begin{bmatrix}1&0&\delta_y&0\\ 0&1&-\delta_x&0\\ -\delta_y&\delta_x&1&0\\ 0&0&0&1\end{bmatrix}$$

两者结果相同,可见这里左乘与右乘等效。微分旋转其结果与旋转次序无关,这是与有限旋转的一个重要区别。

在上述两次微分旋转后,再左乘或右乘上一个绕 Z 轴的微分旋转,得

$$\mathrm{Rot}(X,\ \delta_x)\mathrm{Rot}(Y,\ \delta_y)\mathrm{Rot}(Z,\ \delta_z)=\begin{bmatrix}1&-\delta_z&\delta_y&0\\ \delta_z&1&-\delta_x&0\\ -\delta_y&\delta_x&1&0\\ 0&0&0&1\end{bmatrix}\tag{3.64}$$

观察上面绕 1 个轴至 3 个轴微分旋转的矩阵,可知它们都是反对称矩阵。

对照式(3.64) 与式(3.59),两者是等效的,故有以下关系:

$$\kappa_x \mathrm{d}\theta=\delta_x,\qquad \kappa_y \mathrm{d}\theta=\delta_y,\qquad \kappa_z \mathrm{d}\theta=\delta_z$$

于是式(3.60) 又可写成

$$\boldsymbol{\Delta}=\begin{bmatrix}0&-\delta_z&\delta_y&d_x\\ \delta_z&0&-\delta_x&d_y\\ -\delta_y&\delta_x&0&d_z\\ 0&0&0&0\end{bmatrix}\tag{3.65}$$

因此 $\boldsymbol{\Delta}$ 可以看成由 $\boldsymbol{\delta}$ 和 $\boldsymbol{d}$ 两个向量组成,$\boldsymbol{\delta}$ 称为微分旋转向量,$\boldsymbol{d}$ 称为微分平移向量。分别表示为

$$\boldsymbol{\delta}=\delta_x\boldsymbol{i}+\delta_y\boldsymbol{j}+\delta_z\boldsymbol{k}$$

$$\boldsymbol{d}=d_x\boldsymbol{i}+d_y\boldsymbol{j}+d_z\boldsymbol{k}$$

$\boldsymbol{\delta}$, $\boldsymbol{d}$ 合称为微分运动向量,可表示为

$$\boldsymbol{D}=[d_x\quad d_y\quad d_z\quad \delta_x\quad \delta_y\quad \delta_z]^{\mathrm{T}}$$

若 $\mathrm{Rot}(\delta_x,\ \delta_y,\ \delta_z)$ 表示一个微分旋转, $\mathrm{Rot}(\delta_x',\ \delta_y',\ \delta_z')$ 表示另一个微分旋转,则两次连续旋转的结果为

$$\mathrm{Rot}(\delta_x, \delta_y, \delta_z)\mathrm{Rot}(\delta_x', \delta_y', \delta_z') = \begin{bmatrix} 1 & -(\delta_z+\delta_z') & \delta_y+\delta_y' & 0 \\ \delta_z+\delta_z' & 1 & -(\delta_x+\delta_x') & 0 \\ -(\delta_y+\delta_y') & \delta_x+\delta_x' & 1 & 0 \\ 0 & 0 & 0 & 1 \end{bmatrix} \tag{3.66}$$

这说明任意两个微分旋转的结果为绕每个轴旋转的元素的代数和，即微分旋转是可加的。

例 3.3 已知一个坐标系 $\boldsymbol{A} = \begin{bmatrix} 0 & 0 & 1 & 10 \\ 1 & 0 & 0 & 5 \\ 0 & 1 & 0 & 0 \\ 0 & 0 & 0 & 1 \end{bmatrix}$，相对固定系的微分平移向量为 $\boldsymbol{d} = \boldsymbol{i} + 0.5\boldsymbol{k}$，微分旋转向量为 $\boldsymbol{\delta} = 0.1\boldsymbol{j}$，求相对于 $\boldsymbol{A}$ 系的微分变换 $\mathrm{d}\boldsymbol{A}$。

解 先求 $\boldsymbol{\Delta}_0$，由式(3.60)可得

$$\boldsymbol{\Delta}_0 = \begin{bmatrix} 0 & 0 & 0.1 & 1 \\ 0 & 0 & 0 & 0 \\ -0.1 & 0 & 0 & 0.5 \\ 0 & 0 & 0 & 0 \end{bmatrix}$$

$$\mathrm{d}\boldsymbol{A} = \boldsymbol{\Delta}_0\boldsymbol{A} = \begin{bmatrix} 0 & 0 & 0.1 & 1 \\ 0 & 0 & 0 & 0 \\ -0.1 & 0 & 0 & 0.5 \\ 0 & 0 & 0 & 0 \end{bmatrix}\begin{bmatrix} 0 & 0 & 1 & 10 \\ 1 & 0 & 0 & 5 \\ 0 & 1 & 0 & 0 \\ 0 & 0 & 0 & 1 \end{bmatrix} = \begin{bmatrix} 0 & 0.1 & 0 & 1 \\ 0 & 0 & 0 & 0 \\ 0 & 0 & -0.1 & -0.5 \\ 0 & 0 & 0 & 0 \end{bmatrix}$$

4. 两个坐标之间微运动的关系

实际应用中往往需要得到某两个坐标系$\{i\}$和$\{j\}$的微运动关系，即 $\boldsymbol{\Delta}_i$ 与 $\boldsymbol{\Delta}_j$ 之间的关系，不失一般性，假定$\{j\}$系就是固定系，即$\{0\}$系，由前面微运动可知

$$\boldsymbol{\Delta}_0\boldsymbol{T} = \boldsymbol{T}\boldsymbol{\Delta}_i \tag{3.67}$$

由此可得

$$\boldsymbol{\Delta}_i = \boldsymbol{T}^{-1}\boldsymbol{\Delta}_0\boldsymbol{T} \tag{3.68}$$

此式说明了 $\boldsymbol{\Delta}_0$ 与 $\boldsymbol{\Delta}_i$ 的关系，为展开此式，先设

$$\boldsymbol{T} = \begin{bmatrix} n_x & o_x & a_x & p_x \\ n_y & o_y & a_y & p_y \\ n_z & o_z & a_z & p_z \\ 0 & 0 & 0 & 1 \end{bmatrix}$$

而
$$\boldsymbol{\Delta}_0=\begin{bmatrix}0 & -\delta_z & \delta_y & d_x\\ \delta_z & 0 & -\delta_x & d_y\\ -\delta_y & \delta_x & 0 & d_z\\ 0 & 0 & 0 & 0\end{bmatrix}$$

$$\boldsymbol{T}^{-1}\boldsymbol{\Delta}_0\boldsymbol{T}=\begin{bmatrix}\boldsymbol{n}\cdot(\boldsymbol{\delta}\times\boldsymbol{n}) & \boldsymbol{n}\cdot(\boldsymbol{\delta}\times\boldsymbol{o}) & \boldsymbol{n}\cdot(\boldsymbol{\delta}\times\boldsymbol{a}) & \boldsymbol{n}\cdot((\boldsymbol{\delta}\times\boldsymbol{p})+\boldsymbol{d})\\ \boldsymbol{o}\cdot(\boldsymbol{\delta}\times\boldsymbol{n}) & \boldsymbol{o}\cdot(\boldsymbol{\delta}\times\boldsymbol{o}) & \boldsymbol{o}\cdot(\boldsymbol{\delta}\times\boldsymbol{a}) & \boldsymbol{o}\cdot((\boldsymbol{\delta}\times\boldsymbol{p})+\boldsymbol{d})\\ \boldsymbol{a}\cdot(\boldsymbol{\delta}\times\boldsymbol{n}) & \boldsymbol{o}\cdot(\boldsymbol{\delta}\times\boldsymbol{a}) & \boldsymbol{a}\cdot(\boldsymbol{\delta}\times\boldsymbol{a}) & \boldsymbol{a}\cdot((\boldsymbol{\delta}\times\boldsymbol{p})+\boldsymbol{d})\\ 0 & 0 & 0 & 0\end{bmatrix} \tag{3.69}$$

根据混合积的性质将上式化简，得

$$\boldsymbol{T}^{-1}\boldsymbol{\Delta}_0\boldsymbol{T}=\begin{bmatrix}0 & -\boldsymbol{\delta}\cdot\boldsymbol{a} & \boldsymbol{\delta}\cdot\boldsymbol{o} & \boldsymbol{\delta}\cdot(\boldsymbol{p}\times\boldsymbol{n})+\boldsymbol{d}\cdot\boldsymbol{n}\\ \boldsymbol{\delta}\cdot\boldsymbol{a} & 0 & -\boldsymbol{\delta}\cdot\boldsymbol{n} & \boldsymbol{\delta}\cdot(\boldsymbol{p}\times\boldsymbol{o})+\boldsymbol{d}\cdot\boldsymbol{o}\\ -\boldsymbol{\delta}\cdot\boldsymbol{o} & \boldsymbol{\delta}\cdot\boldsymbol{n} & 0 & \boldsymbol{\delta}\cdot(\boldsymbol{p}\times\boldsymbol{a})+\boldsymbol{d}\cdot\boldsymbol{a}\\ 0 & 0 & 0 & 0\end{bmatrix} \tag{3.70}$$

而 $\boldsymbol{\Delta}_i$ 又可由式(3.65)得到，即

$$\boldsymbol{\Delta}_i=\begin{bmatrix}0 & -\delta_{zi} & \delta_{yi} & d_{xi}\\ \delta_{zi} & 0 & -\delta_{xi} & d_{yi}\\ -\delta_{yi} & \delta_{xi} & 0 & d_{zi}\\ 0 & 0 & 0 & 0\end{bmatrix} \tag{3.71}$$

比较式(3.70)和式(3.71)，可得到如下关系：

$$\left.\begin{aligned} d_{xi}&=\boldsymbol{n}\cdot((\boldsymbol{\delta}\times\boldsymbol{p})+\boldsymbol{d})\\ d_{yi}&=\boldsymbol{o}\cdot((\boldsymbol{\delta}\times\boldsymbol{p})+\boldsymbol{d})\\ d_{zi}&=\boldsymbol{a}\cdot((\boldsymbol{\delta}\times\boldsymbol{p})+\boldsymbol{d})\\ \delta_{xi}&=\boldsymbol{n}\cdot\boldsymbol{\delta}\\ \delta_{yi}&=\boldsymbol{o}\cdot\boldsymbol{\delta}\\ \delta_{zi}&=\boldsymbol{a}\cdot\boldsymbol{\delta}\end{aligned}\right\} \tag{3.72}$$

这组公式表示了相对于固定系的微分旋转与平移向量 $\boldsymbol{\delta}$，$\boldsymbol{d}$ 与相对于$\{i\}$系的 $\boldsymbol{\delta}_i$，$\boldsymbol{d}_i$ 的关系，由此可以由一个系的微运动求另一系的微运动。

例 3.4 已知坐标系 $\boldsymbol{A}=\begin{bmatrix}0 & 0 & 1 & 10\\ 1 & 0 & 0 & 5\\ 0 & 1 & 0 & 0\\ 0 & 0 & 0 & 1\end{bmatrix}$ 及相对固定系的微分平移向量 $\boldsymbol{d}=\boldsymbol{i}+0.5\boldsymbol{k}$，微分旋转向量为 $\boldsymbol{\delta}=0.1\boldsymbol{j}$，求 $\boldsymbol{A}$ 系中等价的微分平移向量 $\boldsymbol{d}_A$ 和微分旋转向量 $\boldsymbol{\delta}_A$。

解 按照式(3.72)，先求 $\boldsymbol{A}$ 系的 $\boldsymbol{n}$，$\boldsymbol{o}$，$\boldsymbol{a}$，$\boldsymbol{p}$。

$$\boldsymbol{n}=\boldsymbol{j},\quad \boldsymbol{o}=\boldsymbol{k},\quad \boldsymbol{a}=\boldsymbol{i},\quad \boldsymbol{p}=10\boldsymbol{i}+5\boldsymbol{j}$$

$$\boldsymbol{\delta}\times\boldsymbol{p}=\begin{bmatrix}\boldsymbol{i}&\boldsymbol{j}&\boldsymbol{k}\\0&0.1&0\\10&5&0\end{bmatrix}=-\boldsymbol{k}$$

$$(\boldsymbol{\delta}\times\boldsymbol{p})+\boldsymbol{d}=-\boldsymbol{k}+\boldsymbol{i}+0.5\boldsymbol{k}=\boldsymbol{i}-0.5\boldsymbol{k}$$

$$d_{xA}=[0\quad 1\quad 0][1\quad 0\quad -0.5]^{\mathrm{T}}=0$$

$$d_{yA}=-0.5$$

$$d_{zA}=1$$

$$\delta_{xA}=0.1$$

$$\delta_{yA}=0$$

$$\delta_{zA}=0$$

$$\boldsymbol{d}_A=[0\quad -0.5\quad 1]^{\mathrm{T}},\quad \boldsymbol{\delta}_A=[0.1\quad 0\quad 0]^{\mathrm{T}}$$

为了验证这一结果，可将 $\boldsymbol{d}_A$，$\boldsymbol{\delta}_A$ 代入式(3.71)，得

$$\boldsymbol{\Delta}_A=\begin{bmatrix}0&0&0&0\\0&0&-0.1&-0.5\\0&0.1&0&1\\0&0&0&0\end{bmatrix}$$

$$\mathrm{d}\boldsymbol{A}=\boldsymbol{A}\boldsymbol{\Delta}_A=\begin{bmatrix}0&0&1&10\\1&0&0&5\\0&1&0&0\\0&0&0&1\end{bmatrix}\begin{bmatrix}0&0&0&0\\0&0&-0.1&-0.5\\0&0.1&0&1\\0&0&0&0\end{bmatrix}=\begin{bmatrix}0&0.1&0&1\\0&0&0&0\\0&0&-0.1&-0.5\\0&0&0&0\end{bmatrix}$$

可见其结果与例 3.3 中 $\mathrm{d}\boldsymbol{A}=\boldsymbol{\Delta}_0\boldsymbol{A}$ 计算结果一样。

3.4.2 雅可比矩阵及其应用

1. 关节与手部的微分关系

以 2 自由度平面机器人的操作机为例，如图 3.12 所示，端点位置 x，y 与关节位移 θ_1，θ_2 的关系为

$$\left.\begin{aligned}x&=l_1\mathrm{c}_1+l_2\mathrm{c}_{12}\\y&=l_1\mathrm{s}_1+l_2\mathrm{s}_{12}\end{aligned}\right\}\tag{3.73}$$

式中简写符号含义见式(3.9)。

将其微分，得

$$\begin{cases}\mathrm{d}x=\dfrac{\partial x}{\partial\theta_1}\mathrm{d}\theta_1+\dfrac{\partial x}{\partial\theta_2}\mathrm{d}\theta_2\\[2ex]\mathrm{d}y=\dfrac{\partial y}{\partial\theta_1}\mathrm{d}\theta_1+\dfrac{\partial y}{\partial\theta_2}\mathrm{d}\theta_2\end{cases}$$

写成矩阵的形式，有

$$\begin{bmatrix} dx \\ dy \end{bmatrix} = \begin{bmatrix} \dfrac{\partial x}{\partial \theta_1} & \dfrac{\partial x}{\partial \theta_2} \\ \dfrac{\partial y}{\partial \theta_1} & \dfrac{\partial y}{\partial \theta_2} \end{bmatrix} \begin{bmatrix} d\theta_1 \\ d\theta_2 \end{bmatrix} \tag{3.74}$$

简写成

$$d\boldsymbol{X} = \boldsymbol{J} d\boldsymbol{\theta} \tag{3.75}$$

式中，$\boldsymbol{J}$ 就称为操作机的雅可比矩阵，它由函数 x，y 的偏微分组成，反映了关节微小位移 $d\boldsymbol{\theta}$ 与手部微小运动 $d\boldsymbol{X}$ 的关系。

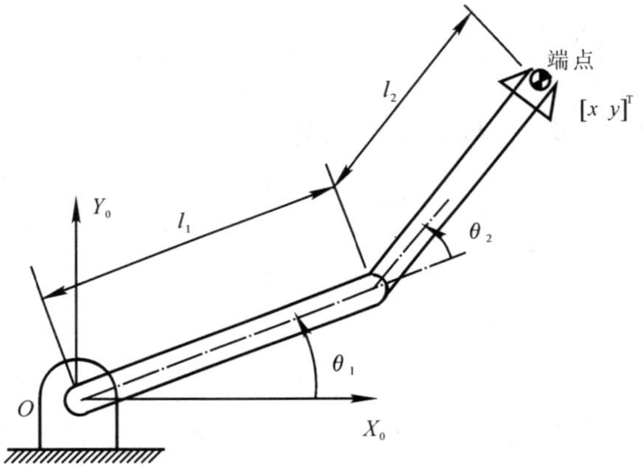

图 3.12　2 自由度机器人

若对式(3.73)进行偏微分，则得

$$\boldsymbol{J} = \begin{bmatrix} -l_1 s_1 - l_2 s_{12} & -l_2 s_{12} \\ l_1 c_1 + l_2 c_{12} & l_2 c_{12} \end{bmatrix}$$

式中简写符号含义见式(3.9)。由 $\boldsymbol{J}$ 中元素的组成可见，$\boldsymbol{J}$ 矩阵的值随手部位置的不同而不同。

假设关节速度为 $\dot{\boldsymbol{\theta}} = [\dot{\theta}_1 \quad \dot{\theta}_2]^T$，手部速度为 $\boldsymbol{v} = [\dot{x} \quad \dot{y}]^T$，对 $d\boldsymbol{X} = \boldsymbol{J} d\boldsymbol{\theta}$ 同除以 dt，得

$$\frac{d\boldsymbol{X}}{dt} = \boldsymbol{J} \frac{d\boldsymbol{\theta}}{dt} \qquad 或 \qquad \boldsymbol{v} = \boldsymbol{J} \dot{\boldsymbol{\theta}} \tag{3.76}$$

因此各关节与手部之间的速度关系可由雅可比矩阵得到确定。

若令 $\boldsymbol{J}_1$，$\boldsymbol{J}_2$ 分别为雅可比矩阵的第 1 列向量和第 2 列向量，则式(3.76)可写成

$$\boldsymbol{v} = \boldsymbol{J}_1 \dot{\theta}_1 + \boldsymbol{J}_2 \dot{\theta}_2 \tag{3.77}$$

上式右边第 1 项为仅由第 1 个关节运动引起的端点速度，第 2 项为仅由第 2 个关节运动引起的端点速度，总的端点速度为这两个速度矢量的合成。雅可比矩阵的每一列表示其他关节不

动而某一关节以单位速度运动产生的端点速度。

2. n 自由度机器人雅可比矩阵的计算

假设 $\mathrm{d}\boldsymbol{X}_{\mathrm{e}}$ 表示机器人手部微小移动的三维向量，$\mathrm{d}\boldsymbol{\varphi}_{\mathrm{e}}$ 表示手部微小转动的三维向量，均以固定系为参考系，将它们写成一个六维向量，即

$$\mathrm{d}\boldsymbol{P}=\begin{bmatrix}\mathrm{d}\boldsymbol{X}_{\mathrm{e}}\\ \mathrm{d}\boldsymbol{\varphi}_{\mathrm{e}}\end{bmatrix} \tag{3.78}$$

将上式两端除以 $\mathrm{d}t$，即得手部的速度与角速度

$$\dot{\boldsymbol{P}}=\begin{bmatrix}\boldsymbol{v}_{\mathrm{e}}\\ \boldsymbol{\omega}_{\mathrm{e}}\end{bmatrix} \tag{3.79}$$

如前所述，手部的速度和角速度可用雅可比矩阵表示为关节速度的线性函数，即

$$\dot{\boldsymbol{P}}=\boldsymbol{J}\dot{\boldsymbol{q}} \tag{3.80}$$

式中，$\dot{\boldsymbol{q}}=[\dot{q}_1\quad \dot{q}_2\quad \dot{q}_3\quad \cdots\quad \dot{q}_n]^{\mathrm{T}}$ 为 n 维的广义关节速度向量，$\boldsymbol{J}$ 为 $6\times n$ 阶矩阵，其前三行与线速度 $\boldsymbol{v}_{\mathrm{e}}$ 有关，后三行与角速度 $\boldsymbol{\omega}_{\mathrm{e}}$ 有关，而每一列向量表示相应单独的关节所产生的线速度和角速度，且每个列向量均为连杆参数和手臂位姿的函数。

令 $\boldsymbol{J}_{Li}$ 和 $\boldsymbol{J}_{Ai}$ 分别为雅可比矩阵与线速度和角速度有关的三维矢量，可将 $\boldsymbol{J}$ 阵分块为

$$\boldsymbol{J}=\begin{bmatrix}\boldsymbol{J}_{L1}\ \boldsymbol{J}_{L2}\ \cdots\ \boldsymbol{J}_{Ln}\\ \boldsymbol{J}_{A1}\ \boldsymbol{J}_{A2}\ \cdots\ \boldsymbol{J}_{An}\end{bmatrix} \tag{3.81}$$

因此可将手部的线速度写成

$$\boldsymbol{v}_{\mathrm{e}}=\boldsymbol{J}_{L1}\dot{q}_1+\boldsymbol{J}_{L2}\dot{q}_2+\cdots+\boldsymbol{J}_{Ln}\dot{q}_n \tag{3.82}$$

若关节 i 是移动关节，它使手部产生一个沿关节轴方向的线速度，设 $\boldsymbol{b}_{i-1}$ 为沿关节轴 i 方向的单位向量，$\dot{d}_i$ 为沿此方向的关节速度标量，于是有

$$\boldsymbol{J}_{Li}\dot{q}_i=\boldsymbol{b}_{i-1}\dot{d}_i \tag{3.83}$$

若关节 i 是转动关节，它使杆 i 到杆 n 以角速度 $\boldsymbol{\omega}_i$ 转动，即

$$\boldsymbol{\omega}_i=\boldsymbol{b}_{i-1}\dot{\theta}_i \tag{3.84}$$

这个角速度在手部产生一个线速度。

令 $\boldsymbol{r}_{i-1,\mathrm{e}}$ 为从$\{i-1\}$系原点至手部的位置矢量，则由角速度 $\boldsymbol{\omega}_i$ 产生的线速度为

$$\boldsymbol{J}_{Li}\boldsymbol{q}_i=\boldsymbol{\omega}_i\boldsymbol{r}_{i-1,\mathrm{e}}=(\boldsymbol{b}_{i-1}\times\boldsymbol{r}_{i-1,\mathrm{e}})\dot{\theta}_i \tag{3.85}$$

因此手部的速度可由式(3.83)和(3.85)来确定，移动关节用前者，转动关节用后者。类似地，手部的角速度可以表示为式(3.81)所含列向量 $\boldsymbol{J}_{Ai}$ 的线性组合，即

$$\boldsymbol{\omega}_{\mathrm{e}}=\boldsymbol{J}_{A1}\dot{q}_1+\boldsymbol{J}_{A2}\dot{q}_2+\cdots+\boldsymbol{J}_{An}\dot{q}_n \tag{3.86}$$

当关节 i 是移动关节时，它不在手部产生角速度，故

$$J_{Ai}\dot{q}_i = \mathbf{0} \tag{3.87}$$

若关节 i 是转动关节,角速度为

$$J_{Ai}\dot{q}_i = \boldsymbol{\omega} = b_{i-1}\dot{\theta}_i \tag{3.88}$$

式(3.83),(3.85),(3.87) 和(3.88) 确定了雅可比矩阵的所有元素,即

$$\begin{bmatrix} J_{Li} \\ J_{Ai} \end{bmatrix} = \begin{bmatrix} b_{i-1} \\ \mathbf{0} \end{bmatrix} \quad \text{(对移动关节)} \tag{3.89}$$

$$\begin{bmatrix} J_{Li} \\ J_{Ai} \end{bmatrix} = \begin{bmatrix} b_{i-1} \times r_{i-1,e} \\ b_{i-1} \end{bmatrix} \quad \text{(对转动关节)} \tag{3.90}$$

矢量 b_{i-1} 和 $r_{i-1,e}$ 是关节位移的函数,可根据坐标变换算出。因 b_{i-1} 定义为沿关节轴 i 方向的单位向量,而关节轴 i 是与 Z_{i-1} 轴同向的,故 b_{i-1} 在 $\{i-1\}$ 系内的期望可表示为 $b_d = [0 \quad 0 \quad 1]^T$,使用旋转变换矩阵可将 b_d 转换到固定系中去,即可求出在固定系中

$$b_{i-1} = {}^0R_1(\dot{q}_1)\,{}^1R_2(\dot{q}_2)\cdots{}^{i-2}R_{i-1}(\dot{q}_{i-1})\,b_d \tag{3.91}$$

而位置矢量 $r_{i-1,e}$ 可用 4×4 阶的矩阵 $A_j(q_j)$ 来计算。令 $X_{i-1,e}$ 为 $r_{i-1,e}$ 的四维矢量,期望 $X_d = [0 \quad 0 \quad 0 \quad 1]^T$ 为 $\{i-1\}$ 系坐标原点矢量,于是 $r_{i-1,e}$ 的位置矢量为

$$\begin{aligned} X_{i-1,e} = {} & A_1(q_1)A_2(q_2)\cdots A_n(q_n) - \\ & A_1(q_1)A_2(q_2)\cdots A_{i-1}(q_{i-1})X_d \end{aligned} \tag{3.92}$$

此式右边第1项为从固定系原点到手部的位置矢量,第2项为从固定系原点到 $\{i-1\}$ 系原点的位置矢量。

例 3.5 有一个3自由度球坐标机器人,结构如图3.13所示,试计算其雅可比矩阵。

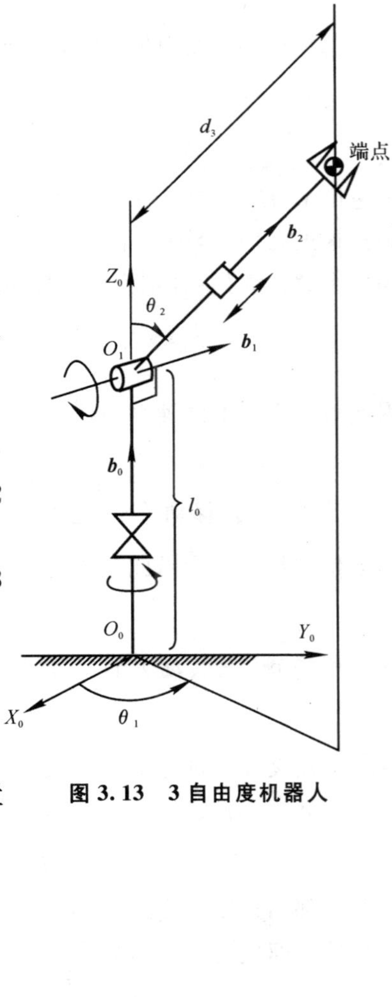

图 3.13 3 自由度机器人

解 首先确定各关节轴的方向,由图可知

$$b_0 = [0 \quad 0 \quad 1]^T, \quad b_1 = [-s_1 \quad c_1 \quad 0]^T$$

$$b_2 = [c_1 s_2 \quad s_1 s_2 \quad c_2]^T$$

式中简写符号的含义见式(3.9)。对转动关节,所需的位置矢量

$$r_{1,e} = d_3 b_2$$

$$r_{0,e} = l_0 b_0 + d_3 b_2$$

将上述数据代入式(3.89)、式(3.90) 和式(3.91) 中,得

$$J=\begin{bmatrix}-d_3s_1s_2 & d_3c_1c_2 & c_1s_2\\ d_3c_1s_2 & d_3s_1c_2 & s_1s_2\\ 0 & -d_3s_2 & c_2\\ 0 & -s_1 & 0\\ 0 & c_1 & 0\\ 1 & 1 & 0\end{bmatrix}$$

3.4.3　机器人奇异点

上节中式(3.80)说明了手部速度和角速度为关节速度的函数，现在来讨论逆问题，即已知手部的速度与角速度，如何求相应的各关节的速度。

对一个6自由度的机器人，其雅可比矩阵为6×6阶方阵，若手臂当前位姿为非奇异，则$\boldsymbol{J}^{-1}$存在，将式(3.80)左乘$\boldsymbol{J}^{-1}$得

$$\dot{\boldsymbol{q}}=\boldsymbol{J}^{-1}\dot{\boldsymbol{P}} \tag{3.93}$$

此式给出了为得到手部速度$\dot{\boldsymbol{P}}$所需的各关节速度，显然这里的关键问题是求$\boldsymbol{J}^{-1}$。一般来说，求$\boldsymbol{J}^{-1}$是比较困难的，有时会出现奇异解，Paul曾提出一种位置微分法求$\boldsymbol{J}^{-1}$，仍比较复杂。

由于$\boldsymbol{J}$矩阵是随手臂位姿而变化的，因此在某种情况下，$\boldsymbol{J}^{-1}$可能不存在，与此对应的手臂位姿叫奇异位姿，相应的操作空间中的点称为奇异点。$\boldsymbol{J}$矩阵此时不满秩，列向量线性相关，不论怎样选择关节速度$\dot{\theta}_1$，$\dot{\theta}_2$，都至少有一个手部不能实现运动方向。

例3.6　一个2自由度的平面机器人操作如图3.14所示，已知各杆长度为1，手部的速度为$\boldsymbol{v}=[v_x\quad v_y]^{\mathrm{T}}$，求各关节速度，求奇异位姿并确定对每一奇异位姿手部所不能运动的方向。

解　将$l_1=l_2=1$代入上节2自由度操作机$\boldsymbol{J}$矩阵的表达式中，得

$$\boldsymbol{J}=\begin{bmatrix}-s_1-s_{12} & -s_{12}\\ c_1+c_{12} & c_{12}\end{bmatrix} \tag{3.94}$$

将其求逆，得到$\boldsymbol{J}^{-1}$后代入式(3.93)，得关节速度

$$\dot{\theta}_1=\frac{v_xc_{12}+v_ys_{12}}{s_2} \tag{3.95}$$

$$\dot{\theta}_2=-\frac{v_x(c_1+c_{12})+v_y(s_1+s_{12})}{s_2} \tag{3.96}$$

当阵的行列式为零时发生奇异位姿，故式(3.94)有

$$\det(\boldsymbol{J})=\sin\theta_2$$

当$\theta_2=0$或$\theta_0=\pi$时产生奇异位姿，即手臂全部伸展或全部收回时，如图3.15所示。因此原点和最远空间的边界为奇异位置，在奇异位置，式(3.82)成为

$$\begin{bmatrix}v_x\\ v_y\end{bmatrix}=\begin{bmatrix}-2s_1\\ 2s_1\end{bmatrix}\dot{\theta}_1+\begin{bmatrix}-s_1\\ c_1\end{bmatrix}\dot{\theta}_2=\begin{bmatrix}s_1\\ c_1\end{bmatrix}(2\dot{\theta}_1+\dot{\theta}_2)$$

即雅可比矩阵的两个列向量平行，手部只能在垂直于手臂连杆的方向运动，其他方向均不能运动。此外，由于在奇异点 $s_2 \to 0$，故由式(3.95)、式(3.96)可知 $\dot{\theta}_1$ 和 $\dot{\theta}_2$ 都将变得极大，反过来说，为了要在奇异点附近产生手部速度，必须要有极大的关节速度。

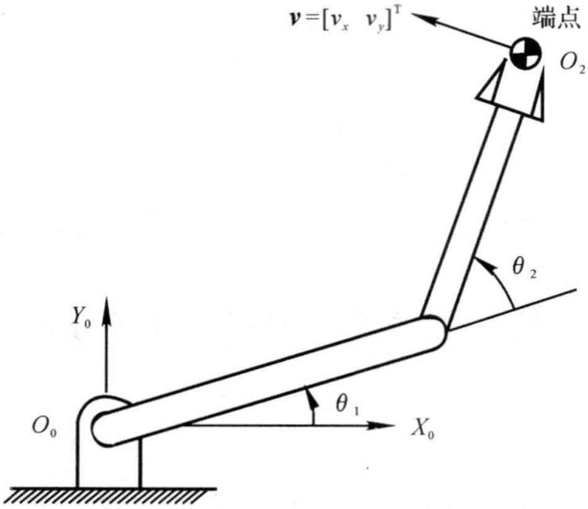

图 3.14　2 自由度平面机器人

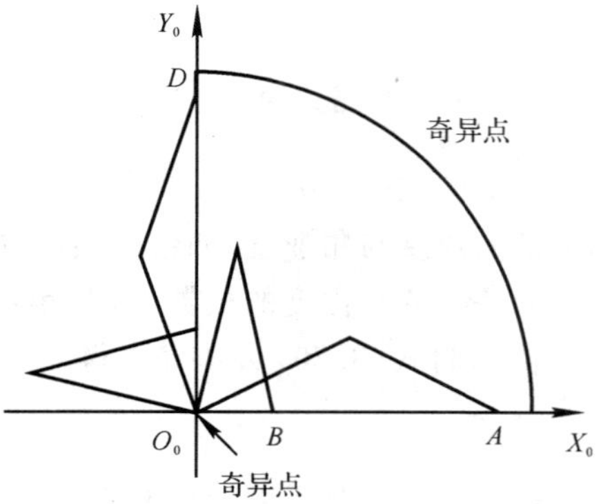

图 3.15　接近奇异点的轨迹运动

3.5　本章小结

本章首先介绍了表示机器人相邻两连杆之间关系的齐次变换矩阵 **A** 矩阵，并详细讲解了一种求解 **A** 矩阵的方法。其次，讲解了利用 **A** 矩阵确定机器人运动学方程的方法，并以 6 自由度斯坦福机器人为例建立了其运动学方程。第三，介绍了机器人运动学方程求解的三种方法——欧拉变换的解、RPY 变换的解和球坐标变换的解。最后，给出了雅可比矩阵的定义，介绍了雅可比矩阵的性质及其应用。

习　题

1. 如图 3.16 所示的构件，其中孔 ∅16 作为下编号关节，孔 ∅14 作为上编号关节，试确定其连杆长度 a 及扭角 θ，并决定 θ 的符号。

2. 若用两个图 3.16 所示的构件组成一个 2 自由度的机器人，试确定其 θ_i，a_i 及 d_i，$i=1, 2$。

3. 试用 $\text{Euler}(\varphi, \theta, \psi) = \text{Rot}(\underset{(1)}{z}, \varphi)\ \text{Rot}(\underset{(2)}{y}, \theta)\ \text{Rot}(\underset{(3)}{z}, \psi)$ 所示旋转的顺序，绘出欧拉变换的坐标系图。

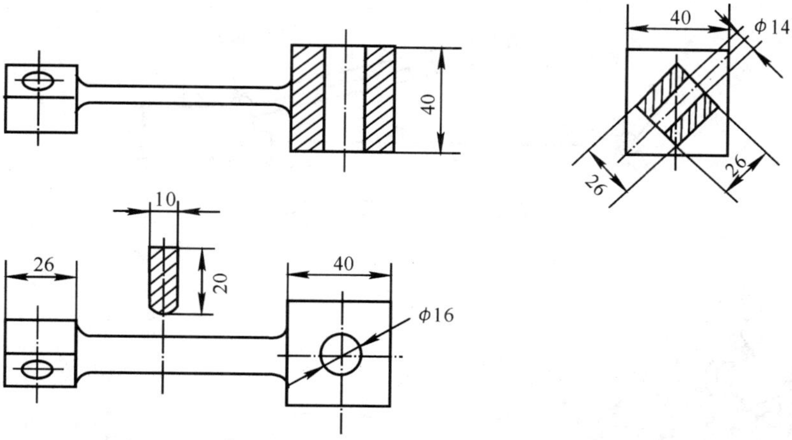

图 3.16　构件尺寸图

4. 如图 3.17 所示 3 自由度机器人，试用下关节设置连杆坐标系的原则建立坐标系，并确定各 **A** 矩阵及位姿矩阵 ***T***。

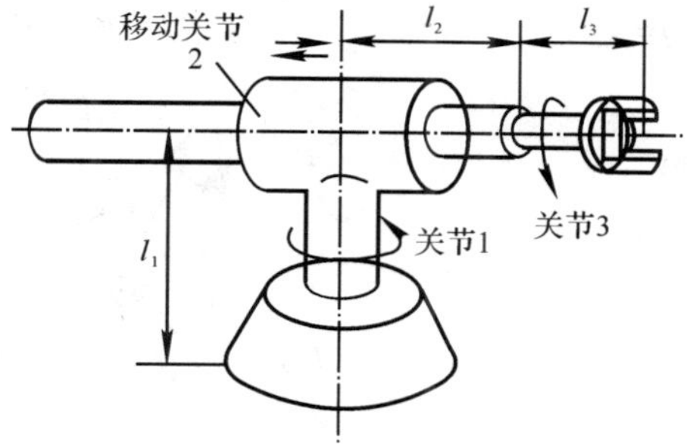

图 3.17　3 自由度机器人

5. 试用关节设置连杆坐标系的原则，建立如图 3.18 所示曲柄滑块机构的坐标系，确定 **A** 矩阵，并求出滑块相对于其他构件的齐次坐标变换。

6. 如图 3.19 所示的 PUMA560 型工业机器人，它是一个 6 自由度的全转动关节的机器人，每个关节用箭头示出，试设置各杆的连杆坐标系，确定各连杆的 **A** 矩阵参数，并制成表格。求各 A_i 及其运动学方程（注：各关节轴线不平行则正交，a，d 参数只用符号表示）。

7. 试确定如图 3.20 所示肘型 6—R 机器人（6 个自由度，全转动关节）各连杆的连杆坐标系及各 **A** 矩阵，并求出此机器人的运动学方程（建议采用上关节设置坐标系的原则）。

8. 如图 3.21 所示三连杆非平面机械手的机构，轴 1 与轴 2 垂直，求出其运动学方程式。

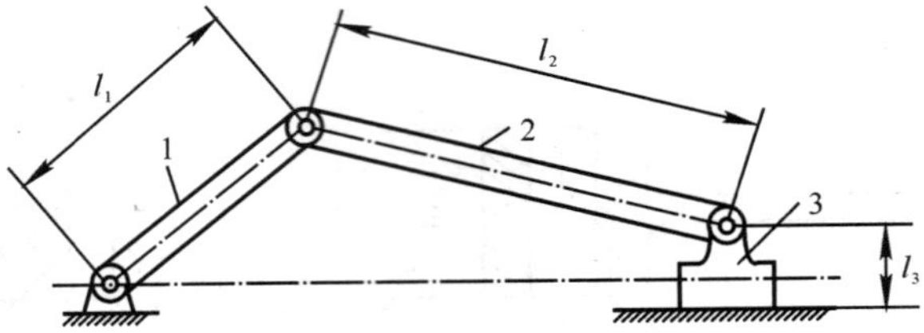

图 3.18　曲柄滑块机构

图 3.19　PUMA560 型工业机器人

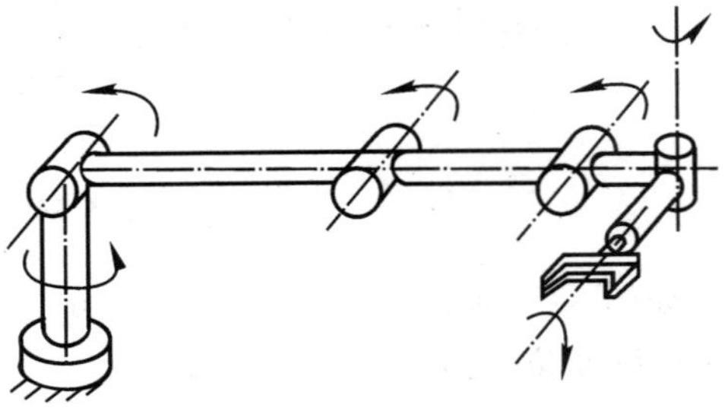

图 3.20　肘型 6—R 机器人

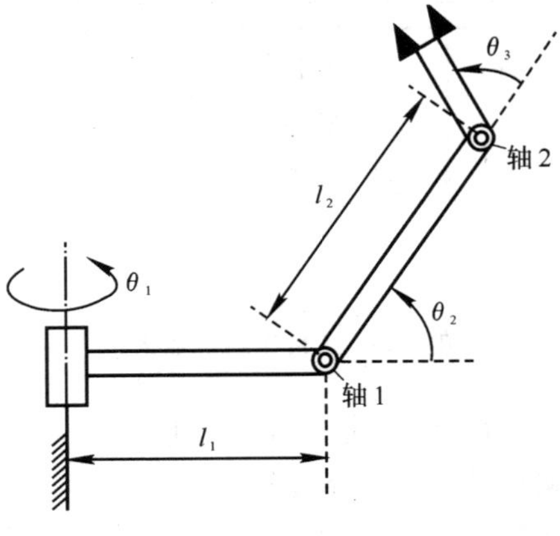

图 3.21　三连杆非平面机械手

9. 试求出图 3.21 所示三连杆非平面机械手的雅可比矩阵，所用坐标系位于夹手末端上，其姿态与第 3 个关节的姿态一样。

10. 已知坐标系$\{C\}$对参考坐标系的变换为：$\boldsymbol{C}=\begin{bmatrix}0&1&0&4\\0&0&1&3\\1&0&0&0\\0&0&0&1\end{bmatrix}$，而且对于参考坐标系的微分平移分量为沿 X 轴移动 0.5，Y 轴为 0，Z 轴为 1；微分旋转分量分别为 0.1，0.2，0。求：

(1) 对应的微分变换；

(2) 对应于坐标系$\{C\}$的等效微分平移与旋转。

第 4 章　机器人动力学

动力学研究物体的运动与受力之间的关系。机器人动力学方程是机器人机械系统的运动方程，它表示机器人各关节的关节位置、关节速度、关节加速度与各关节执行器驱动力矩之间的关系。

机器人的动力学有两个相反的问题：一是已知机器人各关节的驱动力或力矩，求解机器人各关节的位置、速度和加速度，这是动力学正问题；二是已知各关节的位置、速度和加速度，求各关节所需的驱动力或力矩，这是动力学逆问题。

机器人的动力学正问题主要用于机器人的运动仿真。例如在机器人设计时，需要根据连杆质量、运动学和动力学参数、传动机构特征及负载大小进行动态仿真，从而决定机器人的结构参数和传动方案，验算设计方案的合理性和可行性，以及结构优化的程度；在机器人离线编程时，为了估计机器人高速运动引起的动载荷和路径偏差，要进行路径控制仿真和动态模型仿真。

研究机器人动力学逆问题的目的是为了对机器人的运动进行有效的实时控制，以实现预期的轨迹运动，并达到良好的动态性能和最优指标。由于机器人是个复杂的动力学系统，由多个连杆和关节组成，具有多个输入和多个输出，存在着错综复杂的耦合关系和严重的非线性，所以动力学的实时计算很复杂，在实际控制时需要做一些简化假设。

目前研究机器人动力学的方法很多，有牛顿-欧拉方法、拉格朗日方法、阿贝尔方法和凯恩方法等。

本章主要介绍常用的牛顿-欧拉方法和拉格朗日方法。

4.1　牛顿-欧拉方程

牛顿-欧拉方法直接利用牛顿力学的刚体动力学知识，导出机器人逆动力学的递推公式，即已知机器人各连杆的速度、角速度及转动惯量，就可以利用牛顿-欧拉刚体动力学公式导出机器人各关节执行器的驱动力及驱动力矩的递推公式。然后再由它归纳出机器人动力学的数学模型 —— 机器人机械系统的矩阵形式的运动方程。

4.1.1　连杆的速度与加速度分析

机器人一般由多个连杆通过转动或移动关节连接而成，为了用牛顿-欧拉法建立机器人的动力学方程，需要讨论机器人的瞬时运动状态，分析组成机器人的各连杆的速度和加速度及其运动的传递。

1. 连杆的速度和加速度

设连杆上的任一点 p 在连杆坐标系$\{B\}$内的位置矢量为${}^B\boldsymbol{p}$，连杆坐标系$\{B\}$相对于参考系$\{A\}$的位置矢量为${}^A\boldsymbol{p}_{B_O}$，旋转矩阵为${}^A\boldsymbol{R}_B$，则点 p 在两坐标系中的位置矢量${}^A\boldsymbol{p}$和${}^B\boldsymbol{p}$之间的关系满足公式

$$ {}^A\boldsymbol{p} = {}^A\boldsymbol{p}_{B_O} + {}^A\boldsymbol{R}_B\,{}^B\boldsymbol{p} \tag{4.1} $$

将上式两边求导，得点 p 相对于$\{A\}$和$\{B\}$的运动速度${}^A\dot{\boldsymbol{p}}$，${}^B\dot{\boldsymbol{p}}$之间的关系式

$$ {}^A\dot{\boldsymbol{p}} = {}^A\dot{\boldsymbol{p}}_{B_O} + {}^A\boldsymbol{R}_B\,{}^B\dot{\boldsymbol{p}} + {}^A\dot{\boldsymbol{R}}_B\,{}^B\boldsymbol{p} \tag{4.2} $$

式中　${}^A\dot{\boldsymbol{p}}_{B_O}$ ——$\{B\}$的原点相对于$\{A\}$的运动速度；

${}^A\dot{\boldsymbol{R}}_B$ —— 旋转矩阵的导数。

下面首先讨论$\dot{\boldsymbol{R}}$与角速度矢量 $\boldsymbol{\omega}$ 之间的关系。

根据导数和微分的定义，正交矩阵 $\boldsymbol{R}$ 的导数为

$$ \dot{\boldsymbol{R}}(t) = \lim_{\Delta t\to 0}\frac{\boldsymbol{R}(t+\Delta t)-\boldsymbol{R}(t)}{\Delta t} = \lim_{\Delta t\to 0}\frac{\Delta\boldsymbol{R}(t)}{\Delta t} \tag{4.3} $$

$\boldsymbol{R}(t+\Delta t)$ 可以看成 $\boldsymbol{R}(t)$ 在时间间隔 Δt 内绕某轴 κ 转动微分角度 $\delta\theta$ 而得到，可表示为

$$ \boldsymbol{R}(t+\Delta t) = \boldsymbol{R}(\boldsymbol{\kappa},\ \delta\theta)\boldsymbol{R}(t) $$

所以

$$ \Delta\boldsymbol{R}(t) = \boldsymbol{R}(t+\Delta t) - \boldsymbol{R}(t) = [\boldsymbol{R}(\boldsymbol{\kappa},\ \delta\theta) - \boldsymbol{I}]\boldsymbol{R}(t) = \boldsymbol{\Lambda}(\boldsymbol{\kappa},\ \delta\theta)\boldsymbol{R}(t) \tag{4.4} $$

式中　$\boldsymbol{I}$ ——3×3 阶单位矩阵；

$\boldsymbol{\Lambda}(\boldsymbol{\kappa},\ \delta\theta)$—— 微分旋转算子，其表达式为

$$ \boldsymbol{\Lambda}(\boldsymbol{\kappa},\ \delta\theta) = \begin{bmatrix} 0 & -\kappa_z\delta\theta & \kappa_y\delta\theta \\ \kappa_z\delta\theta & 0 & -\kappa_x\delta\theta \\ -\kappa_y\delta\theta & \kappa_x\delta\theta & 0 \end{bmatrix} \tag{4.5} $$

对上式两端除以 Δt，并取极限，定义为角速度算子矩阵 $\boldsymbol{S}(\boldsymbol{\omega})$，即

$$ \boldsymbol{S}(\boldsymbol{\omega}) = \begin{bmatrix} 0 & -\kappa_z\dot{\theta} & \kappa_y\dot{\theta} \\ \kappa_z\dot{\theta} & 0 & -\kappa_x\dot{\theta} \\ -\kappa_y\dot{\theta} & \kappa_x\dot{\theta} & 0 \end{bmatrix} = \begin{bmatrix} 0 & -\omega_z & \omega_y \\ \omega_z & 0 & -\omega_x \\ -\omega_y & \omega_x & 0 \end{bmatrix} \tag{4.6} $$

相应的角速度矢量为

$$ \boldsymbol{\omega} = \begin{bmatrix} \kappa_x\dot{\theta} \\ \kappa_y\dot{\theta} \\ \kappa_z\dot{\theta} \end{bmatrix} = \begin{bmatrix} \omega_x \\ \omega_y \\ \omega_z \end{bmatrix} = \boldsymbol{\kappa}\dot{\theta} \tag{4.7} $$

角速度算子矩阵 $\boldsymbol{S}(\boldsymbol{\omega})$ 和角速度矢量 $\boldsymbol{\omega}$ 是角速度的两种描述，在任意矢径 $\boldsymbol{p}$ 处引起的线速度 $\boldsymbol{v}_p$ 可表示为

$$\boldsymbol{v}_p = \boldsymbol{S}(\boldsymbol{\omega})\boldsymbol{p} = \boldsymbol{\omega} \times \boldsymbol{p} \tag{4.8}$$

由式(4.3) ~ 式(4.6) 可得旋转矩阵的导数为

$$\dot{\boldsymbol{R}}(t) = \boldsymbol{S}(\boldsymbol{\omega})\boldsymbol{R} = \boldsymbol{\omega} \times \boldsymbol{R} \tag{4.9}$$

将公式(4.2) 中的 ${}^A\dot{\boldsymbol{p}}$，${}^B\dot{\boldsymbol{p}}$ 和 ${}^A\dot{\boldsymbol{p}}_{B_O}$ 分别用 ${}^A\boldsymbol{v}_p$，${}^B\boldsymbol{v}_p$ 和 ${}^A\boldsymbol{v}_{B_O}$ 代替，${}^A\dot{\boldsymbol{R}}_B$ 用公式(4.9) 表示，则公式(4.2) 可表示为

$${}^A\boldsymbol{v}_p = {}^A\boldsymbol{v}_{B_O} + {}^A\boldsymbol{R}_B{}^B\boldsymbol{v}_p + {}^A\boldsymbol{\omega}_B \times {}^A\boldsymbol{R}_B{}^B\boldsymbol{p} \tag{4.10}$$

式中　${}^A\boldsymbol{\omega}_B$—— 坐标系 $\{B\}$ 相对于 $\{A\}$ 的角速度矢量。

由于点 p 是连杆上的固定点，即 ${}^B\boldsymbol{p}$ 为常数，所以 ${}^B\boldsymbol{v}_p = 0$，此时式(4.10) 可表示为

$${}^A\boldsymbol{v}_p = {}^A\boldsymbol{v}_{B_O} + {}^A\boldsymbol{\omega}_B \times {}^A\boldsymbol{R}_B{}^B\boldsymbol{p} \tag{4.11}$$

对上式两端求导，得线加速度 ${}^A\dot{\boldsymbol{v}}_p$ 和 ${}^B\dot{\boldsymbol{v}}_p$ 之间的关系

$${}^A\dot{\boldsymbol{v}}_p = {}^A\dot{\boldsymbol{v}}_{B_O} + {}^A\dot{\boldsymbol{\omega}}_B \times {}^A\boldsymbol{R}_B{}^B\boldsymbol{p} + {}^A\boldsymbol{\omega}_B \times ({}^A\boldsymbol{\omega}_B \times {}^A\boldsymbol{R}_B{}^B\boldsymbol{p}) \tag{4.12}$$

上式表示了连杆上任一点 p 在连杆坐标系 $\{B\}$ 和参考坐标系 $\{A\}$ 的线加速度的转换公式，可以用此公式来计算机器人连杆上某确定点的线加速度。

若已知 $\{C\}$ 相对 $\{B\}$ 的转动角速度为 ${}^B\boldsymbol{\omega}_C$，因为角速度矢量是自由矢量，所以 $\{C\}$ 相对 $\{A\}$ 的转动角速度和角加速度矢量为

$${}^A\boldsymbol{\omega}_C = {}^A\boldsymbol{\omega}_B + {}^A\boldsymbol{R}_B{}^B\boldsymbol{\omega}_C \tag{4.13}$$

$${}^A\dot{\boldsymbol{\omega}}_C = {}^A\dot{\boldsymbol{\omega}}_B + {}^A\boldsymbol{R}_B{}^B\dot{\boldsymbol{\omega}}_C + {}^A\boldsymbol{\omega}_B \times {}^A\boldsymbol{R}_B{}^B\boldsymbol{\omega}_C \tag{4.14}$$

可以用上面两公式来导出机器人角速度和角加速度的递推计算公式。

2. 连杆的运动传递

连杆的运动通常用连杆坐标系的原点速度和加速度，以及连杆坐标系的角速度和角加速度来表示。如用 $\{i\}$ 和 $\{i+1\}$ 表示两个相连的连杆坐标系，用 $\{0\}$ 表示参考坐标系。$\boldsymbol{v}_i$ 和 $\boldsymbol{\omega}_i$ 分别表示连杆坐标系 $\{i\}$ 相对于参考坐标系 $\{0\}$ 的线速度和角速度，${}^i\boldsymbol{v}_i$ 和 ${}^i\boldsymbol{\omega}_i$ 分别表示 $\boldsymbol{v}_i$ 和 $\boldsymbol{\omega}_i$ 在坐标系 $\{i\}$ 中的线速度和角速度，${}^{i+1}\boldsymbol{v}_{i+1}$ 和 ${}^{i+1}\boldsymbol{\omega}_{i+1}$ 则表示 $\boldsymbol{v}_{i+1}$ 和 $\boldsymbol{\omega}_{i+1}$ 在连杆坐标系 $\{i+1\}$ 中的线速度和角速度。递推牛顿-欧拉公式的特点就是在连杆坐标系中描述自身的运动。

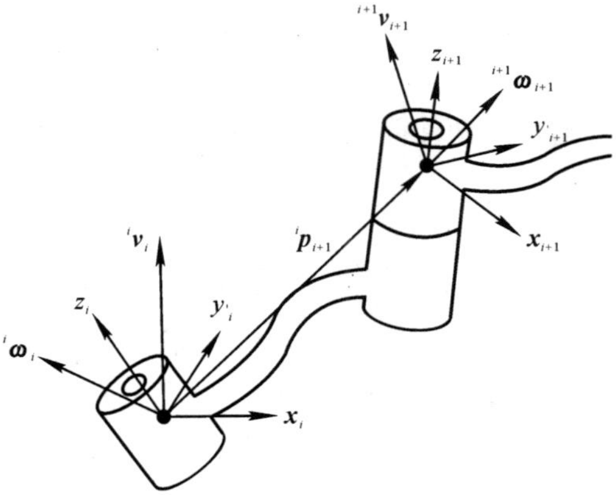

图 4.1　连杆速度的传递

如图 4.1 所示，连杆 $i+1$ 相对于连杆 i 转动的角速度是绕关节 $i+1$ 运动引起的，即

$$\dot{\theta}_{i+1}\,{}^{i+1}\boldsymbol{z}_{i+1}={}^{i+1}\begin{bmatrix}0\\0\\\dot{\theta}_{i+1}\end{bmatrix} \tag{4.15}$$

式中　$\dot{\theta}_{i+1}$ —— 关节角速度；

${}^{i+1}\boldsymbol{z}_{i+1}$ —— $\{i+1\}$ 的 z 轴单位向量。

同一坐标系中的矢量可以相加，因此连杆 $i+1$ 的角速度等于连杆 i 的角速度加上连杆 $i+1$ 绕关节 $i+1$ 旋转的角速度，在 $\{i\}$ 中的表示为

$${}^{i}\boldsymbol{\omega}_{i+1}={}^{i}\boldsymbol{\omega}_{i}+{}^{i}\boldsymbol{R}_{i+1}\,\dot{\theta}_{i+1}\,{}^{i+1}\boldsymbol{z}_{i+1} \tag{4.16}$$

将上式两端左乘旋转矩阵 ${}^{i+1}\boldsymbol{R}_i$，可得到相对连杆本身坐标系 $\{i+1\}$ 表示的角速度

$${}^{i+1}\boldsymbol{\omega}_{i+1}={}^{i+1}\boldsymbol{R}_i\,{}^{i}\boldsymbol{\omega}_{i}+\dot{\theta}_{i+1}\,{}^{i+1}\boldsymbol{z}_{i+1} \tag{4.17}$$

对上式两端求导，得角加速度从一连杆到下一连杆的传递公式

$${}^{i+1}\dot{\boldsymbol{\omega}}_{i+1}={}^{i+1}\boldsymbol{R}_i\,{}^{i}\dot{\boldsymbol{\omega}}_{i}+{}^{i+1}\boldsymbol{R}_i\,{}^{i}\boldsymbol{\omega}_{i}\times\dot{\theta}_{i+1}\,{}^{i+1}\boldsymbol{z}_{i+1}+\ddot{\theta}_{i+1}\,{}^{i+1}\boldsymbol{z}_{i+1} \tag{4.18}$$

坐标系 $\{i+1\}$ 原点的线速度等于坐标系 $\{i\}$ 原点的线速度加上连杆 i 转动速度而产生的分量，${}^{i}\boldsymbol{p}_{i+1}$ 表示 $i+1$ 坐标系的原点在坐标系 i 中的位置，所以

$${}^{i}\boldsymbol{v}_{i+1}={}^{i}\boldsymbol{v}_{i}+{}^{i}\boldsymbol{\omega}_{i}\times{}^{i}\boldsymbol{p}_{i+1} \tag{4.19}$$

上式两端左乘旋转矩阵 ${}^{i+1}\boldsymbol{R}_i$，得到相对于坐标系 $\{i+1\}$ 表示的线速度

$${}^{i+1}\boldsymbol{v}_{i+1}={}^{i+1}\boldsymbol{R}_i({}^{i}\boldsymbol{v}_{i}+{}^{i}\boldsymbol{\omega}_{i}\times{}^{i}\boldsymbol{p}_{i+1}) \tag{4.20}$$

对上式两端求导，可得到从一连杆到下一连杆线加速度的传递公式

$${}^{i+1}\dot{\boldsymbol{v}}_{i+1}={}^{i+1}\boldsymbol{R}_i[{}^{i}\dot{\boldsymbol{v}}_{i}+{}^{i}\dot{\boldsymbol{\omega}}_{i}\times{}^{i}\boldsymbol{p}_{i+1}+{}^{i}\boldsymbol{\omega}_{i}\times({}^{i}\boldsymbol{\omega}_{i}\times{}^{i}\boldsymbol{p}_{i+1})] \tag{4.21}$$

式(4.15)～式(4.21)只适用于转动关节。当关节 $i+1$ 为移动关节时，连杆 $i+1$ 相对于坐标系 $\{i+1\}$ 有 z 方向的移动，没有转动，所以 ${}^{i+1}\boldsymbol{R}_i$ 是常数矩阵，相应的运动传递关系为

$${}^{i+1}\boldsymbol{\omega}_{i+1}={}^{i+1}\boldsymbol{R}_i\,{}^{i}\boldsymbol{\omega}_{i} \tag{4.22}$$

$${}^{i+1}\dot{\boldsymbol{\omega}}_{i+1}={}^{i+1}\boldsymbol{R}_i\,{}^{i}\dot{\boldsymbol{\omega}}_{i} \tag{4.23}$$

$${}^{i+1}\boldsymbol{v}_{i+1}={}^{i+1}\boldsymbol{R}_i({}^{i}\boldsymbol{v}_{i}+{}^{i}\boldsymbol{\omega}_{i}\times{}^{i}\boldsymbol{p}_{i+1})+\dot{\boldsymbol{d}}\,{}^{i+1}\boldsymbol{z}_{i+1} \tag{4.24}$$

$${}^{i+1}\dot{\boldsymbol{v}}_{i+1}={}^{i+1}\boldsymbol{R}_i[{}^{i}\dot{\boldsymbol{v}}_{i}+{}^{i}\dot{\boldsymbol{\omega}}_{i}\times{}^{i}\boldsymbol{p}_{i+1}+{}^{i}\boldsymbol{\omega}_{i}\times({}^{i}\boldsymbol{\omega}_{i}\times{}^{i}\boldsymbol{p}_{i+1})]+2\,{}^{i+1}\boldsymbol{\omega}_{i+1}\times\dot{\boldsymbol{d}}_{i+1}\,{}^{i+1}\boldsymbol{z}_{i+1}+\ddot{\boldsymbol{d}}_{i+1}\,{}^{i+1}\boldsymbol{z}_{i+1} \tag{4.25}$$

3. 连杆质心的速度和加速度

设连杆质心坐标系 $\{C_i\}$ 与连杆 i 固接，坐标原点位于连杆 i 的质心，坐标方向与 $\{i\}$ 同向，质心在坐标系 $\{i\}$ 中的位置用 ${}^{i}\boldsymbol{r}_{C_i}$ 表示，质心的速度和加速度的计算公式为

$${}^{i}\boldsymbol{v}_{C_i}={}^{i}\boldsymbol{v}_{i}+{}^{i}\boldsymbol{\omega}_{i}\times{}^{i}\boldsymbol{r}_{C_i} \tag{4.26}$$

$$ {}^{i}\dot{\boldsymbol{v}}_{C_i} = {}^{i}\dot{\boldsymbol{v}}_i + {}^{i}\dot{\boldsymbol{\omega}}_i \times {}^{i}\boldsymbol{r}_{C_i} + {}^{i}\boldsymbol{\omega}_i \times ({}^{i}\boldsymbol{\omega}_i \times {}^{i}\boldsymbol{r}_{C_i}) \tag{4.27} $$

上式中不含关节运动，因此不论转动关节还是移动关节都同样适用。

式(4.16)～式(4.27)是计算机器人各连杆运动传递的公式，利用这些公式即可依次从机座开始递推各连杆的${}^{i}\boldsymbol{\omega}_i$，${}^{i}\dot{\boldsymbol{\omega}}_i$，${}^{i}\boldsymbol{v}_i$ 和${}^{i}\dot{\boldsymbol{v}}_i$。由于机器人的速度是由下编号连杆向上编号连杆逐级累计的，所以在作递推计算时是按照 $i=1, 2, 3, \cdots, n$ 的顺序进行的，即只有当 1 号连杆的速度、加速度为已知后，才能计算 2 号连杆的速度和加速度，再根据第 2 号连杆的计算结果，才能计算第 3 号连杆的速度及加速度，按此顺序最后得到机器人末端执行器位姿坐标系$\{i+1\}$ 的速度及加速度。这种从下编号向上编号递推的算法称为正向递推计算，相反顺序的算法则称为反向递推计算。作为递推的初值，机座固定不动，${}^{0}\boldsymbol{\omega}_0=\boldsymbol{0}$，${}^{0}\dot{\boldsymbol{\omega}}_0=\boldsymbol{0}$，${}^{0}\boldsymbol{v}_0=\boldsymbol{0}$，${}^{0}\dot{\boldsymbol{v}}_0=\boldsymbol{0}$，这样可以递推得到各连杆角速度、角加速度、速度、加速度相对于连杆本身坐标系的表示。如果将这些速度和角速度用相对于参考坐标系$\{0\}$ 表示，则只需左乘旋转矩阵${}^{0}\boldsymbol{R}_i$，即

$$ {}^{0}\boldsymbol{\omega}_i = {}^{0}\boldsymbol{R}_i\,{}^{i}\boldsymbol{\omega}_i, \quad {}^{0}\dot{\boldsymbol{\omega}}_i = {}^{0}\boldsymbol{R}_i\,{}^{i}\dot{\boldsymbol{\omega}}_i, \ {}^{0}\boldsymbol{v}_i = {}^{0}\boldsymbol{R}_i\,{}^{i}\boldsymbol{v}_i, \ {}^{0}\dot{\boldsymbol{v}}_i = {}^{0}\boldsymbol{R}_i\,{}^{i}\dot{\boldsymbol{v}}_i $$

4.1.2 牛顿-欧拉动力学方程

1. 牛顿-欧拉方程

对于构成机器人的连杆，如图 4.2 所示，可以将其当做运动的刚体。设连杆的质量为 m，质心在 C 点，在 C 点固定连接一坐标系$\{C\}$，在外力 $\boldsymbol{F}$ 及外力矩 $\boldsymbol{N}$ 的作用下使连杆产生质心线加速度$\dot{\boldsymbol{v}}_C$ 和角加速度$\dot{\boldsymbol{\omega}}$ 的运动，或者说当连杆质心具有线加速度$\dot{\boldsymbol{v}}_C$ 及角加速度$\dot{\boldsymbol{\omega}}$ 时，作用在质心 C 处的惯性力为 $\boldsymbol{F}$ 及惯性力矩为 $\boldsymbol{N}$，则力与线加速度或力矩与角加速度之间分别满足牛顿公式(4.28) 及欧拉公式(4.29)。

$$ \boldsymbol{F} = m\dot{\boldsymbol{v}}_C \tag{4.28} $$

$$ \boldsymbol{N} = \boldsymbol{I}_C\dot{\boldsymbol{\omega}} + \boldsymbol{\omega} \times \boldsymbol{I}_C\boldsymbol{\omega} \tag{4.29} $$

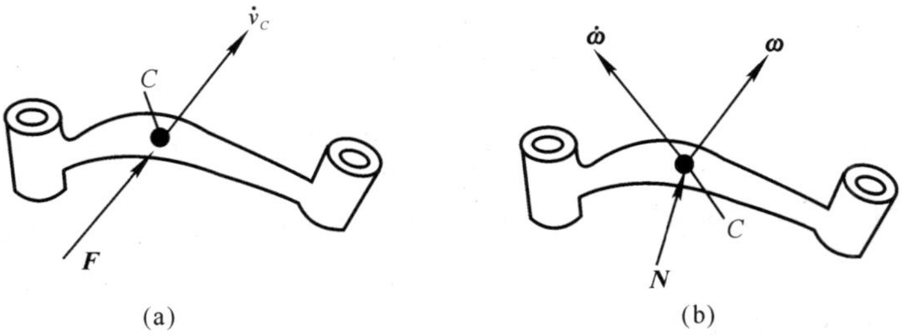

图 4.2 作用在连杆质心上的力和力矩

上面公式中 $\boldsymbol{I}_C$ 是连杆的惯量矩阵，定义为 3×3 阶对称矩阵，并以坐标系$\{C\}$ 为参考描述，

即

$$\boldsymbol{I}_C = \begin{bmatrix} I_{xx} & -I_{xy} & -I_{xz} \\ -I_{xy} & I_{yy} & -I_{yz} \\ -I_{xz} & -I_{yz} & I_{zz} \end{bmatrix} \tag{4.30}$$

式中，对角线元素是刚体绕三坐标轴 x，y，z 的质量惯性矩，定义为

$$\left.\begin{aligned} I_{xx} &= \iiint_V (y^2 + z^2)\rho \mathrm{d}V \\ I_{yy} &= \iiint_V (x^2 + z^2)\rho \mathrm{d}V \\ I_{zz} &= \iiint_V (x^2 + y^2)\rho \mathrm{d}V \end{aligned}\right\} \tag{4.31}$$

其余元素为惯性积，定义为

$$\left.\begin{aligned} I_{xy} &= \iiint_V xy\rho \mathrm{d}V \\ I_{yz} &= \iiint_V yz\rho \mathrm{d}V \\ I_{zx} &= \iiint_V zx\rho \mathrm{d}V \end{aligned}\right\} \tag{4.32}$$

式中　ρ —— 材料密度；

　$\mathrm{d}V$ —— 体积的微元，其位置由矢量 ${}^C\boldsymbol{p} = [x \quad y \quad z]^{\mathrm{T}}$ 确定。

惯量矩阵 $\boldsymbol{I}_C$ 表示刚体的质量分布特征，其值与参考坐标系有关，适当地选取坐标系的位置和方向可使各惯性积 I_{xy}，I_{yz} 和 I_{zx} 均为零，惯量矩阵变成对角型。使惯性积为零的各轴称为惯性主轴，相应的惯性矩称为主惯性矩。

在处理机器人的惯量矩阵时，由于连杆的坐标系设在关节处，所以经常会遇到质心坐标系与连杆坐标系平行的情况，这时连杆相对两平行坐标系的惯性矩和惯性积符合平行轴定理。这种情况下连杆坐标系$\{A\}$与质心坐标系$\{C\}$平行，连杆相对于坐标系$\{A\}$和坐标系$\{C\}$的惯性矩和惯性积满足以下关系：

$$\left.\begin{aligned} {}^AI_{zz} &= {}^CI_{zz} + m(x_C^2 + y_C^2) \\ {}^AI_{xy} &= {}^CI_{xy} + mx_C y_C \end{aligned}\right\} \tag{4.33}$$

式中　x_C，y_C，z_C —— 质心 C 在坐标系$\{A\}$中的位置分量。

其他惯性矩和惯性积的转换公式类似。平行轴定理可写成矢量形式

$${}^A\boldsymbol{I} = {}^C\boldsymbol{I} + m(\boldsymbol{p}_C^{\mathrm{T}}\boldsymbol{p}_C\boldsymbol{I}_3 - \boldsymbol{p}_C\boldsymbol{p}_C^{\mathrm{T}}) \tag{4.34}$$

式中　$\boldsymbol{I}_3$——3×3 阶单位阵；

$$\boldsymbol{p}_C = [x_C \quad y_C \quad z_C]^{\mathrm{T}}$$

2. 连杆受力分析

取单个连杆分离体，每一个连杆受相邻连杆施加的力、力矩以及运动惯性力和惯性力矩。第 i 号连杆受力情况如图 4.3 所示。图中 C_i 为连杆的质心，${}^i\boldsymbol{r}_{C_i}$ 为质心 C_i 在坐标系 $\{i\}$ 中的位置矢量，${}^i\boldsymbol{p}_{i+1}$ 为坐标系 $\{i+1\}$ 的原点在 $\{i\}$ 中的位置矢量。${}^i\boldsymbol{F}_i$ 为质心线加速度 ${}^i\dot{\boldsymbol{v}}_{C_i}$ 产生的惯性力，${}^i\boldsymbol{N}_i$ 为角加速度 ${}^i\dot{\boldsymbol{\omega}}_i$ 产生的惯性力矩，$\boldsymbol{f}_i$ 和 $\boldsymbol{n}_i$ 为连杆 $i-1$ 作用在连杆 i 上的力和力矩，$\boldsymbol{f}_{i+1}$ 和 $\boldsymbol{n}_{i+1}$ 为连杆 $i+1$ 作用在连杆 i 上的力和力矩。上面的各矢量都是在坐标系 $\{i\}$ 中描述的，其中的 ${}^i\boldsymbol{r}_{C_i}$ 和 ${}^i\boldsymbol{p}_{i+1}$ 均是 $\{i\}$ 中的常矢量。

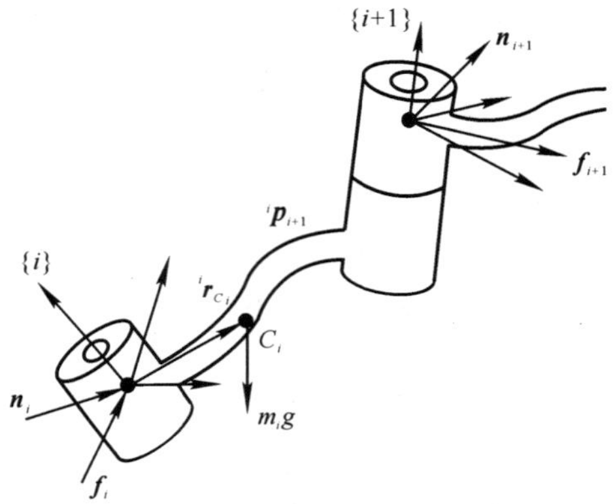

图 4.3 作用在第 i 号连杆质心上的力和力矩

根据连杆 i 质心所受到的力和力矩平衡，得

$$ {}^i\boldsymbol{F}_i = {}^i\boldsymbol{f}_i - {}^i\boldsymbol{f}_{i+1} \tag{4.35} $$

$$ {}^i\boldsymbol{N}_i = {}^i\boldsymbol{n}_i - {}^i\boldsymbol{n}_{i+1} - {}^i\boldsymbol{r}_{C_i} \times {}^i\boldsymbol{f}_i - ({}^i\boldsymbol{p}_{i+1} - {}^i\boldsymbol{r}_{C_i}) \times {}^i\boldsymbol{f}_{i+1} \tag{4.36} $$

将连杆 $i+1$ 作用在连杆 i 上的力 ${}^i\boldsymbol{f}_{i+1}$ 和力矩 ${}^i\boldsymbol{n}_{i+1}$ 用自身坐标系 $\{i+1\}$ 表示，即

$$ {}^i\boldsymbol{f}_{i+1} = {}^i\boldsymbol{R}_{i+1} {}^{i+1}\boldsymbol{f}_{i+1} \tag{4.37} $$

$$ {}^i\boldsymbol{n}_{i+1} = {}^i\boldsymbol{R}_{i+1} {}^{i+1}\boldsymbol{n}_{i+1} \tag{4.38} $$

将式(4.37)代入式(4.35)，并整理得

$$ {}^i\boldsymbol{f}_i = {}^i\boldsymbol{F}_i + {}^i\boldsymbol{R}_{i+1} {}^{i+1}\boldsymbol{f}_{i+1} \tag{4.39} $$

将式(4.38)和式(4.39)代入式(4.36)，并整理得

$$ {}^i\boldsymbol{n}_i = {}^i\boldsymbol{N}_i + {}^i\boldsymbol{R}_{i+1} {}^{i+1}\boldsymbol{n}_{i+1} + {}^i\boldsymbol{r}_{C_i} \times {}^i\boldsymbol{F}_i + {}^i\boldsymbol{p}_{i+1} \times {}^i\boldsymbol{R}_{i+1} {}^{i+1}\boldsymbol{f}_{i+1} \tag{4.40} $$

由于机器人末端连杆的负载是已知量，且力和力矩是由上编号连杆向下编号连杆传递的，所以在计算各连杆的力和力矩时，可以从末端 n 号连杆开始，利用式(4.39)和式(4.40)逐号向内递推计算，得到每个连杆的 ${}^i\boldsymbol{f}_i$ 和 ${}^i\boldsymbol{n}_i$。对于在自由空间移动的机器人来说，可以令 ${}^{n+1}\boldsymbol{f}_{n+1}$ 和 ${}^{n+1}\boldsymbol{n}_{n+1}$ 为零，所以第一次递推计算很简单。如果机器人和环境接触，在力的平衡时可能包括了由于这种接触所受的力和力矩，这时 ${}^{n+1}\boldsymbol{f}_{n+1}$ 和 ${}^{n+1}\boldsymbol{n}_{n+1}$ 就不是零了。

式(4.39)和式(4.40)中的${}^{i}\boldsymbol{F}_{i}$和${}^{i}\boldsymbol{N}_{i}$是惯性力和惯性力矩，由牛顿公式和欧拉公式计算。计算出每个连杆质心的线加速度和角加速度后，可用式(4.28)和式(4.29)求出作用在每个连杆质心的惯性力和力矩，即

$$ {}^{i}\boldsymbol{F}_{i}=m^{i}\dot{\boldsymbol{v}}_{C_i} \tag{4.41} $$

$$ {}^{i}\boldsymbol{N}_{i}={}^{C_i}\boldsymbol{I}_{i}{}^{i}\dot{\boldsymbol{\omega}}_{i}+{}^{i}\boldsymbol{\omega}_{i}\times{}^{C_i}\boldsymbol{I}_{i}{}^{i}\boldsymbol{\omega}_{i} \tag{4.42} $$

下面计算每个关节的驱动力或驱动力矩。事实上，各个连杆所承受的力矢量和力矩矢量中，某些分量由机器人本身的连杆结构所平衡，另一些分量则被各关节的驱动力或力矩平衡。对于转动关节，关节驱动力矩 $\boldsymbol{\tau}_i$ 平衡力矩${}^{i}\boldsymbol{n}_{i}$ 的 $\boldsymbol{z}$ 分量

$$ \boldsymbol{\tau}_i={}^{i}\boldsymbol{n}_{i}^{\mathrm{T}}{}^{i}\boldsymbol{z}_{i} \tag{4.43} $$

对于移动关节，关节驱动力 $\boldsymbol{\tau}_i$ 平衡力${}^{i}\boldsymbol{f}_{i}$ 的 $\boldsymbol{z}$ 分量矩

$$ \boldsymbol{\tau}_i={}^{i}\boldsymbol{f}_{i}^{\mathrm{T}}{}^{i}\boldsymbol{z}_{i} \tag{4.44} $$

3. 牛顿-欧拉动力学递推算法

牛顿-欧拉动力学递推算法由两部分组成：首先由内向外递推计算各连杆的速度和加速度，并由牛顿-欧拉公式计算出各连杆的惯性力和惯性力矩；然后由外向内递推计算各连杆的相互作用力和力矩，以及关节驱动力或力矩。

牛顿-欧拉递推算法的已知条件如下：

(1) 机器人轨迹的 $\boldsymbol{\theta}=[\theta_1\quad\theta_2\quad\cdots\quad\theta_n]^{\mathrm{T}}$，以及$\dot{\boldsymbol{\theta}}$ 和$\ddot{\boldsymbol{\theta}}$。

(2) 质心 C_i 在坐标系$\{i\}$中的位置矢量${}^{i}\boldsymbol{r}_{C_i}$，可用实验或测量等方法确定。

(3) 已知与$\{i\}$坐标系方向相同的坐标系$\{C_i\}$所描述的惯量矩阵${}^{C_i}\boldsymbol{I}_{i}$，可用试验等方法确定。

(4) $\{i\}$坐标系描述的坐标系$\{i+1\}$原点的位置矢量${}^{i}\boldsymbol{p}_{i+1}$，可测定或从变换矩阵得到。

假设机器人的自由度为 $n=6$，根据本节前面讲述的内容，总结牛顿-欧拉递推算法如下：

第一步，由内向外递推：i：$0\rightarrow5$

$$ {}^{i+1}\boldsymbol{\omega}_{i+1}=\begin{cases}{}^{i+1}\boldsymbol{R}_{i}{}^{i}\boldsymbol{\omega}_{i}+\dot{\boldsymbol{\theta}}_{i+1}{}^{i+1}\boldsymbol{z}_{i+1}\text{（转动关节）}\\{}^{i+1}\boldsymbol{R}_{i}{}^{i}\boldsymbol{\omega}_{i}\quad\text{（移动关节）}\end{cases} $$

$$ {}^{i+1}\dot{\boldsymbol{\omega}}_{i+1}=\begin{cases}{}^{i+1}\boldsymbol{R}_{i}{}^{i}\dot{\boldsymbol{\omega}}_{i}+{}^{i+1}\boldsymbol{R}_{i}{}^{i}\boldsymbol{\omega}_{i}\times\dot{\boldsymbol{\theta}}_{i+1}{}^{i+1}\boldsymbol{z}_{i+1}+\ddot{\boldsymbol{\theta}}_{i+1}{}^{i+1}\boldsymbol{z}_{i+1}\quad\text{（转动关节）}\\{}^{i+1}\boldsymbol{R}_{i}{}^{i}\dot{\boldsymbol{\omega}}_{i}\quad\text{（移动关节）}\end{cases} $$

$$ {}^{i+1}\dot{\boldsymbol{v}}_{i+1}=\begin{cases}{}^{i+1}\boldsymbol{R}_{i}[{}^{i}\dot{\boldsymbol{v}}_{i}+{}^{i}\dot{\boldsymbol{\omega}}_{i}\times{}^{i}\boldsymbol{p}_{i+1}+{}^{i}\boldsymbol{\omega}_{i}\times({}^{i}\boldsymbol{\omega}_{i}\times{}^{i}\boldsymbol{p}_{i+1})]\text{（转动关节）}\\{}^{i+1}\boldsymbol{R}_{i}[{}^{i}\dot{\boldsymbol{v}}_{i}+{}^{i}\dot{\boldsymbol{\omega}}_{i}\times{}^{i}\boldsymbol{p}_{i+1}+{}^{i}\boldsymbol{\omega}_{i}\times({}^{i}\boldsymbol{\omega}_{i}\times{}^{i}\boldsymbol{p}_{i+1})]+\\\qquad 2{}^{i+1}\boldsymbol{\omega}_{i+1}\times\dot{\boldsymbol{d}}_{i+1}{}^{i+1}\boldsymbol{z}_{i+1}+\ddot{\boldsymbol{d}}_{i+1}{}^{i+1}\boldsymbol{z}_{i+1}\quad\text{（移动关节）}\end{cases} $$

$$^{i+1}\dot{\boldsymbol{v}}_{C_{i+1}}={}^{i+1}\dot{\boldsymbol{v}}_{i+1}+{}^{i+1}\dot{\boldsymbol{\omega}}_{i+1}\times{}^{i+1}\boldsymbol{r}_{C_{i+1}}+{}^{i+1}\boldsymbol{\omega}_{i+1}\times({}^{i+1}\boldsymbol{\omega}_{i+1}\times{}^{i+1}\boldsymbol{r}_{C_{i+1}})$$

$$^{i+1}\boldsymbol{F}_{i+1}=\boldsymbol{m}_{i+1}{}^{i+1}\dot{\boldsymbol{v}}_{C_{i+1}}$$

$$^{i+1}\boldsymbol{N}_{i+1}={}^{C_{i+1}}\boldsymbol{I}_{i+1}{}^{i+1}\dot{\boldsymbol{\omega}}_{i+1}+{}^{i+1}\boldsymbol{\omega}_{i+1}\times{}^{C_{i+1}}\boldsymbol{I}_{i+1}{}^{i+1}\boldsymbol{\omega}_{i+1}$$

第二步，由外向内递推：i：6 → 1

$$^{i}\boldsymbol{f}_i={}^{i}\boldsymbol{R}_{i+1}{}^{i+1}\boldsymbol{f}_{i+1}+{}^{i}\boldsymbol{F}_i$$

$$^{i}\boldsymbol{n}_i={}^{i}\boldsymbol{N}_i+{}^{i}\boldsymbol{R}_{i+1}{}^{i+1}\boldsymbol{n}_{i+1}+{}^{i}\boldsymbol{r}_{C_i}\times{}^{i}\boldsymbol{F}_i+{}^{i}\boldsymbol{p}_{i+1}\times{}^{i}\boldsymbol{R}_{i+1}{}^{i+1}\boldsymbol{f}_{i+1}$$

$$\boldsymbol{\tau}_i=\begin{cases}{}^{i}\boldsymbol{n}_i^{\mathrm{T}}{}^{i}\boldsymbol{z}_i & \text{（转动关节）}\\ {}^{i}\boldsymbol{f}_i^{\mathrm{T}}{}^{i}\boldsymbol{z}_i & \text{（移动关节）}\end{cases}$$

按上面公式中由内向外递推顺序计算出各连杆的速度、加速度、惯性力和惯性力矩，然后由外向内递推计算出各关节的平衡力、平衡力矩以及各关节的驱动力和驱动力矩。

当向外递推计算时，由于机器人的机座固定，其初始值为$^{0}\boldsymbol{\omega}_0={}^{0}\dot{\boldsymbol{\omega}}_0=\boldsymbol{0}$，$^{0}\boldsymbol{v}_0=\boldsymbol{0}$，如果考虑重力，需将加速度看成是重力加速度，即$|{}^{0}\dot{\boldsymbol{v}}_0|=g$，且方向向上。这样处理机座坐标系后，相当于机器人机座以加速度 g 向上运动，从而抵消相当于重力造成的影响。所以在递推计算过程中，不需要过多的计算，重力的影响就自动考虑在内了。

当向内递推计算时，力和力矩的初始值取决于机器人末端与环境的接触情况。对于不与环境接触的机器人，取$^{n+1}\boldsymbol{f}_{n+1}=\boldsymbol{0}$和$^{n+1}\boldsymbol{n}_{n+1}=\boldsymbol{0}$，否则，$^{n+1}\boldsymbol{f}_{n+1}$和$^{n+1}\boldsymbol{n}_{n+1}$为环境对末端的作用力或力矩。

上述牛顿-欧拉递推公式有两种用途：数值计算和推导封闭形式动力学方程。数值计算适应于任何机器人，只要知道各连杆的质量、转动惯量、质心位置矢量和旋转矩阵的值，就可以直接计算实现给定运动所需要的驱动力矩和驱动力。但是，为了阐明机器人动力学方程的结构，比较重力和惯性力影响的主次，分析向心力和哥氏力的影响是否可以忽略，通常希望将机器人的动力学方程写成封闭形式，即将关节力矩和力写成关节位移、速度、加速度$(\boldsymbol{\theta},\dot{\boldsymbol{\theta}},\ddot{\boldsymbol{\theta}})$的显函数形式。

例 4.1　平面二连杆机器人如图 4.4 所示，假设连杆 1 和连杆 2 的质量为 m_1 和 m_2，且以连杆末端的点质量表示，l_1，l_2 为两连杆长度，θ_1 和 θ_2 为广义坐标，g 为重力加速度。试用牛顿-欧拉动力学递推方法计算各关节的驱动力矩。

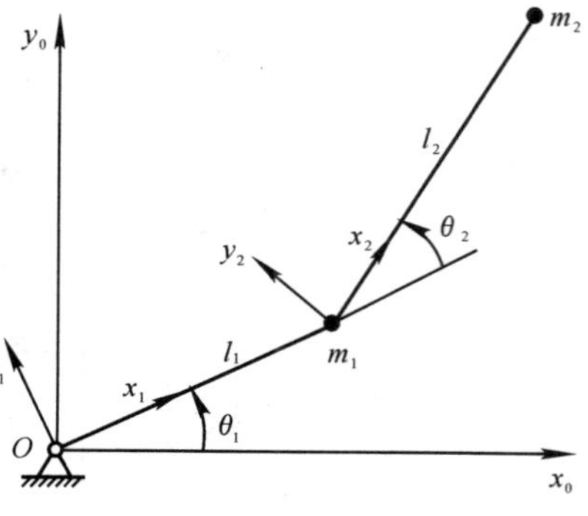

图 4.4　**二连杆机器人**

解　各连杆的坐标系设置如图 4.4 所示。已知条件为

$$\theta_1,\theta_2,\dot{\theta}_1,\dot{\theta}_2,\ddot{\theta}_1,\ddot{\theta}_2$$

$$^{1}\boldsymbol{p}_{2}=[l_{1}\quad 0\quad 0]^{\mathrm{T}},\quad {}^{2}\boldsymbol{p}_{3}=[l_{2}\quad 0\quad 0]^{\mathrm{T}}$$

$$^{1}\boldsymbol{r}_{C_{1}}=[l_{1}\quad 0\quad 0]^{\mathrm{T}},\quad {}^{2}\boldsymbol{r}_{C_{2}}=[l_{2}\quad 0\quad 0]^{\mathrm{T}}$$

$$^{C_{1}}\boldsymbol{I}_{1}={}^{C_{2}}\boldsymbol{I}_{2}=\boldsymbol{0},\quad {}^{0}\boldsymbol{\omega}_{0}={}^{0}\dot{\boldsymbol{\omega}}_{0}={}^{0}\boldsymbol{v}_{0}=\boldsymbol{0}$$

$$^{0}\dot{\boldsymbol{v}}_{0}=[0\quad g\quad 0]^{\mathrm{T}},\quad {}^{3}\boldsymbol{f}_{3}={}^{3}\boldsymbol{n}_{3}=\boldsymbol{0}$$

两连杆间的旋转变换矩阵为

$$^{i}\boldsymbol{R}_{i+1}=\begin{bmatrix}\mathrm{c}_{i+1} & -\mathrm{s}_{i+1} & 0\\ \mathrm{s}_{i+1} & \mathrm{c}_{i+1} & 0\\ 0 & 0 & 1\end{bmatrix},\quad {}^{i+1}\boldsymbol{R}_{i}=\begin{bmatrix}\mathrm{c}_{i+1} & \mathrm{s}_{i+1} & 0\\ -\mathrm{s}_{i+1} & \mathrm{c}_{i+1} & 0\\ 0 & 0 & 1\end{bmatrix}$$

式中
$$\mathrm{c}_{i+1}=\cos\theta_{i+1},\quad \mathrm{s}_{i+1}=\sin\theta_{i+1}$$

由内向外递推，从 $i=0$ 开始，对于连杆 1，

$$^{1}\boldsymbol{\omega}_{1}=\dot{\theta}_{1}{}^{1}\boldsymbol{z}_{1}=\begin{bmatrix}0\\0\\\dot{\theta}_{1}\end{bmatrix}.$$

$$^{1}\dot{\boldsymbol{\omega}}_{1}=\ddot{\theta}_{1}{}^{1}\boldsymbol{z}_{1}=\begin{bmatrix}0\\0\\\ddot{\theta}_{1}\end{bmatrix}$$

$$^{1}\dot{\boldsymbol{v}}_{1}={}^{1}\boldsymbol{R}_{0}{}^{0}\dot{\boldsymbol{v}}_{0}=\begin{bmatrix}\mathrm{c}_{1} & \mathrm{s}_{1} & 0\\ -\mathrm{s}_{1} & \mathrm{c}_{1} & 0\\ 0 & 0 & 1\end{bmatrix}\begin{bmatrix}0\\g\\0\end{bmatrix}=\begin{bmatrix}g\mathrm{s}_{1}\\g\mathrm{c}_{1}\\0\end{bmatrix}$$

$$^{1}\dot{\boldsymbol{v}}_{C_{1}}={}^{1}\dot{\boldsymbol{v}}_{1}+{}^{1}\dot{\boldsymbol{\omega}}_{1}\times{}^{1}\boldsymbol{r}_{C_{1}}+{}^{1}\boldsymbol{\omega}_{1}\times({}^{1}\boldsymbol{\omega}_{1}\times{}^{1}\boldsymbol{r}_{C_{1}})=$$

$$\begin{bmatrix}g\mathrm{s}_{1}\\g\mathrm{c}_{1}\\0\end{bmatrix}+\begin{bmatrix}0\\0\\\ddot{\theta}_{1}\end{bmatrix}\times\begin{bmatrix}l_{1}\\0\\0\end{bmatrix}+\begin{bmatrix}0\\0\\\dot{\theta}_{1}\end{bmatrix}\times\left\{\begin{bmatrix}0\\0\\\dot{\theta}_{1}\end{bmatrix}\times\begin{bmatrix}l_{1}\\0\\0\end{bmatrix}\right\}=$$

$$\begin{bmatrix}g\mathrm{s}_{1}\\g\mathrm{c}_{1}\\0\end{bmatrix}+\begin{bmatrix}0\\l_{1}\ddot{\theta}_{1}\\0\end{bmatrix}+\begin{bmatrix}-l_{1}\dot{\theta}_{1}^{2}\\0\\0\end{bmatrix}=\begin{bmatrix}-l_{1}\dot{\theta}_{1}^{2}+g\mathrm{s}_{1}\\l_{1}\ddot{\theta}_{1}+g\mathrm{c}_{1}\\0\end{bmatrix}$$

$$^{1}\boldsymbol{F}_{1}=\boldsymbol{m}_{1}{}^{1}\dot{\boldsymbol{v}}_{C_{1}}=\begin{bmatrix}-m_{1}l_{1}\dot{\theta}_{1}^{2}+m_{1}g\mathrm{s}_{1}\\m_{1}l_{1}\ddot{\theta}_{1}+m_{1}g\mathrm{c}_{1}\\0\end{bmatrix}$$

$$^{1}\boldsymbol{N}={}^{C_1}\boldsymbol{I}_1{}^{1}\dot{\boldsymbol{\omega}}_1+{}^{1}\boldsymbol{\omega}_1\times{}^{C_1}\boldsymbol{I}_1{}^{1}\boldsymbol{\omega}_1=\begin{bmatrix}0\\0\\0\end{bmatrix}$$

对于连杆 2，

$$^{2}\boldsymbol{\omega}_2={}^{2}\boldsymbol{R}_1{}^{1}\boldsymbol{\omega}_1+\dot{\theta}_2{}^{2}\boldsymbol{z}_2=\begin{bmatrix}0\\0\\\dot{\theta}_1\end{bmatrix}+\begin{bmatrix}0\\0\\\dot{\theta}_2\end{bmatrix}=\begin{bmatrix}0\\0\\\dot{\theta}_1+\dot{\theta}_2\end{bmatrix}$$

$$^{2}\dot{\boldsymbol{\omega}}_2={}^{2}\boldsymbol{R}_1{}^{1}\dot{\boldsymbol{\omega}}_1+{}^{2}\boldsymbol{R}_1{}^{1}\boldsymbol{\omega}_1\times\dot{\theta}_2{}^{2}\boldsymbol{z}_2+\ddot{\theta}_2{}^{2}\boldsymbol{z}_2=\begin{bmatrix}0\\0\\\ddot{\theta}_1+\ddot{\theta}_2\end{bmatrix}$$

$$^{2}\dot{\boldsymbol{v}}_2={}^{2}\boldsymbol{R}_1[{}^{1}\dot{\boldsymbol{v}}_1+{}^{1}\dot{\boldsymbol{\omega}}_1\times{}^{1}\boldsymbol{p}_2+{}^{1}\boldsymbol{\omega}_1\times({}^{1}\boldsymbol{\omega}_1\times{}^{1}\boldsymbol{p}_2)]=$$

$$^{2}\boldsymbol{R}_1[{}^{1}\dot{\boldsymbol{v}}_1+{}^{1}\dot{\boldsymbol{\omega}}_1\times{}^{1}\boldsymbol{r}_{C_1}+{}^{1}\boldsymbol{\omega}_1\times({}^{1}\boldsymbol{\omega}_1\times{}^{1}\boldsymbol{r}_{C_1})]=$$

$$^{2}\boldsymbol{R}_1{}^{1}\dot{\boldsymbol{v}}_{C_1}\overset{{}^{1}\boldsymbol{r}_{C_1}={}^{1}\boldsymbol{p}_2}{=\!=\!=\!=}\begin{bmatrix}c_2&s_2&0\\-s_2&c_2&0\\0&0&1\end{bmatrix}\begin{bmatrix}-l_1\dot{\theta}_1^2+gs_1\\l_1\ddot{\theta}_1+gc_1\\0\end{bmatrix}=$$

$$\begin{bmatrix}l_1s_2\ddot{\theta}_1-l_1c_2\dot{\theta}_1^2+gs_{12}\\l_1c_2\ddot{\theta}_1+l_1s_2\dot{\theta}_1^2+gc_{12}\\0\end{bmatrix}$$

$$^{2}\dot{\boldsymbol{v}}_{C_2}={}^{2}\dot{\boldsymbol{v}}_2+{}^{2}\dot{\boldsymbol{\omega}}_2\times{}^{2}\boldsymbol{r}_{C_2}+{}^{2}\boldsymbol{\omega}_2\times({}^{2}\boldsymbol{\omega}_2\times{}^{2}\boldsymbol{r}_{C_2})=$$

$$\begin{bmatrix}l_1s_2\ddot{\theta}_1-l_1c_2\dot{\theta}_1^2+gs_{12}\\l_1c_2\ddot{\theta}_1+l_1s_2\dot{\theta}_1^2+gc_{12}\\0\end{bmatrix}+\begin{bmatrix}0\\l_2(\ddot{\theta}_1+\ddot{\theta}_2)\\0\end{bmatrix}+\begin{bmatrix}-l_2(\dot{\theta}_1+\dot{\theta}_2)^2\\0\\0\end{bmatrix}=$$

$$\begin{bmatrix}l_1s_2\ddot{\theta}_1-l_1c_2\dot{\theta}_1^2+gs_{12}-l_2(\dot{\theta}_1+\dot{\theta}_2)^2\\l_1c_2\ddot{\theta}_1+l_1s_2\dot{\theta}_1^2+gc_{12}+l_2(\ddot{\theta}_1+\ddot{\theta}_2)\\0\end{bmatrix}$$

$$
{}^2\boldsymbol{F}_2 = \boldsymbol{m}_2 {}^2\dot{\boldsymbol{v}}_{C_2} = \begin{bmatrix} m_2 l_1 s_2 \ddot{\theta}_1 - m_2 l_1 c_2 \dot{\theta}_1^2 + m_2 g s_{12} - m_2 l_2 (\dot{\theta}_1 + \dot{\theta}_2)^2 \\ m_2 l_1 c_2 \ddot{\theta}_1 + m_2 l_1 s_2 \dot{\theta}_1^2 + m_2 g c_{12} + m_2 l_2 (\ddot{\theta}_1 + \ddot{\theta}_2) \\ 0 \end{bmatrix}
$$

$$
{}^2\boldsymbol{N}_2 = \begin{bmatrix} 0 \\ 0 \\ 0 \end{bmatrix}
$$

由外向内递推，从 $i = 0$ 开始，对于连杆 2，

$$
{}^2\boldsymbol{f}_2 = {}^2\boldsymbol{F}_2
$$

$$
{}^2\boldsymbol{n}_2 = {}^2\boldsymbol{r}_{C_2} \times {}^2\boldsymbol{F}_2 = \begin{bmatrix} 0 \\ 0 \\ m_2 l_1 l_2 c_2 \ddot{\theta}_1 + m_2 l_1 l_2 s_2 \dot{\theta}_1^2 + m_2 l_2 g c_{12} + m_2 l_2^2 (\ddot{\theta}_1 + \ddot{\theta}_2) \end{bmatrix}
$$

对于连杆 1，

$$
{}^1\boldsymbol{f}_1 = {}^1\boldsymbol{R}_2 {}^2\boldsymbol{f}_2 + {}^1\boldsymbol{F}_1 =
$$

$$
\begin{bmatrix} c_2 & -s_2 & 0 \\ s_2 & c_2 & 0 \\ 0 & 0 & 1 \end{bmatrix} \begin{bmatrix} m_2 l_1 s_2 \ddot{\theta}_1 - m_2 l_1 c_2 \dot{\theta}_1^2 + m_2 g s_{12} - m_2 l_2 (\dot{\theta}_1 + \dot{\theta}_2)^2 \\ m_2 l_1 c_2 \ddot{\theta}_1 + m_2 l_1 s_2 \dot{\theta}_1^2 + m_2 g c_{12} + m_2 l_2 (\ddot{\theta}_1 + \ddot{\theta}_2) \\ 0 \end{bmatrix} +
$$

$$
\begin{bmatrix} -m_1 l_1 \dot{\theta}_1^2 + m_1 g s_1 \\ m_1 l_1 \ddot{\theta}_1 + m_1 g c_1 \\ 0 \end{bmatrix}
$$

$$
{}^1\boldsymbol{n}_1 = {}^1\boldsymbol{R}_2 {}^2\boldsymbol{n}_2 + {}^1\boldsymbol{r}_{C_1} \times {}^1\boldsymbol{F}_1 + {}^1\boldsymbol{p}_2 \times {}^1\boldsymbol{R}_2 {}^2\boldsymbol{f}_2 =
$$

$$
\begin{bmatrix} 0 \\ 0 \\ m_2 l_1 l_2 c_1 \ddot{\theta}_1 + m_2 l_1 l_2 s_2 \dot{\theta}_1^2 + m_2 l_2 g c_{12} + m_2 l_2^2 (\ddot{\theta}_1 + \ddot{\theta}_2) \end{bmatrix} + \begin{bmatrix} 0 \\ 0 \\ m_1 l_1^2 \ddot{\theta}_1 + m_1 l_1 g c_1 \end{bmatrix} +
$$

$$
\begin{bmatrix} 0 \\ 0 \\ m_2 l_1^2 \ddot{\theta}_1 + m_2 l_1 l_2 c_2 (\ddot{\theta}_1 + \ddot{\theta}_2) - m_2 l_1 l_2 s_2 (\dot{\theta}_1 + \dot{\theta}_2)^2 + m_2 l_1 g c_1 \end{bmatrix}
$$

最后将 ${}^1\boldsymbol{n}_1$ 和 ${}^2\boldsymbol{n}_2$ 的 z 轴分量列出，即得到两关节的驱动力矩

$$\left.\begin{aligned}\tau_1 &= m_2 l_2^2(\ddot{\theta}_1+\ddot{\theta}_2)+m_2 l_1 l_2 c_2(2\ddot{\theta}_1+\ddot{\theta}_2)+(m_1+m_2)l_1^2\ddot{\theta}_1- \\ &\quad m_2 l_1 l_2 s_2\dot{\theta}_2^2-2m_2 l_1 l_2 s_2\dot{\theta}_1\dot{\theta}_2+m_2 l_2 g c_{12}+(m_1+m_2)l_1 g c_1 \\ \tau_2 &= m_2 l_1 l_2 c_2\ddot{\theta}_1+m_2 l_1 l_2 s_2\dot{\theta}_1^2+m_2 l_2 g c_{12}+m_2 l_2^2(\ddot{\theta}_1+\ddot{\theta}_2)\end{aligned}\right\} \tag{4.45}$$

式(4.45)给出了关节驱动力矩表达式，它是关节位移、速度、加速度的显函数，即是平面2自由度机器人的动力学方程的封闭形式。

从这个例子可以看出，机器人动力学方程的计算比较烦琐。随着机器人自由度数增加，计算将变得更加复杂。

4. *动力学方程一般形式*

机器人动力学方程封闭形式可写成一般形式

$$\boldsymbol{\tau}=\boldsymbol{D}(\boldsymbol{q})\ddot{\boldsymbol{q}}+\boldsymbol{h}(\boldsymbol{q},\dot{\boldsymbol{q}})+\boldsymbol{G}(\boldsymbol{q}) \tag{4.46}$$

式中 $\boldsymbol{D}(\boldsymbol{q})$ —— 惯性矩阵；

$\boldsymbol{h}(\boldsymbol{q},\dot{\boldsymbol{q}})$ —— 向心力和哥氏力矢量；

$\boldsymbol{G}(\boldsymbol{q})$ —— 重力矢量。

对于 n 个关节的机器人，$\boldsymbol{D}(\boldsymbol{q})$ 是 $n\times n$ 阶正定对称矩阵，$\boldsymbol{D}(\boldsymbol{q})\ddot{\boldsymbol{q}}$ 表示惯性力矩或惯性力。$\boldsymbol{D}(\boldsymbol{q})$ 中的主对角线元素表示各连杆本身的有效惯量，代表给定关节上的力矩与产生的角加速度之间的关系；非对角线元素表示连杆之间的耦合惯量，即是某连杆的加速运动对另一关节产生的耦合作用力矩的度量。$\boldsymbol{G}(\boldsymbol{q})$ 是 n 维重力矢量，与机器人的形位 $\boldsymbol{q}$ 有关。

$\boldsymbol{h}(\boldsymbol{q},\dot{\boldsymbol{q}})$ 是 n 维的向心力和哥氏力矢量，由两部分组成：其一与关节速度平方成正比，表示该关节速度产生的向心力；其二与两关节速度的乘积成正比，称为哥氏力。将 $\boldsymbol{h}(\boldsymbol{q},\dot{\boldsymbol{q}})$ 分成两部分，即

$$\boldsymbol{h}(\boldsymbol{q},\dot{\boldsymbol{q}})=\boldsymbol{B}(\boldsymbol{q})[\dot{\boldsymbol{q}}\dot{\boldsymbol{q}}]+\boldsymbol{C}(\boldsymbol{q})[\dot{\boldsymbol{q}}^2] \tag{4.47}$$

式中 $\boldsymbol{B}(\boldsymbol{q})$ —— 哥氏力的系数矩阵，为 $n\times\dfrac{n(n-1)}{2}$ 阶矩阵；

$[\dot{\boldsymbol{q}}\dot{\boldsymbol{q}}]$ —— $\dfrac{n(n-1)}{2}$ 维的关节速度积矢量，$[\dot{\boldsymbol{q}}\dot{\boldsymbol{q}}]=[\dot{q}_1\dot{q}_2\quad \dot{q}_1\dot{q}_3\quad \cdots\quad \dot{q}_{n-1}\dot{q}_n]^{\mathrm{T}}$；

$\boldsymbol{C}(\boldsymbol{q})$ —— $n\times n$ 阶的向心力系数矩阵；

$[\dot{\boldsymbol{q}}]^2$ —— n 维关节速度平方矢量，$[\dot{\boldsymbol{q}}]^2=[\dot{q}_1^2\quad \dot{q}_2^2\quad \cdots\quad \dot{q}_n^2]^{\mathrm{T}}$。

这样，封闭动力学方程一般形式(即式(4.46))可写成另一种形式(形位空间方程)：

$$\boldsymbol{\tau}=\boldsymbol{D}(\boldsymbol{q})\ddot{\boldsymbol{q}}+\boldsymbol{B}(\boldsymbol{q})[\dot{\boldsymbol{q}}\dot{\boldsymbol{q}}]+\boldsymbol{C}(\boldsymbol{q})[\dot{\boldsymbol{q}}^2]+\boldsymbol{G}(\boldsymbol{q}) \tag{4.48}$$

对于例 4.1 的二连杆机器人，令

$$\boldsymbol{\tau} = \begin{bmatrix} \tau_1 \\ \tau_2 \end{bmatrix}, \quad \boldsymbol{q} = \begin{bmatrix} \theta_1 \\ \theta_2 \end{bmatrix}$$

将其动力学方程式(4.45)写成一般形式,则

$$\boldsymbol{D}(\boldsymbol{q}) = \begin{bmatrix} m_1 l_1^2 + m_2(l_1^2 + l_2^2 + 2l_1 l_2 c_2) & m_2(l_2^2 + l_1 l_2 c_2) \\ m_2(l_2^2 + l_1 l_2 c_2) & m_2 l_2^2 \end{bmatrix}$$

$$\boldsymbol{h}(\boldsymbol{q}, \dot{\boldsymbol{q}}) = \begin{bmatrix} -m_2 l_1 l_2 s_2 \dot{\theta}_2^2 - 2m_2 l_1 l_2 s_2 \dot{\theta}_1 \dot{\theta}_2 \\ m_2 l_1 l_2 s_2 \dot{\theta}_1^2 \end{bmatrix}$$

$$\boldsymbol{G}(\boldsymbol{q}) = \begin{bmatrix} m_2 l_2 g c_{12} + (m_1 + m_2) l_1 g c_1 \\ m_2 l_2 g c_{12} \end{bmatrix}$$

若令

$$[\dot{\boldsymbol{q}}\dot{\boldsymbol{q}}] = [\dot{\theta}_1 \quad \dot{\theta}_2], \quad [\dot{\boldsymbol{q}}^2] = [\dot{\theta}_1^2 \quad \dot{\theta}_2^2]^{\mathrm{T}}$$

则

$$\boldsymbol{B}(\boldsymbol{q}) = \begin{bmatrix} -2m_2 l_1 l_2 s_2 \\ 0 \end{bmatrix}, \quad \boldsymbol{C}(\boldsymbol{q}) = \begin{bmatrix} 0 & -m_2 l_1 l_2 s_2 \\ m_2 l_1 l_2 s_2 & 0 \end{bmatrix}$$

4.2　拉格朗日方程

上节所述的牛顿-欧拉法是将牛顿-欧拉的动力学公式用于机器人的连杆上,直接导出机器人动力学方程的一种递推算法。这种算法不能直接用来获得机器人的动力学方程的解析形式,因而不便获得机器人动力学分析的整体概念,故将牛顿-欧拉递推算法用于机器人机构的分析与综合将会产生某些困难和障碍。本节讲述的拉格朗日法,可直接获得机器人动力学方程的解析公式。

拉格朗日动力学方程基于能量平衡方程,对于简单情况,运用该方法比用牛顿-欧拉方程更烦琐,然而随着系统复杂程度的增加,运用拉格朗日动力学方程将变得相对简单。所以拉格朗日动力学方程相对于牛顿-欧拉方程更适合于分析相互约束下的多个连杆运动。

4.2.1　拉格朗日函数

对于任何机械系统,拉格朗日函数 L 定义为系统总动能 K 与总位能 P 之差,即

$$L(\boldsymbol{q}, \dot{\boldsymbol{q}}) = K(\boldsymbol{q}, \dot{\boldsymbol{q}}) - P(\boldsymbol{q}) \tag{4.49}$$

式中　$\boldsymbol{q}$ —— 表示动能和位能的广义坐标,$\boldsymbol{q} = [q_1 \quad q_2 \quad \cdots \quad q_n]$

$\dot{\boldsymbol{q}}$ —— 相应的广义速度,$\dot{\boldsymbol{q}} = [\dot{q}_1 \quad \dot{q}_2 \quad \cdots \quad \dot{q}_n]$。

对于 n 个连杆组成的机器人,由拉格朗日函数描述的系统动力学方程为

$$\tau_i = \frac{\mathrm{d}}{\mathrm{d}t}\left(\frac{\partial L}{\partial \dot{q}_i}\right) - \frac{\partial L}{\partial q_i}, \quad i = 1, 2, \cdots, n \tag{4.50}$$

式中 τ_i—— 作用在第 i 个关节上的广义驱动力矩。

例 4.2 利用上述拉格朗日方法,求例 4.1 中二连杆机器人的动力学方程。

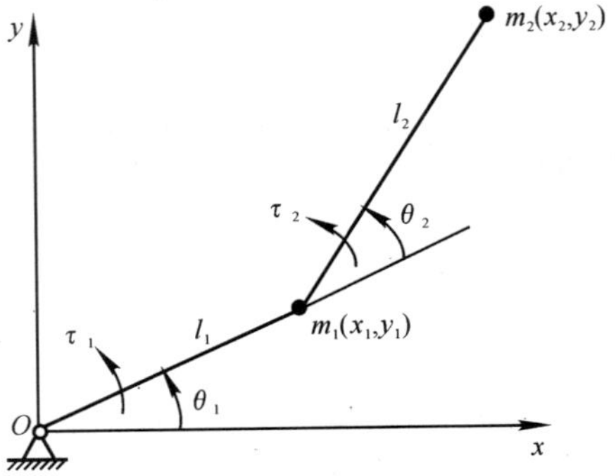

图 4.5 二连杆机器人

解 规定机器人的坐标系如图 4.5 所示。对于连杆 1,其动能 K_1 和位能 P_1 为

$$K_1 = \frac{1}{2}m_1 v_1^2 = \frac{1}{2}m_1(l_1\dot{\theta}_1)^2 = \frac{1}{2}m_1 l_1^2\dot{\theta}_1^2$$

$$P_1 = m_1 g l_1 \sin\theta_1$$

对于连杆 2,其动能 K_2 和位能 P_2 为

$$K_2 = \frac{1}{2}m_2 v_2^2, \qquad P_2 = m_2 g y_2$$

由于

$$x_2 = l_1\cos\theta_1 + l_2\cos(\theta_1+\theta_2)$$

$$y_2 = l_1\sin\theta_1 + l_2\sin(\theta_1+\theta_2)$$

$$\dot{x}_2 = -l_1\sin\theta_1\dot{\theta}_1 - l_2\sin(\theta_1+\theta_2)(\dot{\theta}_1+\dot{\theta}_2)$$

$$\dot{y}_2 = l_1\cos\theta_1\dot{\theta}_1 + l_2\cos(\theta_1+\theta_2)(\dot{\theta}_1+\dot{\theta}_2)$$

所以

$$v_2^2 = \dot{x}_2^2 + \dot{y}_2^2 = l_1^2\dot{\theta}_1^2 + l_2^2(\dot{\theta}_1^2 + 2\dot{\theta}_1\dot{\theta}_1 + \dot{\theta}_2^2) + 2l_1 l_2\cos\theta_2(\dot{\theta}_1^2 + \dot{\theta}_1\dot{\theta}_2)$$

则

$$K_2 = \frac{1}{2}m_2 l_1^2\dot{\theta}_1^2 + \frac{1}{2}m_2 l_2^2(\dot{\theta}_1^2 + 2\dot{\theta}_1\dot{\theta}_1 + \dot{\theta}_2^2) + m_2 l_1 l_2\cos\theta_2(\dot{\theta}_1^2 + \dot{\theta}_1\dot{\theta}_2)$$

$$P_2 = m_2 g l_1\sin\theta_1 + m_2 g l_2\sin(\theta_1+\theta_2)$$

二连杆机械手系统的总动能 K 和位能 P 分别为

$$K = K_1 + K_2 =$$

$$\frac{1}{2}(m_1+m_2)l_1^2\dot{\theta}_1^2 + \frac{1}{2}m_2 l_2^2(\dot{\theta}_1^2 + 2\dot{\theta}_1\dot{\theta}_1 + \dot{\theta}_2^2)^2 + m_2 l_1 l_2\cos\theta_2(\dot{\theta}_1^2 + \dot{\theta}_1\dot{\theta}_2)$$

$$P = P_1 + P_2 = (m_1+m_2)g l_1\sin\theta_1 + m_2 g l_2\sin(\theta_1+\theta_2)$$

其拉格朗日函数为

$$L=K-P=\frac{1}{2}(m_1+m_2)l_1^2\dot{\theta}_1^2+\frac{1}{2}m_2l_2^2(\dot{\theta}_1^2+2\dot{\theta}_1\dot{\theta}_2+\dot{\theta}_2^2)+$$

$$m_2l_1l_2\cos\dot{\theta}_2(\dot{\theta}_1^2+\dot{\theta}_1\dot{\theta}_2)-(m_1+m_2)gl_1\sin\theta_1-m_2gl_2\sin(\theta_1+\theta_2)$$

对 L 求偏导数和导数

$$\frac{\partial L}{\partial\theta_1}=-(m_1+m_2)gl_1\cos\theta_1-m_2gl_2\cos(\theta_1+\theta_2)$$

$$\frac{\partial L}{\partial\theta_2}=-m_2l_1l_2\sin\theta_2(\dot{\theta}_1^2+\dot{\theta}_1\dot{\theta}_2)-m_2gl_2\cos(\theta_1+\theta_2)$$

$$\frac{\partial L}{\partial\dot{\theta}_1}=(m_1+m_2)l_1^2\dot{\theta}_1+m_2l_2^2\dot{\theta}_1+m_2l_2^2\dot{\theta}_2+2m_2l_1l_2\cos\theta_2\dot{\theta}_1+m_2l_1l_2\cos\theta_2\dot{\theta}_2$$

$$\frac{\partial L}{\partial\dot{\theta}_2}=m_2l_2^2\dot{\theta}_1+m_2l_2^2\dot{\theta}_2+m_2l_1l_2\cos\theta_2\dot{\theta}_1$$

$$\frac{\mathrm{d}}{\mathrm{d}t}\frac{\partial L}{\partial\dot{\theta}_1}=[(m_1+m_2)l_1^2+m_2l_2^2+2m_2l_1l_2\cos\theta_2]\ddot{\theta}_1+$$

$$(m_2l_2^2+m_2l_1l_2\cos\theta_2)\ddot{\theta}_2-2m_2l_1l_2\sin\theta_2\dot{\theta}_1\dot{\theta}_2-m_2l_1l_2\sin\theta_2\dot{\theta}_2^2$$

$$\frac{\mathrm{d}}{\mathrm{d}t}\frac{\partial L}{\partial\dot{\theta}_2}=m_2l_2^2\ddot{\theta}_1+m_2l_2^2\ddot{\theta}_2+m_2l_1l_2\cos\theta_2\ddot{\theta}_1-m_2l_1l_2\sin\theta_2\dot{\theta}_1\dot{\theta}_2$$

将相应导数代入式(4.50) 可得力矩 τ_1 和 τ_2 的动力学方程

$$\tau_1=\frac{\mathrm{d}}{\mathrm{d}t}\frac{\partial L}{\partial\dot{\theta}_1}-\frac{\partial L}{\partial\theta_1}=[(m_1+m_2)l_1^2+m_2l_2^2+2m_2l_1l_2\cos\theta_2]\ddot{\theta}_1+$$

$$(m_2l_2^2+m_2l_1l_2\cos\theta_2)\ddot{\theta}_2-2m_2l_1l_2\sin\theta_2\dot{\theta}_1\dot{\theta}_2-m_2l_1l_2\sin\theta_2\dot{\theta}_2^2+$$

$$(m_1+m_2)gl_1\cos\theta_1+m_2gl_2\cos(\theta_1+\theta_2)\tag{4.51}$$

$$\tau_2=\frac{\mathrm{d}}{\mathrm{d}t}\frac{\partial L}{\partial\dot{\theta}_2}-\frac{\partial L}{\partial\theta_2}=(m_2l_2^2+m_2l_1l_2\cos\theta_2)\ddot{\theta}_1+m_2l_2^2\ddot{\theta}_2+$$

$$m_2l_1l_2\sin\theta_2\dot{\theta}_1^2+m_2gl_2\cos(\theta_1+\theta_2)\tag{4.52}$$

计算结果与例 4.1(牛顿-欧拉法) 的计算结果完全一致。因此,不论用牛顿-欧拉方法还是用拉格朗日方法得到的动力学方程应该是相同的,差异仅在于建立封闭形式动力学方程的计算复杂性不同。

将式(4.51) 和式(4.52) 写成动力学一般形式和矩阵形式,得

$$\tau_1=D_{11}\ddot{\theta}_1+D_{12}\ddot{\theta}_2+D_{111}\dot{\theta}_1^2+D_{122}\dot{\theta}_2^2+D_{112}\dot{\theta}_1\dot{\theta}_2+D_{121}\dot{\theta}_2\dot{\theta}_1+D_1$$

$$\tau_2 = D_{21}\ddot{\theta}_1 + D_{22}\ddot{\theta}_2 + D_{211}\dot{\theta}_1^2 + D_{222}\dot{\theta}_2^2 + D_{212}\dot{\theta}_1\dot{\theta}_2 + D_{221}\dot{\theta}_2\dot{\theta}_1 + D_2$$

$$\begin{bmatrix}\tau_1\\ \tau_2\end{bmatrix} = \begin{bmatrix}D_{11} & D_{12}\\ D_{21} & D_{22}\end{bmatrix}\begin{bmatrix}\ddot{\theta}_1\\ \ddot{\theta}_2\end{bmatrix} + \begin{bmatrix}D_{111} & D_{122}\\ D_{211} & D_{222}\end{bmatrix}\begin{bmatrix}\dot{\theta}_1^2\\ \dot{\theta}_2^2\end{bmatrix} + \begin{bmatrix}D_{112} & D_{121}\\ D_{212} & D_{221}\end{bmatrix}\begin{bmatrix}\dot{\theta}_1\dot{\theta}_2\\ \dot{\theta}_2\dot{\theta}_1\end{bmatrix} + \begin{bmatrix}D_1\\ D_2\end{bmatrix}$$

上式中各系数如下：

有效惯量

$$D_{11} = (m_1 + m_2)l_1^2 + m_2 l_2^2 + 2m_2 l_1 l_2 \cos\theta_2$$

$$D_{22} = m_2 l_2^2$$

耦合惯量

$$D_{12} = D_{21} = m_2 l_2^2 + m_2 l_1 l_2 \cos\theta_2 = m_2(l_2^2 + l_1 l_2 \cos\theta_2)$$

向心力系数

$$D_{111} = 0$$

$$D_{122} = -m_2 l_1 l_2 \sin\theta_2$$

$$D_{211} = m_2 l_1 l_2 \sin\theta_2$$

$$D_{222} = 0$$

哥氏力系数

$$D_{112} = D_{121} = -m_2 l_1 l_2 \sin\theta_2$$

$$D_{212} = D_{221} = 0$$

重力项

$$D_1 = (m_1 + m_2)gl_1\cos\theta_1 + m_2 gl_2\cos(\theta_1 + \theta_2)$$

$$D_2 = m_2 gl_2\cos(\theta_1 + \theta_2)$$

4.2.2 系统的动力学方程

实际机器人一般具有复杂的连杆结构，需要用齐次变换才能对其位姿和运动状态进行描述，建立 n 个连杆机器人的拉格朗日方程宜采用齐次矩阵形式。其拉格朗日动力学方程的推导过程需要按以下五个步骤进行：

(1) 计算任一连杆上任一点的速度；

(2) 计算各连杆的动能和机器人的总动能；

(3) 计算各连杆的位能和机器人的总位能；

(4) 建立机器人的拉格朗日函数；

(5) 对拉格朗日函数求导，得到动力学方程。

下面以四连杆机器人为例，建立机器人的拉格朗日动力学方程，然后将结果推广到任意连杆机器人。

1. 计算连杆上任一点的速度

如图 4.6 所示，计算连杆 3 上的任一点 P 的速度。P 点在基坐标中的位置可表示为

$$^0\boldsymbol{r}_P = \boldsymbol{T}_3{}^3\boldsymbol{r}_P$$

式中　$^0\boldsymbol{r}_P$ ——P 点在基坐标系中的位置矢量；

$^3\boldsymbol{r}_P$ ——P 点在局部(关节 O_3) 坐标系中的位置矢量；

$\boldsymbol{T}_3$ —— 局部(关节 O_3) 坐标系到基坐标系的齐次变换矩阵，包括旋转变换和平移变换。

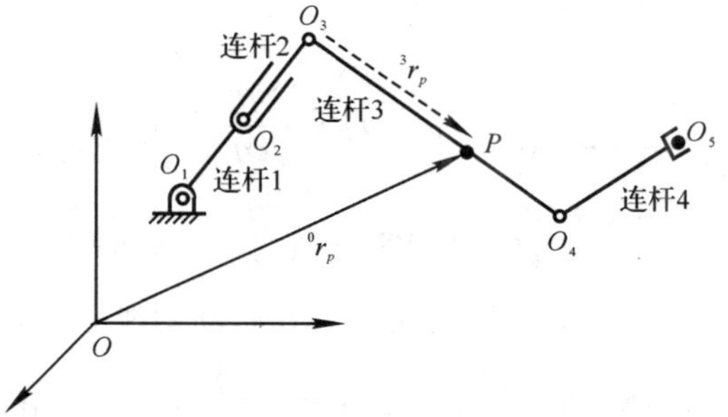

图 4.6　四连杆机器人

推广到一般情况，对于连杆 i 上任一点 P，其在基坐标系中的位置矢量为

$$\boldsymbol{r} = \boldsymbol{T}_i{}^i\boldsymbol{r}_P \tag{4.53}$$

连杆 3 上 P 点的速度为

$$^0\boldsymbol{v}_P = \frac{\mathrm{d}}{\mathrm{d}t}(^0\boldsymbol{r}_P) = \frac{\mathrm{d}}{\mathrm{d}t}(\boldsymbol{T}_3{}^3\boldsymbol{r}_P) = \dot{\boldsymbol{T}}_3{}^3\boldsymbol{r}_P$$

由于 $\boldsymbol{T}_3$ 是 q_1，q_2 和 q_3 的矩阵函数，而 q_1，q_2 和 q_3 又是时间 t 的函数，所以上式可写为

$$^0\boldsymbol{v}_P = \left(\sum_{j=1}^{3}\frac{\partial \boldsymbol{T}_3}{\partial q_j}\dot{q}_j\right){}^3\boldsymbol{r}_P$$

推广到一般情况，连杆 i 上任一点 P 的速度为

$$\boldsymbol{v} = \frac{\mathrm{d}r}{\mathrm{d}t} = \left(\sum_{j=1}^{i}\frac{\partial \boldsymbol{T}_i}{\partial q_j}\dot{q}_j\right){}^i\boldsymbol{r}_P \tag{4.54}$$

连杆 3 上 P 点速度的平方就是速度矢量之模的平方值，即速度矢量之数量积，则

$$(^0\boldsymbol{v}_P)^2 = (^0\boldsymbol{v}_P)(^0\boldsymbol{v}_P) = \mathrm{Trace}[(^0\boldsymbol{v}_P)(^0\boldsymbol{v}_P)^{\mathrm{T}}] =$$

$$\mathrm{Trace}\left[\sum_{j=1}^{3}\frac{\partial \boldsymbol{T}_3}{\partial q_j}\dot{q}_j(^3\boldsymbol{r}_P)(^3\boldsymbol{r}_P)^{\mathrm{T}}\sum_{k=1}^{3}\left(\frac{\partial \boldsymbol{T}_3}{\partial q_k}\dot{q}_k\right)^{\mathrm{T}}\right]=$$

$$\mathrm{Trace}\left[\sum_{j=1}^{3}\sum_{k=1}^{3}\frac{\partial \boldsymbol{T}_3}{\partial q_j}(^3\boldsymbol{r}_P)(^3\boldsymbol{r}_P)^{\mathrm{T}}\left(\frac{\partial \boldsymbol{T}_3}{\partial q_k}\right)^{\mathrm{T}}\dot{q}_j\dot{q}_k\right]$$

上式中符号 Trace 表示矩阵的迹。对于 n 阶矩阵，其迹为它的主对角线上各元素之和。推广到一般情况，连杆 i 上任一点 P 的速度平方为

$$v^2=\left(\frac{\mathrm{d}\boldsymbol{r}}{\mathrm{d}t}\right)^2=\mathrm{Trace}\left[\sum_{j=1}^{i}\frac{\partial \boldsymbol{T}_i}{\partial q_j}\dot{q}_j({}^i\boldsymbol{r}_P)({}^i\boldsymbol{r}_P)^{\mathrm{T}}\sum_{k=1}^{i}\left(\frac{\partial \boldsymbol{T}_i}{\partial q_k}\dot{q}_k\right)^{\mathrm{T}}\right]=$$

$$\mathrm{Trace}\left[\sum_{j=1}^{i}\sum_{k=1}^{i}\frac{\partial \boldsymbol{T}_i}{\partial q_j}({}^i\boldsymbol{r}_P)({}^i\boldsymbol{r}_P)^{\mathrm{T}}\left(\frac{\partial \boldsymbol{T}_i}{\partial q_k}\right)^{\mathrm{T}}\dot{q}_j\dot{q}_k\right] \tag{4.55}$$

2. 计算动能和位能

设连杆 3 上任一点 P 的质量为 $\mathrm{d}m$，点 P 的动能 $\mathrm{d}K_3$ 为

$$\mathrm{d}K_3=\frac{1}{2}({}^0\boldsymbol{v}_P)^2\mathrm{d}m=$$

$$\frac{1}{2}\mathrm{Trace}\left[\sum_{j=1}^{3}\sum_{k=1}^{3}\frac{\partial \boldsymbol{T}_3}{\partial q_j}({}^3\boldsymbol{r}_P)({}^3\boldsymbol{r}_P)^{\mathrm{T}}\left(\frac{\partial \boldsymbol{T}_3}{\partial q_k}\right)^{\mathrm{T}}\dot{q}_j\dot{q}_k\right]\mathrm{d}m=$$

$$\frac{1}{2}\mathrm{Trace}\left[\sum_{j=1}^{3}\sum_{k=1}^{3}\frac{\partial \boldsymbol{T}_3}{\partial q_j}({}^3\boldsymbol{r}_P\mathrm{d}m{}^3\boldsymbol{r}_P^{\mathrm{T}})\left(\frac{\partial \boldsymbol{T}_3}{\partial q_k}\right)^{\mathrm{T}}\dot{q}_j\dot{q}_k\right]$$

同理，任一连杆 i 上位置矢量为${}^i\boldsymbol{r}_P$ 的点 P 的质量为 $\mathrm{d}m$，其动能为

$$\mathrm{d}K_i=\frac{1}{2}\mathrm{Trace}\left[\sum_{j=1}^{i}\sum_{k=1}^{i}\frac{\partial \boldsymbol{T}_i}{\partial q_j}({}^i\boldsymbol{r}_P)({}^i\boldsymbol{r}_P)^{\mathrm{T}}\left(\frac{\partial \boldsymbol{T}_i}{\partial q_k}\right)^{\mathrm{T}}\dot{q}_j\dot{q}_k\right]\mathrm{d}m=$$

$$\frac{1}{2}\mathrm{Trace}\left[\sum_{j=1}^{i}\sum_{k=1}^{i}\frac{\partial \boldsymbol{T}_i}{\partial q_j}({}^i\boldsymbol{r}_P\mathrm{d}m{}^i\boldsymbol{r}_P^{\mathrm{T}})\left(\frac{\partial \boldsymbol{T}_i}{\partial q_k}\right)^{\mathrm{T}}\dot{q}_j\dot{q}_k\right]$$

对连杆 3 积分 $\mathrm{d}K_3$，得连杆 3 的动能 K_3 为

$$K_3=\int_{\text{连杆3}}\mathrm{d}K_3=\frac{1}{2}\mathrm{Trace}\left[\sum_{j=1}^{3}\sum_{k=1}^{3}\frac{\partial \boldsymbol{T}_3}{\partial q_j}\left(\int_{\text{连杆3}}{}^3\boldsymbol{r}_P\,{}^3\boldsymbol{r}_P^{\mathrm{T}}\mathrm{d}m\right)\left(\frac{\partial \boldsymbol{T}_3}{\partial q_k}\right)^{\mathrm{T}}\dot{q}_j\dot{q}_k\right]$$

在上式中，积分 $\int_{\text{连杆3}}{}^3\boldsymbol{r}_P\,{}^3\boldsymbol{r}_P^{\mathrm{T}}\mathrm{d}m$ 称为连杆 3 的伪惯量矩阵，如将其记为 $\boldsymbol{I}_3=\int_{\text{连杆3}}{}^3\boldsymbol{r}_P\,{}^3\boldsymbol{r}_P^{\mathrm{T}}\mathrm{d}m$，则连杆 3 的动能可表示为

$$K_3=\frac{1}{2}\mathrm{Trace}\left[\sum_{j=1}^{3}\sum_{k=1}^{3}\frac{\partial \boldsymbol{T}_3}{\partial q_j}\boldsymbol{I}_3\left(\frac{\partial \boldsymbol{T}_3}{\partial q_k}\right)^{\mathrm{T}}\dot{q}_j\dot{q}_k\right]$$

推广到一般情况，连杆 i 的动能为

$$K_i=\int_{\text{连杆}i}\mathrm{d}K_i=\frac{1}{2}\mathrm{Trace}\left[\sum_{j=1}^{i}\sum_{k=1}^{i}\frac{\partial \boldsymbol{T}_i}{\partial q_j}\boldsymbol{I}_i\left(\frac{\partial \boldsymbol{T}_i}{\partial q_k}\right)^{\mathrm{T}}\dot{q}_j\dot{q}_k\right] \tag{4.56}$$

式中 $\boldsymbol{I}_i$—— 伪惯量矩阵，其一般表达式为

$$\boldsymbol{I}_i=\int_{\text{连杆}i}{}^i\boldsymbol{r}_P\,{}^i\boldsymbol{r}_P^{\mathrm{T}}\mathrm{d}m=\begin{bmatrix}\int {}^ix^2\mathrm{d}m & \int {}^ix\,{}^iy\mathrm{d}m & \int {}^ix\,{}^iz\mathrm{d}m & \int {}^ix\mathrm{d}m\\ \int {}^ix\,{}^iy\mathrm{d}m & \int {}^iy^2\mathrm{d}m & \int {}^iy\,{}^iz\mathrm{d}m & \int {}^iy\mathrm{d}m\\ \int {}^ix\,{}^iz\mathrm{d}m & \int {}^iy\,{}^iz\mathrm{d}m & \int {}^iz^2\mathrm{d}m & \int {}^iz\mathrm{d}m\\ \int {}^ix\mathrm{d}m & \int {}^iy\mathrm{d}m & \int {}^iz\mathrm{d}m & \int \mathrm{d}m\end{bmatrix}$$

物体的转动惯量、矢量积以及一阶质量矩为

$$I_{xx}=\int(y^2+z^2)\mathrm{d}m,\quad I_{yy}=\int(x^2+z^2)\mathrm{d}m,\quad I_{zz}=\int(y^2+x^2)\mathrm{d}m$$

$$I_{xy}=I_{yx}=\int xy\,\mathrm{d}m,\quad I_{xz}=I_{zx}=\int xz\,\mathrm{d}m,\quad I_{yz}=I_{zy}=\int yz\,\mathrm{d}m$$

$$m\bar{x}=\int x\mathrm{d}m,\quad m\bar{y}=\int y\mathrm{d}m,\quad m\bar{z}=\int z\mathrm{d}m$$

如果令

$$\int x^2\mathrm{d}m=-\frac{1}{2}\int(y^2+z^2)\mathrm{d}m+\frac{1}{2}\int(x^2+z^2)\mathrm{d}m+\frac{1}{2}\int(x^2+y^2)\mathrm{d}m=\frac{-I_{xx}+I_{yy}+I_{zz}}{2}$$

$$\int y^2\mathrm{d}m=\frac{1}{2}\int(y^2+z^2)\mathrm{d}m-\frac{1}{2}\int(x^2+z^2)\mathrm{d}m+\frac{1}{2}\int(x^2+y^2)\mathrm{d}m=\frac{I_{xx}-I_{yy}+I_{zz}}{2}$$

$$\int z^2\mathrm{d}m=\frac{1}{2}\int(y^2+z^2)\mathrm{d}m+\frac{1}{2}\int(x^2+z^2)\mathrm{d}m-\frac{1}{2}\int(x^2+y^2)\mathrm{d}m=\frac{I_{xx}+I_{yy}-I_{zz}}{2}$$

于是可以把 $\boldsymbol{I}_i$ 表示为

$$\boldsymbol{I}_i=\begin{bmatrix}\dfrac{-I_{ixx}+I_{iyy}+I_{izz}}{2} & I_{ixy} & I_{ixz} & m_i\bar{x}_i\\ I_{ixy} & \dfrac{I_{ixx}-I_{iyy}+I_{izz}}{2} & I_{iyz} & m_i\bar{y}_i\\ I_{ixz} & I_{iyz} & \dfrac{I_{ixx}+I_{iyy}-I_{izz}}{2} & m_i\bar{z}_i\\ m_i\bar{x}_i & m_i\bar{y}_i & m_i\bar{z}_i & m_i\end{bmatrix} \tag{4.57}$$

对于具有 n 个连杆的机器人，其总动能

$$K=\sum_{i=1}^{n}K_i=\frac{1}{2}\sum_{i=1}^{n}\mathrm{Trace}\left[\sum_{j=1}^{i}\sum_{k=1}^{i}\frac{\partial\boldsymbol{T}_i}{\partial q_j}\boldsymbol{I}_i\left(\frac{\partial\boldsymbol{T}_i}{\partial q_k}\right)^{\mathrm{T}}\dot{q}_j\dot{q}_k\right] \tag{4.58}$$

考虑连杆 i 的传动装置，其动能

$$K_{\mathrm{a}i}=\frac{1}{2}I_{\mathrm{a}i}\dot{q}_i^2$$

式中 $I_{\mathrm{a}i}$ —— 连杆 i 传动装置的等效转动惯量；

$\dot{q}_i$ —— 关节 i 的角速度。

所有关节传动装置的总动能

$$K_{\mathrm{a}}=\frac{1}{2}\sum_{i=1}^{n}I_{\mathrm{a}i}\dot{q}_i^2$$

于是具有 n 个连杆的机器人系统(包括传动装置) 的总动能

$$K_{\mathrm{t}}=K+K_{\mathrm{a}}=\frac{1}{2}\sum_{i=1}^{n}\sum_{j=1}^{i}\sum_{k=1}^{i}\mathrm{Trace}\left(\frac{\partial\boldsymbol{T}_i}{\partial q_j}\boldsymbol{I}_i-\frac{\partial\boldsymbol{T}_i^{\mathrm{T}}}{\partial q_k}\right)\dot{q}_j\dot{q}_k+\frac{1}{2}\sum_{i=1}^{n}I_{\mathrm{a}i}\dot{q}_i^2 \tag{4.59}$$

下面来计算机器人的位能，一个在高度 h 处质量为 m 的物体，其位能

$$P = mgh$$

对于连杆 i 上位置 ${}^i\boldsymbol{r}$ 处的质点 $\mathrm{d}m$，其位能

$$\mathrm{d}P_i = -\mathrm{d}m\boldsymbol{g}^{\mathrm{T}}\,{}^0\boldsymbol{r} = -\boldsymbol{g}^{\mathrm{T}}T_i\,{}^i\boldsymbol{r}\mathrm{d}m$$

式中　$\boldsymbol{g}^{\mathrm{T}}$ —— 重力加速度矢量，$\boldsymbol{g}^{\mathrm{T}} = [g_x \quad g_y \quad g_z \quad 0]$。

连杆 i 的位能

$$P_i = \int_{连杆i}\mathrm{d}P_i = -\int_{连杆i}\boldsymbol{g}^{\mathrm{T}}\boldsymbol{T}_i\,{}^i\boldsymbol{r}\mathrm{d}m = -\boldsymbol{g}^{\mathrm{T}}\boldsymbol{T}_i\int_{连杆i}{}^i\boldsymbol{r}\mathrm{d}m =$$
$$-\boldsymbol{g}^{\mathrm{T}}\boldsymbol{T}_i m_i\,{}^i\boldsymbol{r}_i = -m_i\boldsymbol{g}^{\mathrm{T}}\boldsymbol{T}_i\,{}^i\boldsymbol{r}_i$$

式中　m_i —— 连杆 i 的质量；

${}^i\boldsymbol{r}_i$ —— 连杆相对于其前端关节坐标系的重心位置矢量。

相对于连杆的重力，传动装置的重力很小，可以忽略不计，所以，机器人系统的总位能

$$P = \sum_{i=1}^{n}P_i = -\sum_{i=1}^{n}m_i\boldsymbol{g}^{\mathrm{T}}\boldsymbol{T}_i\,{}^i\boldsymbol{r}_i \tag{4.60}$$

3. 推导动力学方程

先求机器人的拉格朗日函数：

$$L = K_{\mathrm{t}} - P = \frac{1}{2}\sum_{i=1}^{n}\sum_{j=1}^{i}\sum_{k=1}^{i}\mathrm{Trace}\left(\frac{\partial\boldsymbol{T}_i}{\partial q_j}\boldsymbol{I}_i\frac{\partial\boldsymbol{T}_i^{\mathrm{T}}}{\partial q_k}\right)\dot{q}_j\dot{q}_k + \frac{1}{2}\sum_{i=1}^{n}I_{\mathrm{a}i}\dot{q}_i^2 + \sum_{i=1}^{n}m_i\boldsymbol{g}^{\mathrm{T}}\boldsymbol{T}_i\,{}^i\boldsymbol{r}_i$$

式中　$n = 1, 2, \cdots$。

再求拉格朗日方程的各导数项：

$$\frac{\partial L}{\partial\dot{q}_p} = \frac{1}{2}\sum_{i=1}^{n}\sum_{k=1}^{i}\mathrm{Trace}\left(\frac{\partial\boldsymbol{T}_i}{\partial q_p}\boldsymbol{I}_i\frac{\partial\boldsymbol{T}_i^{\mathrm{T}}}{\partial q_k}\right)\dot{q}_k + \frac{1}{2}\sum_{i=1}^{n}\sum_{j=1}^{i}\mathrm{Trace}\left(\frac{\partial\boldsymbol{T}_i}{\partial q_j}\boldsymbol{I}_i\frac{\partial\boldsymbol{T}_i^{\mathrm{T}}}{\partial q_p}\right)\dot{q}_j + I_{\mathrm{a}p}\dot{q}_p$$

式中　$p = 1, 2, \cdots, n$。

由式(4.57)可知，$\boldsymbol{I}_i$ 是对称矩阵，即 $\boldsymbol{I}_i^{\mathrm{T}} = \boldsymbol{I}_i$，所以下式成立：

$$\mathrm{Trace}\left(\frac{\partial\boldsymbol{T}_i}{\partial q_p}\boldsymbol{I}_i\frac{\partial\boldsymbol{T}_i^{\mathrm{T}}}{\partial q_k}\right) = \mathrm{Trace}\left(\frac{\partial\boldsymbol{T}_i}{\partial q_k}\boldsymbol{I}_i^{\mathrm{T}}\frac{\partial\boldsymbol{T}_i^{\mathrm{T}}}{\partial q_p}\right)^{\mathrm{T}} = \mathrm{Trace}\left(\frac{\partial\boldsymbol{T}_i}{\partial q_k}\boldsymbol{I}_i\frac{\partial\boldsymbol{T}_i^{\mathrm{T}}}{\partial q_p}\right)$$

再将下标 j 改写为 k，则

$$\frac{\partial L}{\partial\dot{q}_p} = \sum_{i=1}^{n}\sum_{k=1}^{i}\mathrm{Trace}\left(\frac{\partial\boldsymbol{T}_i}{\partial q_k}\boldsymbol{I}_i\frac{\partial\boldsymbol{T}_i^{\mathrm{T}}}{\partial q_p}\right)\dot{q}_k + I_{\mathrm{a}p}\dot{q}_p$$

当 $p > i$ 时，$\boldsymbol{T}_i$ 中不含 q_p，后面连杆变量 q_p 对前面各连杆不产生影响，这样下标 i 小于 p 的项对 q_p 求导都等于零，即 $\dfrac{\partial\boldsymbol{T}_i}{\partial q_p} = 0$，可得

$$\frac{\partial L}{\partial\dot{q}_p} = \sum_{i=p}^{n}\sum_{k=1}^{i}\mathrm{Trace}\left(\frac{\partial\boldsymbol{T}_i}{\partial q_k}\boldsymbol{I}_i\frac{\partial\boldsymbol{T}_i^{\mathrm{T}}}{\partial q_p}\right)\dot{q}_k + I_{\mathrm{a}p}\dot{q}_p$$

因为

$$\frac{\mathrm{d}}{\mathrm{d}t}\left[\frac{\partial \boldsymbol{T}_i}{\partial \dot{q}_j}\right]=\sum_{k=1}^{i}\frac{\partial}{\partial q_k}\left(\frac{\partial \boldsymbol{T}_i}{\partial q_j}\right)\dot{q}_k$$

所以(按二函数之积的形式求导,并利用转置后和将下标 k 和 j 互易后迹数不变的事实)有

$$\begin{aligned}\frac{\mathrm{d}}{\mathrm{d}t}\frac{\partial L}{\partial \dot{q}_p}=&\sum_{i=p}^{n}\sum_{k=1}^{i}\mathrm{Trace}\left(\frac{\partial \boldsymbol{T}_i}{\partial q_k}\boldsymbol{I}_i\frac{\partial \boldsymbol{T}_i^{\mathrm{T}}}{\partial q_p}\right)\ddot{q}_k+I_{ap}\ddot{q}_p+\\&\sum_{i=p}^{n}\sum_{j=1}^{i}\sum_{k=1}^{i}\mathrm{Trace}\left(\frac{\partial^2 \boldsymbol{T}_i}{\partial q_j\partial q_k}\boldsymbol{I}_i\frac{\partial \boldsymbol{T}_i^{\mathrm{T}}}{\partial q_p}\right)\dot{q}_j\dot{q}_k+\\&\sum_{i=p}^{n}\sum_{j=1}^{i}\sum_{k=1}^{i}\mathrm{Trace}\left(\frac{\partial^2 \boldsymbol{T}_i}{\partial q_p\partial q_k}\boldsymbol{I}_i\frac{\partial \boldsymbol{T}_i^{\mathrm{T}}}{\partial q_j}\right)\dot{q}_j\dot{q}_k=\\&\sum_{i=p}^{n}\sum_{k=1}^{i}\mathrm{Trace}\left(\frac{\partial \boldsymbol{T}_i}{\partial q_k}\boldsymbol{I}_i\frac{\partial \boldsymbol{T}_i^{\mathrm{T}}}{\partial q_p}\right)\ddot{q}_k+I_{ap}\ddot{q}_p+\\&2\sum_{i=p}^{n}\sum_{j=1}^{i}\sum_{k=1}^{i}\mathrm{Trace}\left(\frac{\partial^2 \boldsymbol{T}_i}{\partial q_j\partial q_k}\boldsymbol{I}_i\frac{\partial \boldsymbol{T}_i^{\mathrm{T}}}{\partial q_p}\right)\dot{q}_j\dot{q}_k\end{aligned}$$

再求拉格朗日方程中的$\frac{\partial L}{\partial q_p}$项:

$$\begin{aligned}\frac{\partial L}{\partial q_p}=&\frac{1}{2}\sum_{i=p}^{n}\sum_{j=1}^{i}\sum_{k=1}^{i}\mathrm{Trace}\left(\frac{\partial^2 \boldsymbol{T}_i}{\partial q_j\partial q_p}\boldsymbol{I}_i\frac{\partial \boldsymbol{T}_i^{\mathrm{T}}}{\partial q_k}\right)\dot{q}_j\dot{q}_k+\\&\frac{1}{2}\sum_{i=p}^{n}\sum_{j=1}^{i}\sum_{k=1}^{i}\mathrm{Trace}\left(\frac{\partial^2 \boldsymbol{T}_i}{\partial q_k\partial q_p}\boldsymbol{I}_i\frac{\partial \boldsymbol{T}_i^{\mathrm{T}}}{\partial q_j}\right)\dot{q}_j\dot{q}_k+\sum_{i=p}^{n}m_i\boldsymbol{g}^{\mathrm{T}}\frac{\partial \boldsymbol{T}_i}{\partial q_p}{}^{i}\boldsymbol{r}_i=\\&\sum_{i=p}^{n}\sum_{j=1}^{i}\sum_{k=1}^{i}\mathrm{Trace}\left(\frac{\partial^2 \boldsymbol{T}_i}{\partial q_p\partial q_j}\boldsymbol{I}_i\frac{\partial \boldsymbol{T}_i^{\mathrm{T}}}{\partial q_k}\right)\dot{q}_j\dot{q}_k+\sum_{i=p}^{n}m_i\boldsymbol{g}^{\mathrm{T}}\frac{\partial \boldsymbol{T}_i}{\partial q_p}{}^{i}\boldsymbol{r}_i\end{aligned}$$

将上面两个式子代入式(4.50)右边,得

$$\begin{aligned}\frac{\mathrm{d}}{\mathrm{d}t}\frac{\partial L}{\partial \dot{q}_p}-\frac{\partial L}{\partial p_q}=&\sum_{i=p}^{n}\sum_{k=1}^{i}\mathrm{Trace}\left(\frac{\partial \boldsymbol{T}_i}{\partial q_k}\boldsymbol{I}_i\frac{\partial \boldsymbol{T}_i^{\mathrm{T}}}{\partial q_p}\right)\ddot{q}_k+I_{ap}\ddot{q}_p+\\&\sum_{i=p}^{n}\sum_{j=1}^{i}\sum_{k=1}^{i}\mathrm{Trace}\left(\frac{\partial^2 \boldsymbol{T}_i}{\partial q_j\partial q_k}\boldsymbol{I}_i\frac{\partial \boldsymbol{T}_i^{\mathrm{T}}}{\partial q_p}\right)\dot{q}_j\dot{q}_k-\sum_{i=p}^{n}m_i\boldsymbol{g}^{\mathrm{T}}\frac{\partial \boldsymbol{T}_i}{\partial q_p}{}^{i}\boldsymbol{r}_i\end{aligned}$$

交换上列各和式中的下标,即以 i 代替 p,以 j 代替 i,以 m 代替 j,可得具有 n 个连杆的机器人系统动力学方程为

$$\begin{aligned}\boldsymbol{T}_i=&\sum_{j=i}^{n}\sum_{k=1}^{j}\mathrm{Trace}\left(\frac{\partial \boldsymbol{T}_j}{\partial q_k}\boldsymbol{I}_j\frac{\partial \boldsymbol{T}_j^{\mathrm{T}}}{\partial q_i}\right)\ddot{q}_k+I_{ai}\ddot{q}_i+\\&\sum_{j=i}^{n}\sum_{k=1}^{j}\sum_{m=1}^{j}\mathrm{Trace}\left(\frac{\partial^2 \boldsymbol{T}_j}{\partial q_k\partial q_m}\boldsymbol{I}_j\frac{\partial \boldsymbol{T}_j^{\mathrm{T}}}{\partial q_i}\right)\dot{q}_k\dot{q}_m-\sum_{j=i}^{n}m_j\boldsymbol{g}^{\mathrm{T}}\frac{\partial \boldsymbol{T}_j}{\partial q_i}{}^{j}\boldsymbol{r}_j\end{aligned}\tag{4.61}$$

这些方程式与求和次序无关,可把方程写成下列形式:

$$\boldsymbol{T}_i=\sum_{j=1}^{n}D_{ij}\ddot{q}_j+I_{ai}\ddot{q}_i+\sum_{j=1}^{n}\sum_{k=1}^{n}D_{ijk}\dot{q}_j\dot{q}_k+D_i\tag{4.62}$$

式中

$$D_{ij}=\sum_{p=\max(i,\ j)}^{n}\mathrm{Trace}\left(\frac{\partial \boldsymbol{T}_p}{\partial q_j}\boldsymbol{I}_p\frac{\partial \boldsymbol{T}_p^{\mathrm{T}}}{\partial q_i}\right) \tag{4.63}$$

$$D_{ijk}=\sum_{p=\max(i,\ j,\ k)}^{n}\mathrm{Trace}\left(\frac{\partial^2 \boldsymbol{T}_p}{\partial q_j\partial q_k}\boldsymbol{I}_p\frac{\partial \boldsymbol{T}_p^{\mathrm{T}}}{\partial q_i}\right) \tag{4.64}$$

$$D_i=\sum_{p=i}^{n}-m_p\boldsymbol{g}^{\mathrm{T}}\frac{\partial \boldsymbol{T}_p}{\partial q_i}{}^p\boldsymbol{r}_p \tag{4.65}$$

上面各项与例4.2得到的动力学方程形式完全一致。其中,形式为 D_{ii} 的项表示关节 i 的有效惯量;形式为 D_{ij} 的项表示关节 i 和 j 之间的相互耦合惯量;形式为 D_{ijj} 的项表示由于关节 j 的速度所造成的作用在关节 i 上的向心力;形式为 D_{ijk} 的项表示由于关节 j 和关节 k 的速度所造成的作用在关节 i 上的哥氏力;形式为 D_i 的项表示作用在关节 i 上的重力负载。

惯量项和重力项在机器人控制中特别重要,因为它们直接影响机器人系统的稳定性和定位精度。向心力和哥氏力只有当机器人高速运动时才有意义,否则它们造成的误差很小。也就是说,在非高速运动情况下,可以不考虑系数 D_{ijk}。传动装置的惯量 I_{ai} 往往具有相当大的值,而且对减少有效惯量的结构相关性和耦合惯量项的相对重要性有显著影响。

4. 方程的化简

由于动力学方程的复杂性,在实际的控制计算时,必须对机器人动力学方程中的惯量项和重力项进行化简。首先来讨论惯量项 D_{ij} 的化简。

对于具有六连杆机器人,其微分变化 $\mathrm{d}\boldsymbol{T}_6$ 与坐标系 $\boldsymbol{T}_6$ 内的微分变化 ${}^{T_6}\boldsymbol{\Delta}_i$ 和任何关节坐标 q_i 内的微分变化 $\mathrm{d}q_i$ 之间具有下列关系:

$$\mathrm{d}\boldsymbol{T}_6=\boldsymbol{T}_6\,{}^{T_6}\boldsymbol{\Delta}_i\mathrm{d}q_i$$

对于具有 n 关节的机器人,就应有

$$\frac{\partial \boldsymbol{T}_n}{\partial q_i}=\boldsymbol{T}_n\,{}^{T_n}\boldsymbol{\Delta}_i$$

推广至一般形式,任意两个关节坐标 q_p 和 q_i 之间存在如下所示的微分运动关系:

$$\frac{\partial \boldsymbol{T}_p}{\partial q_i}=\boldsymbol{T}_p\,{}^{T_p}\boldsymbol{\Delta}_i \tag{4.66}$$

式中,${}^{T_p}\boldsymbol{\Delta}_i=[A_i\quad A_{i+1}\quad \cdots\quad A_p]^{-1}\,{}^{i-1}\boldsymbol{\Delta}_i[A_i\quad A_{i+1}\quad \cdots\quad A_p]$,而微分坐标变换为

$${}^{i-1}\boldsymbol{T}_p=[A_i\quad A_{i+1}\quad \cdots\quad A_p]$$

对于旋转关节,其微分平移矢量和微分旋转矢量如下:

$$\begin{aligned}{}^p d_{ix}&=-{}^{i-1}n_{px}\,{}^{i-1}p_{py}+{}^{i-1}n_{py}\,{}^{i-1}p_{px}\\ {}^p d_{iy}&=-{}^{i-1}o_{px}\,{}^{i-1}p_{py}+{}^{i-1}o_{py}\,{}^{i-1}p_{px}\\ {}^p d_{iz}&=-{}^{i-1}a_{px}\,{}^{i-1}p_{py}+{}^{i-1}a_{py}\,{}^{i-1}p_{px}\end{aligned} \tag{4.67}$$

$${}^p\boldsymbol{\delta}_i=-{}^{i-1}n_{pz}\boldsymbol{i}+{}^{i-1}o_{pz}\boldsymbol{j}+{}^{i-1}a_{pz}\boldsymbol{k} \tag{4.68}$$

上式中采用了下列缩写：把 ${}^{T_p}\boldsymbol{d}_i$ 写为 ${}^{p}\boldsymbol{d}_i$，把 ${}^{T_{i-1}}\boldsymbol{n}_p$ 写为 ${}^{i-1}\boldsymbol{n}_p$，等等。

对于移动关节

$$
{}^{p}\boldsymbol{d}_i = -{}^{i-1}n_{pz}\boldsymbol{i} + {}^{i-1}o_{pz}\boldsymbol{j} + {}^{i-1}a_{pz}\boldsymbol{k}
$$

$$
{}^{p}\boldsymbol{\delta}_i = 0\boldsymbol{i} + 0\boldsymbol{j} + 0\boldsymbol{k}
$$

将式(4.66)代入式(4.63)可得

$$
D_{ij} = \sum_{p=\max(i,\ j)}^{n} \mathrm{Trace}(\boldsymbol{T}_p\, {}^{p}\boldsymbol{\Delta}_j \boldsymbol{I}_p\, {}^{p}\boldsymbol{\Delta}_i{}^{\mathrm{T}} \boldsymbol{T}_p{}^{\mathrm{T}})
$$

将上式中间三项展开得

$$
D_{ij} = \sum_{p=\max(i,\ j)}^{n} \mathrm{Trace}\left[\boldsymbol{T}_p \begin{bmatrix} 0 & -{}^{p}\delta_{jz} & {}^{p}\delta_{jy} & {}^{p}d_{jx} \\ {}^{p}\delta_{jz} & 0 & -{}^{p}\delta_{jx} & {}^{p}d_{jy} \\ -{}^{p}\delta_{jy} & {}^{p}\delta_{jx} & 0 & {}^{p}d_{jz} \\ 0 & 0 & 0 & 0 \end{bmatrix} \times \right.
$$

$$
\begin{bmatrix} \dfrac{-I_{pxx}+I_{pyy}+I_{pzz}}{2} & I_{pxy} & I_{pxz} & m_p\bar{x}_p \\ I_{pxy} & \dfrac{I_{pxx}-I_{pyy}+I_{pzz}}{2} & I_{pyz} & m_p\bar{y}_p \\ I_{pxz} & I_{pyz} & \dfrac{I_{pxx}+I_{pyy}-I_{pzz}}{2} & m_p\bar{z}_p \\ m_p\bar{x}_p & m_p\bar{y}_p & m_p\bar{z}_p & m_p \end{bmatrix} \times
$$

$$
\left. \begin{bmatrix} 0 & {}^{p}\delta_{iz} & -{}^{p}\delta_{iy} & 0 \\ -{}^{p}\delta_{iz} & 0 & {}^{p}\delta_{ix} & 0 \\ {}^{p}\delta_{iy} & -{}^{p}\delta_{ix} & 0 & 0 \\ {}^{p}d_{ix} & {}^{p}d_{iy} & {}^{p}d_{iz} & 0 \end{bmatrix} \boldsymbol{T}_p{}^{\mathrm{T}} \right]
$$

这中间三项相乘所得矩阵的底行及右列各元素均为零，它们左乘 $\boldsymbol{T}_p$ 和右乘 $\boldsymbol{T}_p^{\mathrm{T}}$ 时只用到 $\boldsymbol{T}_p$ 变换的旋转部分，在这种运算下，矩阵的迹为不变式，因此只需要上述表达式的中间三项的迹，它的简化矢量形式为

$$
D_{ij}' = \sum_{p=\max(i,\ j)}^{n} m_p[{}^{p}\boldsymbol{\delta}_i{}^{\mathrm{T}}\boldsymbol{k}_p\,{}^{p}\boldsymbol{\delta}_j + {}^{p}\boldsymbol{d}_i\,{}^{p}\boldsymbol{d}_j + {}^{p}\bar{\boldsymbol{r}}_p({}^{p}\boldsymbol{d}_i \times {}^{p}\boldsymbol{\delta}_j + {}^{p}\boldsymbol{d}_j \times {}^{p}\boldsymbol{\delta}_i)] \tag{4.69}
$$

式中

$$
\boldsymbol{k}_p = \begin{bmatrix} k_{pxx}^2 & -k_{pxy}^2 & -k_{pxz}^2 \\ -k_{pxy}^2 & k_{pyy}^2 & -k_{pyz}^2 \\ -k_{pxz}^2 & -k_{pyz}^2 & k_{pzz}^2 \end{bmatrix}
$$

${}^{p}\bar{\boldsymbol{r}}_p$ 为质心矢量，以及

$$
m_p k_{pxx}^2 = I_{pxx},\quad m_p k_{pyy}^2 = I_{pyy},\quad m_p k_{pzz}^2 = I_{pzz}
$$

$$m_p k_{pxy}^2 = I_{pxy},\quad m_p k_{pyz}^2 = I_{pyz},\quad m_p k_{pxz}^2 = I_{pxz}$$

如果设定上式中非对角线各惯量项为0,即为一个正态假设,式(4.69)可进一步简化为

$$D_{ij} = \sum_{p=\max(i,j)}^{n} m_p \{[{}^p\delta_{ix} k_{pxx}^2\, {}^p\delta_{jx} + {}^p\delta_{iy} k_{pyy}^2\, {}^p\delta_{jy} + {}^p\delta_{iz} k_{pzz}^2\, {}^p\delta_{jz}] + [{}^p\boldsymbol{d}_i \cdot {}^p\boldsymbol{d}_j] + [{}^p\bar{\boldsymbol{r}}_p \cdot ({}^p\boldsymbol{d}_i \times {}^p\boldsymbol{\delta}_j + {}^p\boldsymbol{d}_j \times {}^p\boldsymbol{\delta}_i)]\} \tag{4.70}$$

由上式可见,D_{ij} 和式的每一元由三组项组成:第一组项${}^p\delta_{ix} k_{pxx}\, {}^p\delta_{jx}\cdots$ 表示质量 m_p 在连杆 p 上的分布作用;第二组项表示连杆 p 质量的分布,记为有效力矩臂${}^p\boldsymbol{d}_i \cdot {}^p\boldsymbol{d}_j$;最后一组项是由于连杆 p 的质心不在连杆 p 的坐标系原点而产生的。当各连杆的质心相距较大时,第二组项将起主要作用,而且可以忽略第一组项和第三组项的影响。

在公式(4.70)中,当 $i=j$ 时,D_{ij} 可进一步简化为 D_{ii}。

$$D_{ii} = \sum_{p=i}^{n} m_p \{[{}^p\delta_{ix}^2 k_{pxx}^2 + {}^p\delta_{iy}^2 k_{pyy}^2 + {}^p\delta_{iz}^2 k_{pzz}^2] + [{}^p\boldsymbol{d}_i \cdot {}^p\boldsymbol{d}_i] + [2\,{}^p\bar{\boldsymbol{r}}_p ({}^p\boldsymbol{d}_i \times {}^p\boldsymbol{\delta}_i)]\} \tag{4.71}$$

对于旋转关节,将式(4.67)和式(4.68)带入上式可得

$$D_{ii} = \sum_{p=i}^{n} m_p \{[n_{px}^2 k_{pxx}^2 + o_{py}^2 k_{pyy}^2 + a_{pz}^2 k_{pzz}^2] + [\bar{\boldsymbol{p}}_p \cdot \bar{\boldsymbol{p}}_p] + [2\,{}^p\bar{\boldsymbol{r}}_p ((\bar{\boldsymbol{p}}_p \cdot \boldsymbol{n}_p)\boldsymbol{i} + (\bar{\boldsymbol{p}}_p \cdot \boldsymbol{o}_p)\boldsymbol{j} + (\bar{\boldsymbol{p}}_p \cdot \boldsymbol{a}_p)\boldsymbol{k})]\} \tag{4.72}$$

式中　$\boldsymbol{n}_p, \boldsymbol{o}_p, \boldsymbol{a}_p, \bar{\boldsymbol{p}}_p$——${}^{(i-1)}\boldsymbol{T}_p$ 的列矢量,而

$$\bar{\boldsymbol{p}}_p = p_x\boldsymbol{i} + p_y\boldsymbol{j} + 0\boldsymbol{k}$$

对于移动关节,由于${}^p\boldsymbol{\delta}_i = 0$, ${}^p\boldsymbol{d}_i \cdot {}^p\boldsymbol{d}_i = 1$,则

$$D_{ii} = \sum_{p=i}^{n} m_p$$

下面再来讨论重力项 D_i 的化简。将式(4.66)代入式(4.65),得

$$D_i = \sum_{p=i}^{n} -m_p \boldsymbol{g}^{\mathrm{T}} \boldsymbol{T}_p\, {}^p\boldsymbol{\Delta}_i\, {}^p\bar{\boldsymbol{r}}_p$$

把 $\boldsymbol{T}_p$ 分离为 $\boldsymbol{T}_{i-1}\, {}^{i-1}\boldsymbol{T}_p$,并用${}^{i-1}\boldsymbol{T}_p^{-1}\, {}^{i-1}\boldsymbol{T}_p$ 右乘${}^p\boldsymbol{\Delta}_i$,得

$$D_i = \sum_{p=i}^{n} -m_p \boldsymbol{g}^{\mathrm{T}} \boldsymbol{T}_{i-1}\, {}^{i-1}\boldsymbol{T}_p\, {}^p\boldsymbol{\Delta}_i\, {}^{i-1}\boldsymbol{T}_p^{-1}\, {}^{i-1}\boldsymbol{T}_p\, {}^p\bar{\boldsymbol{r}}_p \tag{4.73}$$

由于${}^{i-1}\boldsymbol{\Delta}_i = {}^{i-1}\boldsymbol{T}_p\, {}^p\boldsymbol{\Delta}_i\, {}^{i-1}\boldsymbol{T}_p^{-1}$ 和${}^i\bar{\boldsymbol{r}}_p = {}^i\boldsymbol{T}_p\, {}^p\bar{\boldsymbol{r}}_p$,可进一步化简 D_i 为

$$D_i = -\boldsymbol{g}^{\mathrm{T}} \boldsymbol{T}_{i-1}\, {}^{i-1}\boldsymbol{\Delta}_i \sum_{p=i}^{n} m_p\, {}^{i-1}\bar{\boldsymbol{r}}_p \tag{4.74}$$

定义${}^{i-1}\boldsymbol{g} = -\boldsymbol{g}^{\mathrm{T}} \boldsymbol{T}_{i-1}\, {}^{i-1}\boldsymbol{\Delta}_i$,则有

$${}^{i-1}\boldsymbol{g} = -[g_x \quad g_y \quad g_z \quad 0] \begin{bmatrix} n_x & o_x & a_x & p_x \\ n_y & o_y & a_y & p_y \\ n_z & o_z & a_z & p_z \\ 0 & 0 & 0 & 1 \end{bmatrix} \begin{bmatrix} 0 & -\delta_z & \delta_y & d_x \\ \delta_z & 0 & 0 & d_y \\ -\delta_y & 0 & -\delta_x & d_z \\ 0 & \delta_x & 0 & 0 \end{bmatrix}$$

对于旋转关节 i，${}^{i-1}\boldsymbol{\Delta}_i$ 对应于绕 z 轴的旋转，于是上式可化简为

$$
{}^{i-1}\boldsymbol{g}=-[g_x\quad g_y\quad g_z\quad 0]\begin{bmatrix}n_x & o_x & a_x & p_x\\ n_y & o_y & a_y & p_y\\ n_z & o_z & a_z & p_z\\ 0 & 0 & 0 & 1\end{bmatrix}\begin{bmatrix}0 & -1 & 0 & 0\\ 1 & 0 & 0 & 0\\ 0 & 0 & 0 & 0\\ 0 & 0 & 0 & 0\end{bmatrix}=
$$

$$
[-\boldsymbol{g}\cdot\boldsymbol{o},\ \boldsymbol{g}\cdot\boldsymbol{n},\ 0,\ 0] \tag{4.75}
$$

对于移动关节，${}^{i-1}\boldsymbol{\Delta}_i$ 对应于 z 轴的平移，这时

$$
{}^{i-1}\boldsymbol{g}=-[g_x\quad g_y\quad g_z\quad 0]\begin{bmatrix}n_x & o_x & a_x & p_x\\ n_y & o_y & a_y & p_y\\ n_z & o_z & a_z & p_z\\ 0 & 0 & 0 & 1\end{bmatrix}\begin{bmatrix}0 & 0 & 0 & 0\\ 0 & 0 & 0 & 0\\ 0 & 0 & 0 & 1\\ 0 & 0 & 0 & 0\end{bmatrix}=[0\quad 0\quad 0\quad -\boldsymbol{g}\cdot\boldsymbol{a}] \tag{4.76}
$$

于是，可把 D_i 写成

$$
D_i={}^{i-1}\boldsymbol{g}\sum_{p=i}^{n}m_p\,{}^{i-1}\bar{\boldsymbol{r}}_p \tag{4.77}
$$

例 4.3　利用上述结论，计算例 4.2 的二连杆机器人的有效惯量、耦合惯量及重力项。

解　机器人坐标系如图 4.7 所示。**A** 矩阵和 **T** 矩阵为

$$
\boldsymbol{A}_1={}^0\boldsymbol{T}_1=\begin{bmatrix}c_1 & -s_1 & 0 & l_1c_1\\ s_1 & c_1 & 0 & l_1s_1\\ 0 & 0 & 1 & 0\\ 0 & 0 & 0 & 1\end{bmatrix}
$$

$$
\boldsymbol{A}_2={}^1\boldsymbol{T}_2=\begin{bmatrix}c_2 & -s_2 & 0 & l_2c_2\\ s_2 & c_2 & 0 & l_2s_2\\ 0 & 0 & 1 & 0\\ 0 & 0 & 0 & 1\end{bmatrix}
$$

$$
{}^0\boldsymbol{T}_2=\begin{bmatrix}c_{12} & -s_{12} & 0 & l_1c_1+l_2c_{12}\\ s_{12} & c_{12} & 0 & l_1s_1+l_2s_{12}\\ 0 & 0 & 1 & 0\\ 0 & 0 & 0 & 1\end{bmatrix}
$$

两关节均为旋转关节，用式(4.67) 和式(4.68) 计算 $\boldsymbol{d}$ 和 $\boldsymbol{\delta}$。

以 ${}^0\boldsymbol{T}_1$ 为基础，有下式：

$$
{}^1\boldsymbol{d}_1=0\boldsymbol{i}+l_1\boldsymbol{j}+0\boldsymbol{k}\ ,\quad {}^1\boldsymbol{\delta}_1=0\boldsymbol{i}+0\boldsymbol{j}+1\boldsymbol{k}
$$

以 ${}^1\boldsymbol{T}_2$ 为基础，有下式：

$$
{}^2\boldsymbol{d}_2=0\boldsymbol{i}+l_2\boldsymbol{j}+0\boldsymbol{k},\quad {}^2\boldsymbol{\delta}_2=0\boldsymbol{i}+0\boldsymbol{j}+1\boldsymbol{k}
$$

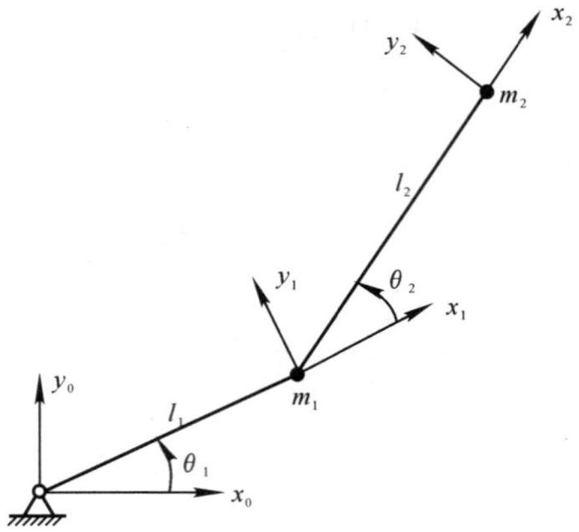

图 4.7　二连杆机器人坐标系

以${}^0\boldsymbol{T}_2$ 为基础，有下式：

$$ {}^2\boldsymbol{d}_1 = s_2 l_1 \boldsymbol{i} + (c_2 l_1 + l_2)\boldsymbol{j} + 0\boldsymbol{k}, \quad {}^2\boldsymbol{\delta}_1 = 0\boldsymbol{i} + 0\boldsymbol{j} + 1\boldsymbol{k} $$

对于这个简单的机器人，由于其连杆的质量为集中分布质量，所有惯性力矩为零，且${}^1\boldsymbol{r}_1 = \boldsymbol{0}$ 和${}^2\boldsymbol{r}_2 = \boldsymbol{0}$。利用公式(4.72) 可得

$$ D_{11} = \sum_{p=1}^{2} m_p \{ n_{px}^2 k_{pxx}^2 + [\overline{\boldsymbol{p}}_p \cdot \overline{\boldsymbol{p}}_p] \} = m_1(p_{1x}^2 + p_{1y}^2) + m_2(p_{2x}^2 + p_{2y}^2) = $$
$$ m_1 l_1^2 + m_2(l_1^2 + l_2^2 + 2c_2 l_1 l_2) = (m_1 + m_2) l_1^2 + m_2 l_2^2 + 2m_2 c_2 l_1 l_2 $$

$$ D_{22} = \sum_{p=2}^{2} m_p \{ n_{px}^2 k_{pxx}^2 + [\overline{\boldsymbol{p}}_p \cdot \overline{\boldsymbol{p}}_p] \} = m_2({}^1p_{2x}^2 + {}^1p_{2y}^2) = m_2 l_2^2 $$

再利用公式(4.70) 求 D_{12}。

$$ D_{12} = \sum_{p=\max(1,\ 2)}^{2} m_p [{}^p\boldsymbol{d}_1 \cdot {}^p\boldsymbol{d}_2] = m_2[{}^2\boldsymbol{d}_1 \cdot {}^2\boldsymbol{d}_2] = m_2(c_2 l_1 + l_2) l_2 = m_2(c_2 l_1 l_2 + l_2^2) $$

最后计算重力项 D_1 和 D_2。

$$ \boldsymbol{g} = [0 \quad g \quad 0 \quad 0] $$
$$ {}^0\boldsymbol{g} = [g \quad 0 \quad 0 \quad 0] $$
$$ {}^1\boldsymbol{g} = [g c_1 \quad -g s_1 \quad 0 \quad 0] $$

各连杆质心矢量为

$$ {}^2\overline{\boldsymbol{r}}_2 = \begin{bmatrix} 0 \\ 0 \\ 0 \\ 1 \end{bmatrix}, \quad {}^1\overline{\boldsymbol{r}}_2 = \begin{bmatrix} c_2 l_2 \\ s_2 l_2 \\ 0 \\ 1 \end{bmatrix}, \quad {}^0\overline{\boldsymbol{r}}_2 = \begin{bmatrix} c_1 l_1 + c_{12} l_2 \\ s_1 l_1 + s_{12} l_2 \\ 0 \\ 1 \end{bmatrix} $$

$$
{}^1\bar{\boldsymbol{r}}_1 = \begin{bmatrix} 0 \\ 0 \\ 0 \\ 1 \end{bmatrix}, \qquad {}^0\bar{\boldsymbol{r}}_1 = \begin{bmatrix} c_1 l_1 \\ s_1 l_1 \\ 0 \\ 1 \end{bmatrix}
$$

根据式(4.77) 可求得

$$
D_1 = {}^0\boldsymbol{g}\sum_{p=1}^{2} m_p\, {}^0\boldsymbol{r}_p = m_1\, {}^0\boldsymbol{g}\, {}^0\bar{\boldsymbol{r}}_1 + m_2\, {}^0\boldsymbol{g}\, {}^0\bar{\boldsymbol{r}}_2 =
$$

$$
m_1 \boldsymbol{g} c_1 l_1 + m_2 \boldsymbol{g}(c_1 l_1 + c_{12} l_2) = (m_1 + m_2)\boldsymbol{g} l_1 c_1 + m_2 \boldsymbol{g} l_2 c_{12}
$$

$$
D_2 = {}^1\boldsymbol{g}\sum_{p=2}^{2} m_p\, {}^1\bar{\boldsymbol{r}}_p = m_2\, {}^1\boldsymbol{g}\, {}^1\bar{\boldsymbol{r}}_2 = m_2 \boldsymbol{g} l_2 (c_1 c_2 - s_1 s_2) = m_2 \boldsymbol{g} l_2 c_{12}
$$

计算结果与例 4.1 和例 4.2 的结果相符。

4.3　本章小结

机器人动力学是机器人控制的基础。本章主要介绍了研究机器人动力学问题的两种常用方法:牛顿-欧拉方法和拉格朗日方法。

牛顿-欧拉方法是将牛顿-欧拉动力学公式直接应用于机器人的各连杆,推导机器人动力学方程的一种递推算法。首先分析了机器人连杆的速度和加速度,推导出了组成机器人的各连杆之间的运动传递规律,以及各连杆质心的速度和加速度计算公式;然后应用牛顿-欧拉方程对连杆进行受力分析,得到连杆的驱动力矩;在此基础上,总结出了牛顿-欧拉动力学递推算法;最后讨论了机器人动力学方程的一般形式。

拉格朗日方法基于能量平衡方程,能直接获得机器人动力学方程的解析公式。首先介绍了拉格朗日函数和拉格朗日动力学方程,总结了建立拉格朗日方程的步骤,推导出了机器人连杆上任一点的速度计算公式以及任一连杆的动能和位能计算公式,进而得到了 n 个连杆组成的机器人系统的总动能和总位能;在此基础上,应用拉格朗日方程推导出了机器人动力学方程;最后,讨论了方程中惯量项和重力项的简化问题。

习　题

1. 求均匀密度的圆柱体的惯量矩阵。坐标原点设在质心,轴线取为 x 轴,设圆柱体半径为 r,长度为 l,质量为 m。

2. 将牛顿-欧拉动力学递推算法编制成计算机程序。

3. 有个单连杆机器人,其惯量矩阵为

$$
{}^{C_1}\boldsymbol{I} = \begin{bmatrix} I_{xx1} & 0 & 0 \\ 0 & I_{yy1} & 0 \\ 0 & 0 & I_{zz1} \end{bmatrix}
$$

假设这正好是连杆本身的惯量。如果电动机电枢的转动惯量为 I_m，减速齿轮的传动比为100，从电动机轴来看，传动系统的总惯量为多大？

4. 二连杆机器人如图4.8所示。质量集中在连杆末端，分别为 m_1 和 m_2，连杆长度分别为 l_1 和 l_2，用牛顿-欧拉方法求其动力学方程，写出封闭形式的表达式。

5. 确定图4.9所示的二连杆机器人的动力学方程。把每个连杆当做均匀长方形刚体，其长、宽、高分别为 l_i，w_i 和 h_i，质量为 $m_i(i=1, 2)$。

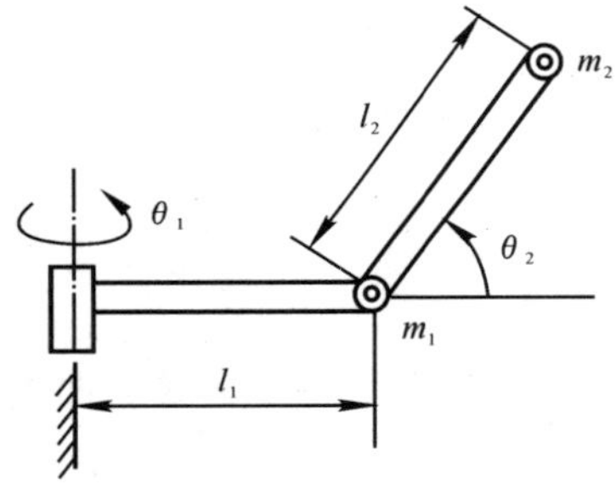

图 4.8　质量集中分布的二连杆机器人

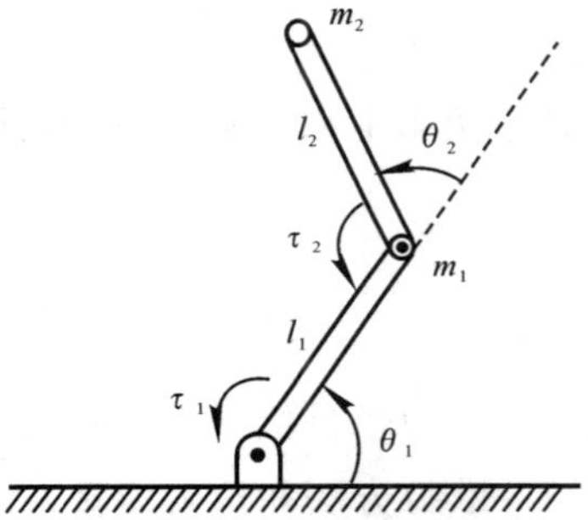

图 4.9　质量均匀分布的二连杆机器人

6. 用拉格朗日法推导图4.10所示二连杆机器人的动力学方程。连杆的质心位于连杆的中心，其惯量矩阵分别为 $\boldsymbol{I}_1$ 和 $\boldsymbol{I}_2$。

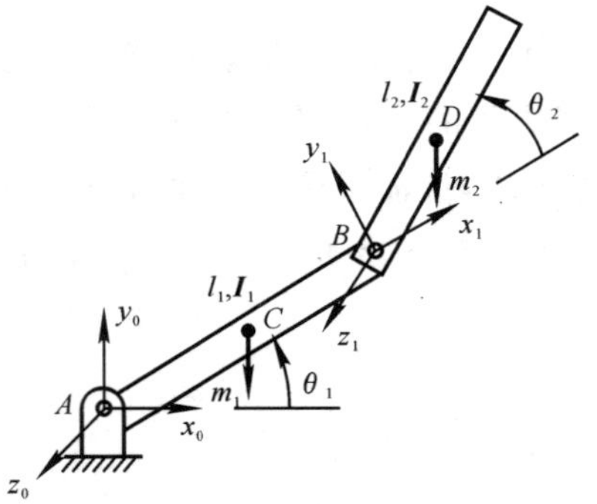

图 4.10　二连杆机器人

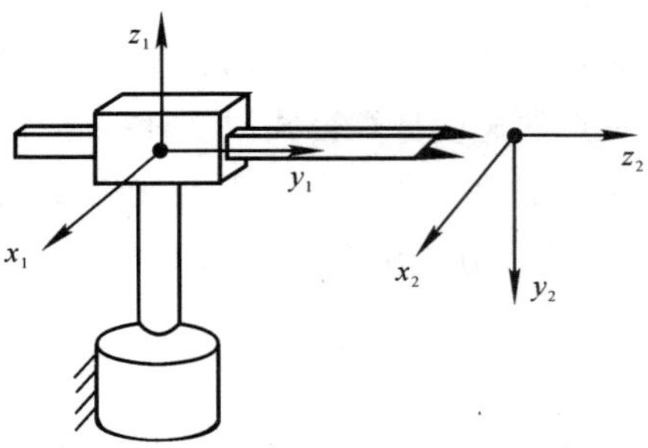

图 4.11　极坐标型二连杆机器人

7. 如图4.11所示，平面二连杆机器人的连杆1的惯量矩阵为

$$^{C_1}\boldsymbol{I}=\begin{bmatrix} I_{xx1} & 0 & 0 \\ 0 & I_{yy1} & 0 \\ 0 & 0 & I_{zz1} \end{bmatrix}$$

连杆 2 的质量 m_2 集中在末端，推导它的动力学方程。

8. 二连杆机器人如图 4.12 所示。连杆长度为 d_i，质量为 m_i，重心位置为 $(0.5d_i,\ 0,\ 0)$，连杆惯量为 $I_{zzi}=\dfrac{1}{3}m_id_i^2$，$I_{yyi}=\dfrac{1}{3}m_id_i^2$，$I_{xxi}=0$，传动机构的惯量为 $I_{ai}=0$，$(i=1,2)$。用拉格朗日矩阵法确定动力学方程的参数 D_{ij}，D_{ijk}，D_i。

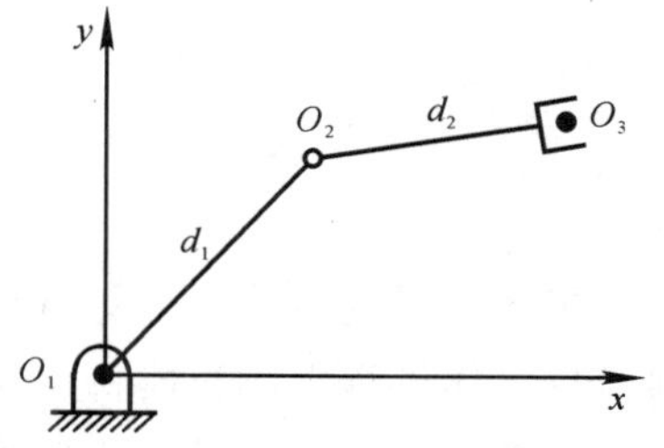

图 4.12　质量集中的二连杆机器人

9. 推导图 4.13 所示三连杆机器人的动力学方程。每个连杆都是均匀的长方体，长、宽、高分别为 l_i，w_i，h_i，质量为 m_i。

10. 试求图 4.14 所示三连杆机器人的动力学方程。已知机器人参数如下：$l_1=l_2=0.5$ m，$m_1=4.6$ kg，$m_2=2.3$ kg，$m_3=1.0$ kg，$g=9.8\ \mathrm{m/s^2}$，假设连杆 1 和 2 的质量都集中在其连杆的末端（远端），而连杆 3 的质心位于坐标系{3}的原点，即在连杆 3 的近端上，连杆 3 的惯量矩阵为

$$^{C_3}\boldsymbol{I}=\begin{bmatrix} 0.05 & 0 & 0 \\ 0 & 0.1 & 0 \\ 0 & 0 & 0.1 \end{bmatrix}\ \mathrm{kg\cdot m^2}$$

决定两个质心位置与每个连杆坐标系的关系为 $^1p_{C_1}=I_1X_1$，$^2p_{C_2}=I_2X_2$，$^3p_{C_3}=0$。

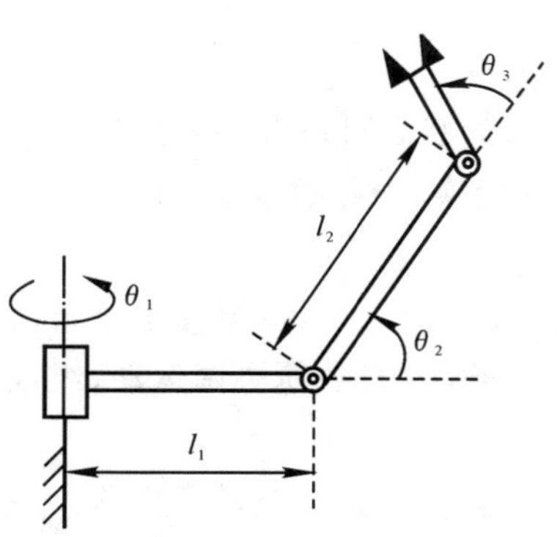

图 4.13　三连杆非平面机器人

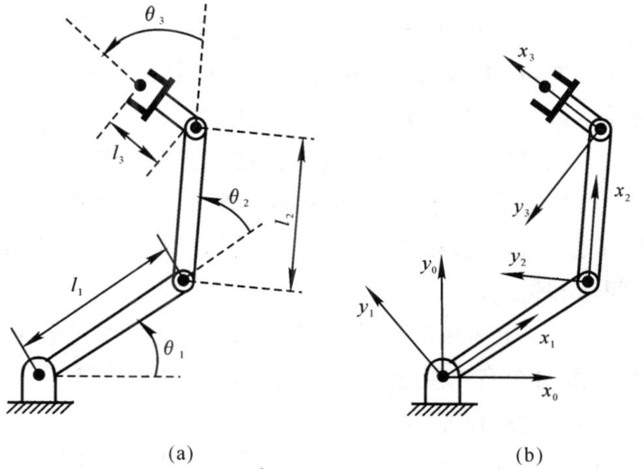

图 4.14　三连杆机器人

第5章　机器人控制

5.1　概　述

机器人系统通常分为机构本体和控制系统两大部分。控制系统的作用是根据用户的指令对机构本体进行操作和控制，完成作业的各种动作。控制系统的性能在很大程度上决定了机器人的性能。一个良好的控制系统要有灵活、方便的操作方式，各种形式的运动控制方式和安全可靠性。

工业机器人的控制系统一般分为上下两个控制层次：上级为组织级，其任务是将期望的任务转化成运动轨迹或适当的操作，并随时检测机器人各部分的运动及工作情况，处理意外事件；下级为实时控制级，它根据机器人动力学特性及机器人当前运动情况，综合出适当的控制命令，驱动机器人机构完成指定的运动和操作。

工业机器人的控制一般均由计算机实现，常用的控制结构有集中控制、分散控制、递阶控制等形式。

图5.1所示为PUMA机器人的控制器结构框图，该系统采用了两级递阶控制结构。上位机连接有显示器、键盘、示教盒、软盘驱动器等设备，还可以通过接口接入视觉传感器、高层监控计算机等。下位计算机系统由六块以6503CPU为核心的单片机组成，每个单片机负责一个关节的运动控制，构成6个独立的数字伺服控制回路。在控制机器人运动时，上位计算机作运动规划，将机器人手端的运动转化成各关节的运动，按控制周期传给下位机。下位机进行运动插补运算及对关节进行伺服控制。

与一般的伺服控制系统相比较，机器人控制系统有如下特点：

(1) 机器人的控制与机构运动学及动力学密切相关。机器人的状态可以在各种坐标下描述，应当根据实际需要，选择不同的基准坐标系，并做适当的坐标变换，因此经常要求解运动学正问题和逆问题。

(2) 一个简单的机器人有3～5个自由度，比较复杂的机器人有十几个，甚至几十个自由度，一般每个自由度包含一个伺服机构。为了完成一个共同的任务，它们必须协调运动，组成一个多变量控制系统。

(3) 把多个独立的伺服系统有机地协调起来，使其按照人的意志行动，甚至赋予机器人一定的“智能”，这个任务只能由计算机来完成。因此机器人控制系统必然是一个计算机控制系统，计算机软件担负着艰巨的任务。

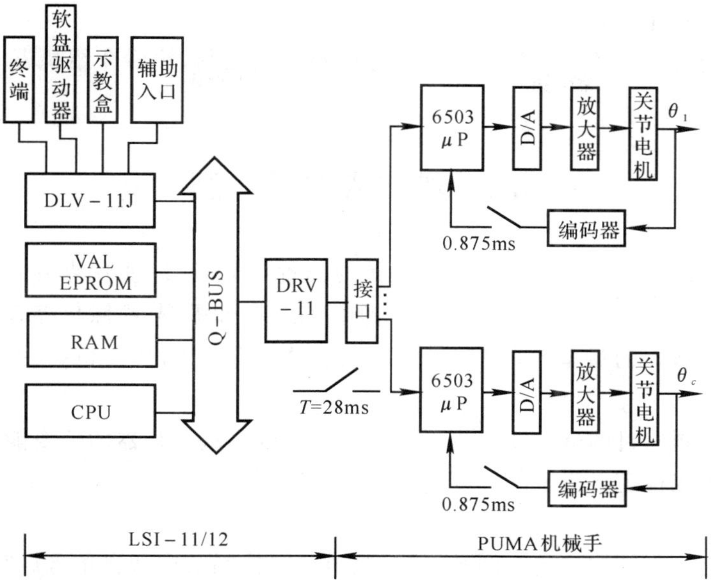

图 5.1 PUMA 机器人控制系统

(4) 机器人动力学模型是一个非线性模型，随着状态的不同和外力的变化，其参数也在变化，而且各变量之间还存在耦合。因此在控制时经常使用重力补偿、前馈、解耦或现代控制方法。

(5) 机器人的动作往往可以通过不同的方式和路径来完成，因此存在一个“最优”的问题。较高级的机器人可以用人工智能的方法，用计算机建立起庞大的信息库，借助信息库进行控制、决策、管理和操作；还可以通过传感器和模式识别的方法获得对象及环境的信息，按照给定的指标要求，自动地选择最佳的控制规律。

总之，机器人的控制涉及知识面广、内容多，限于本书的任务和篇幅，本章主要讨论机器人的伺服控制系统。

为了实现机器人期望运动的伺服控制，需要规定一种算法，计算出每个关节的驱动力矩。根据机器人轨迹规划的结果(关节位置、速度、加速度)，可以用机器人动力学模型计算出这个驱动力矩，实现各关节的伺服控制。但由于机器人是个非线性、强耦合的动力学系统，用一般的伺服技术有时根本无法满足要求，经典控制理论和现代控制理论都不能照搬使用。因此，关于机器人的控制问题引起了技术界的广泛研究，但到目前为止，机器人控制理论还不完整、不系统。

目前用于机器人控制的方法多种多样，不仅传统的控制技术(如开环控制、PID 反馈控制)和现代控制技术(如柔顺控制、最优控制、解耦控制、变结构控制、自适应控制、神经元控制等)均在机器人系统中得到不同程度的应用，而且智能控制(如递阶控制、模糊控制、神经元控制)

也在机器人控制上最先得到应用。

本章首先讨论机器人控制中最常用的位置控制和力控制，然后介绍机器人的变结构控制和自适应控制。

5.2 机器人位置控制

许多机器人的作业是控制机器人末端工具的位置和姿态，以实现点到点的控制（即 PTP 控制，如搬运、点焊机器人）或连续路径控制（即 CP 控制，如弧焊、喷漆机器人），因此实现机器人的位置控制是机器人的最基本的控制任务。机器人位置控制有时也称为位姿控制或轨迹控制。

机器人位置控制的目的就是要使机器人的各关节或末端执行器的位姿能够以理想的动态品质跟踪给定轨迹或稳定在指定的位姿上。设计控制系统的主要目标是系统的稳定性和动态品质的性能指标。

机器人的位置控制结构主要有两种形式：关节空间控制结构和直角坐标空间控制结构，分别如图 5.2(a) 和 5.2(b) 所示。

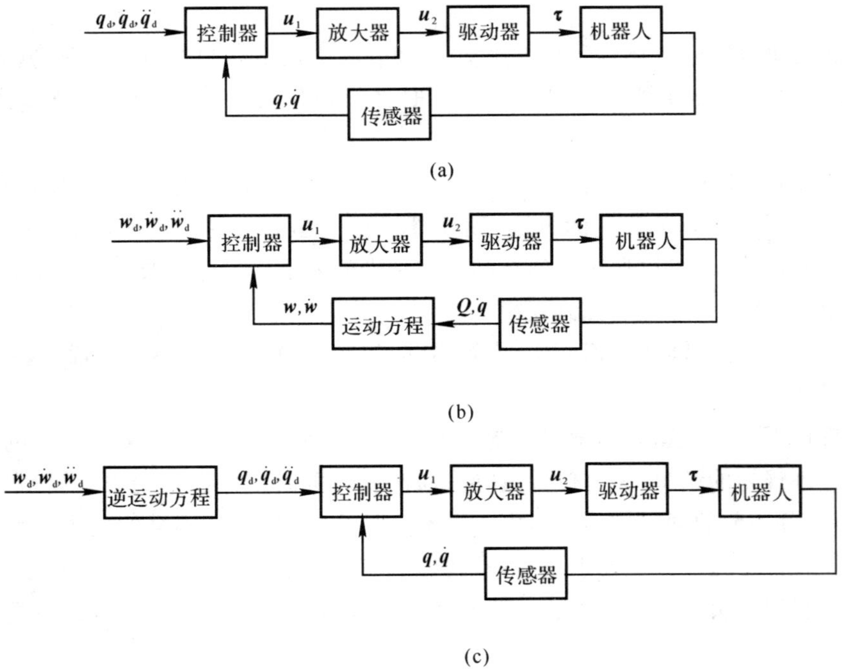

图 5.2 机器人位置控制基本结构

在图 5.2(a) 中，$\boldsymbol{q}_{\mathrm{d}}=[q_{\mathrm{d}1}\ \ q_{\mathrm{d}2}\ \ \cdots\ \ q_{\mathrm{d}n}]^{\mathrm{T}}$ 是期望的关节位置矢量，$\dot{\boldsymbol{q}}_{\mathrm{d}}$ 和 $\ddot{\boldsymbol{q}}_{\mathrm{d}}$ 是期望的关节速度矢量和加速度矢量，$\boldsymbol{q}$ 和 $\dot{\boldsymbol{q}}$ 是实际的关节位置矢量和速度矢量。$\boldsymbol{\tau}=[\tau_1\ \ \tau_2\ \ \cdots\ \ \tau_n]^{\mathrm{T}}$ 是关节驱动力矩矢量，$\boldsymbol{u}_1$ 和 $\boldsymbol{u}_2$ 是相应的控制矢量。

在图 5.2(b) 中，$\boldsymbol{w}_{\mathrm{d}}=[\boldsymbol{p}_{\mathrm{d}}^{\mathrm{T}}\ \ \boldsymbol{\psi}_{\mathrm{d}}^{\mathrm{T}}]^{\mathrm{T}}$ 是期望的工具位姿，其中 $\boldsymbol{p}_{\mathrm{d}}=[x_{\mathrm{d}}\ \ y_{\mathrm{d}}\ \ z_{\mathrm{d}}]$ 表示期望的工具位置，$\boldsymbol{\psi}_{\mathrm{d}}$ 表示期望的工具姿态。$\dot{\boldsymbol{w}}_{\mathrm{d}}=[\boldsymbol{v}_{\mathrm{d}}^{\mathrm{T}}\ \ \boldsymbol{\omega}_{\mathrm{d}}^{\mathrm{T}}]^{\mathrm{T}}$，其中 $\boldsymbol{v}_{\mathrm{d}}=[v_{\mathrm{d}x}\ \ v_{\mathrm{d}y}\ \ v_{\mathrm{d}z}]^{\mathrm{T}}$ 是期望的工具线速度；$\boldsymbol{\omega}_{\mathrm{d}}=[\omega_{\mathrm{d}x}\ \ \omega_{\mathrm{d}y}\ \ \omega_{\mathrm{d}z}]^{\mathrm{T}}$ 是期望的工具角速度。$\ddot{\boldsymbol{w}}_{\mathrm{d}}$ 是期望的工具加速度；$\boldsymbol{w}$ 和 $\dot{\boldsymbol{w}}$ 表示实际工具的位姿和速度。运行中的工业机器人一般采用图 5.2(a) 所示的控制结构。该控制结构期望轨迹是关节的位置、速度和加速度，因而易于实现关节的伺服控制。但在实际应用中通常采用直角坐标系来规定作业路径、运动方向和速度，而不用关节坐标。这时为了跟踪期望的直角轨迹、速度和加速度，需要先将机器人末端的期望轨迹经过逆运动学计算变换为在关节空间表示的期望轨迹，再进行关节位置控制，如图 5.2(c) 所示。

机器人具有多个自由度，各关节的运动之间相互耦合，其控制系统是个多输入多输出系统。但实际上，多关节的机器人控制系统往往可以分解成若干个带有耦合的单关节机器人控制系统。如果耦合是弱耦合，那么每个关节的控制系统就可以近似为独立系统。如果耦合较强，则必须考虑各关节之间的耦合惯量。下面首先讨论单个关节独立运动时的位置控制问题，然后考虑各关节之间相互耦合作用，分析多关节位置控制。

5.2.1　单关节位置控制

机器人一般由电机驱动或液压驱动，最常见的驱动方式是每个关节用一个直流(DC)永磁力矩电机驱动。这种直流力矩电机是永磁的，由电枢激励，可连续旋转，具有力矩-功率比高、低速运转平稳、时间常数小等一系列优点，广泛用于机器人驱动的执行元件。下面以直流永磁力矩电机为例讨论单关节的位置控制，对于其他的驱动器(如励磁控制电动机、液压驱动缸等)，可参照本节方法进行分析。

1. 单关节的传递函数

如图 5.3 所示为直流伺服电动机电枢绕组等效电路，如图 5.4 所示为单个关节的机械传动原理图。图中各符号及有关参数含义如下：

u_{f}，i_{f} —— 励磁回路电压与电流；

r_{f}，l_{f} —— 励磁回路电阻与电感；

V_{m}，i_{m} —— 电枢回路电压与电流；

R_{m}，L_{m} —— 电枢回路电阻与电感；

T_{m}—— 电动机转矩；

k_{e} —— 电动机电势常数；

K_I —— 电机电流力矩比例常数；

J_a —— 电动机转子转动惯量；

J_m —— 传动机构的转动惯量；

J_l —— 负载的转动惯量；

B_m —— 传动机构的阻尼系数；

B_l —— 负载端的阻尼系数；

θ_m —— 电机角位移；

θ_l —— 负载角位移；

$n = z_m/z_l$ —— 减速比，等于传动轴与负载轴上的齿轮齿数之比。

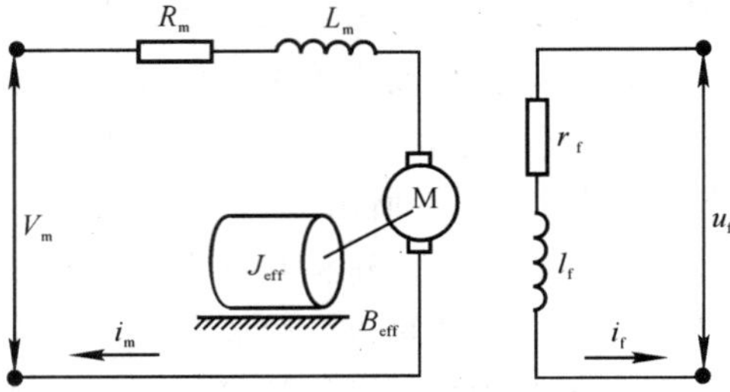

图 5.3　直流电动机电枢绕组等效电路

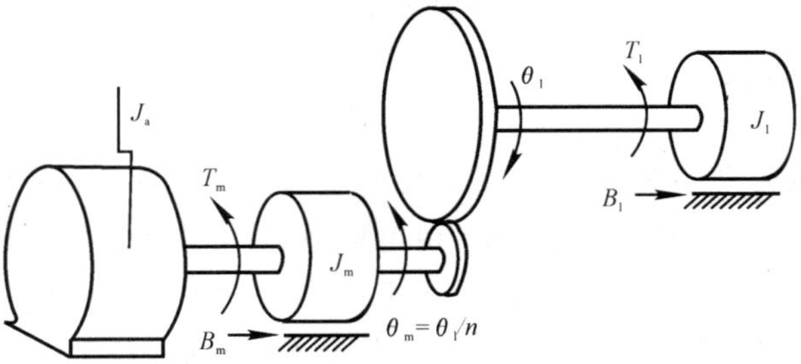

图 5.4　关节机械传动等效惯量

由机构学可知，折算到电机轴上的等效总转动惯量 J_{eff} 和总黏性摩擦因数 B_{eff} 分别为

$$J_{eff} = J_a + J_m + n^2 J_l$$

$$B_{eff} = B_m + n^2 B_l$$

对于直流永磁力矩电机可以不考虑励磁回路。电气部分的模型由电枢绕阻的电压平衡方程描述，机械部分的模型由电机轴上的力矩平衡方程描述，两者相互耦合，即

$$V_m = R_m i_m + L_m \frac{di_m}{dt} + k_e \frac{d\theta_m}{dt} \tag{5.1}$$

$$T_m = J_{eff} \frac{d^2\theta_m}{dt^2} + B_{eff} \frac{d\theta_m}{dt} \tag{5.2}$$

$$T_m = K_I i_m \tag{5.3}$$

对上面式子进行拉普拉斯变换，得

$$V_m(s) = (L_m s + R_m) i_m(s) + k_e s\theta_m(s) \tag{5.4}$$

$$T_m(s) = (J_{eff} s^2 + B_{eff} s)\theta_m(s) \tag{5.5}$$

$$T_m(s) = K_I i_m(s) \tag{5.6}$$

将上面三个式子联立并化简，得到从电枢电压到电机角位移的开环传递函数

$$\frac{\Theta_m(s)}{V_m(s)} = \frac{K_I}{s[L_m J_{eff} s^2 + (R_m J_{eff} + L_m B_{eff})s + (R_m B_{eff} + k_e K_I)]} \tag{5.7}$$

由于控制系统的输出是关节角位移 $\Theta_l(s)$，它与电枢电压之间的传递函数

$$\frac{\Theta_l(s)}{V_m(s)} = \frac{nK_I}{s[L_m J_{eff} s^2 + (R_m J_{eff} + L_m B_{eff})s + (R_m B_{eff} + k_e K_I)]} \tag{5.8}$$

方程(5.8)代表了单关节控制系统电枢输入电压与关节角位移之间的传递函数。系统的方框图如图 5.5 所示。

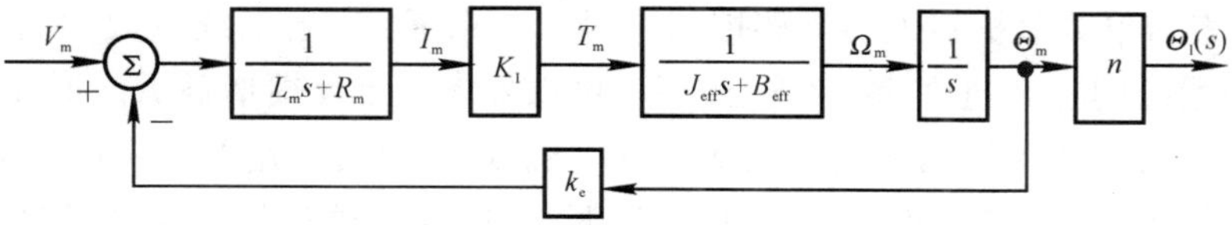

图 5.5　电枢电压 V_m 与关节角位移 θ_l 之间的关系

2. 单关节位置控制器

位置控制器的作用就是使关节的实际角位移 θ_l 跟踪期望的角位移 θ_d。将位置伺服误差作为电机的输入信号，产生适当的电压，构成闭环控制系统，即

$$e(t) = \theta_d(t) - \theta_l(t) \tag{5.9}$$

$$V_m(t) = K_P[\theta_d(t) - \theta_l(t)] \tag{5.10}$$

式中　K_P—— 位置反馈增益。

对式(5.9)、式(5.10)进行拉普拉斯变换，得

$$E(s) = \theta_d(s) - \Theta_l(s) \tag{5.11}$$

$$V_m(s) = K_P[\Theta_d(s) - \Theta_l(s)] \tag{5.12}$$

这样构成的闭环控制系统的结构方框图如图 5.6 所示。

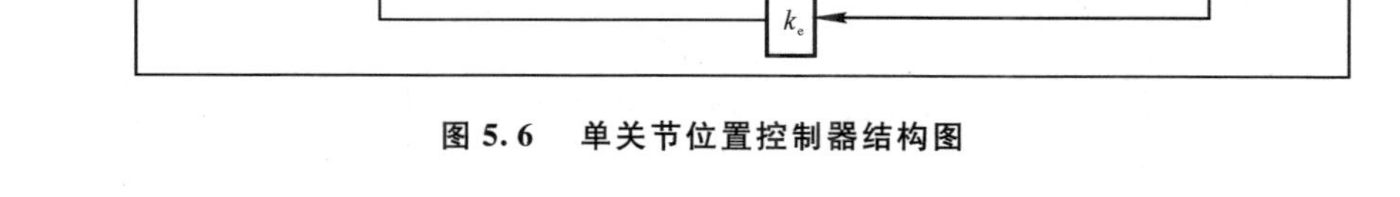

图 5.6　单关节位置控制器结构图

其开环传递函数为

$$\frac{\Theta_l(s)}{E(s)}=\frac{nK_PK_I}{s[L_mJ_{eff}s^2+(R_mJ_{eff}+L_mB_{eff})s+(R_mB_{eff}+k_eK_I)]} \tag{5.13}$$

实际上由于电机的电气时间常数大大小于机械时间常数，因此可以忽略电枢电感 L_m 的作用，式(5.13)可简化为

$$\frac{\Theta_l(s)}{E(s)}=\frac{nK_PK_I}{s(R_mJ_{eff}s+R_mB_{eff}+k_eK_I)} \tag{5.14}$$

因此，控制系统的闭环传递函数为

$$\frac{\Theta_l(s)}{\Theta_d(s)}=\frac{\Theta_l(s)/E(s)}{1+\Theta_s(s)/E(s)}=$$

$$\frac{nK_PK_I}{R_mJ_{eff}s^2+(R_mB_{eff}+k_eK_I)s+nK_PK_I}=$$

$$\frac{nK_PK_I}{R_mJ_{eff}}\frac{1}{s^2+(R_mB_{eff}+k_eK_I)s/(R_mJ_{eff})+nK_PK_I/(R_mJ_{eff})} \tag{5.15}$$

式(5.15)表明单关节机器人的比例控制器是个二阶系统。当系统参数均为正时，总是稳定的。为了提高系统的动态速度，减少静态误差，可以加大位置反馈增益 K_P，增加阻尼，再引入传动轴角速度负反馈。传动轴角速度常用测速发电机测定，也可以用两次采样周期内的位移数据来近似表示。设 K_v 为测速发电机的传递系数，K_l 为速度反馈信号放大器的增益，引入速度负反馈之后的控制系统方框图如图5.7所示。

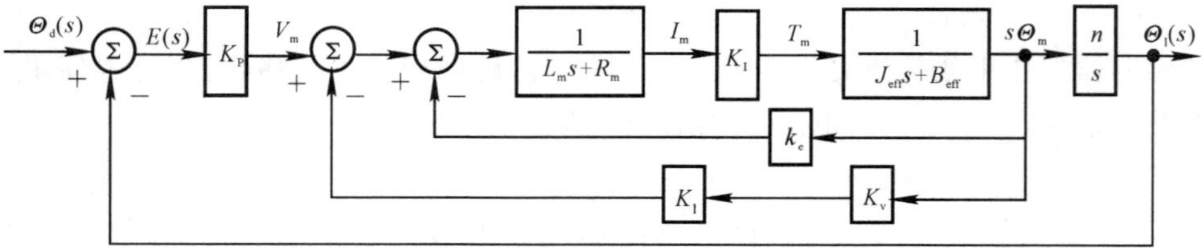

图5.7　带速度负反馈的单关节位置控制器结构图

从图5.7可以看出引入速度负反馈之后，电动机电枢反馈回路的反馈电压已从 $k_e\dot{\theta}_m$ 变成了 $(k_e+K_lK_v)\dot{\theta}_m$，因而相应的开环和闭环传递函数分别变为

$$\frac{\Theta_l(s)}{E(s)}=\frac{nK_PK_I}{s[R_mJ_{eff}s+R_mB_{eff}+K_I(k_e+K_lK_v)]} \tag{5.16}$$

$$\frac{\Theta_l(s)}{\Theta_d(s)}=\frac{\Theta_l(s)/E(s)}{1+\Theta_s(s)/E(s)}=$$

$$\frac{nK_PK_I}{R_mJ_{eff}s^2+[R_mB_{eff}+K_I(k_e+K_lK_v)]s+nK_PK_I}=$$

$$\frac{nK_PK_I}{R_mJ_{eff}}\ \frac{1}{s^2+[R_mB_{eff}+K_I(k_e+K_1K_v)s]/(R_mJ_{eff})+nK_PK_I/(R_mJ_{eff})} \tag{5.17}$$

实际上电动机在运动时还必须克服电动机-测速机组的平均摩擦力矩 F_m、外加负载力矩 T_L、重力矩 T_g 以及离心力作用力矩 T_c，这些物理量表示实际附加负载对机器人的作用。把这些作用力矩进行相应的拉普拉斯变换，再插入到位置控制系统方框图中电动机产生有关力矩的作用点上，可得如图 5.8 所示的控制系统方框图。

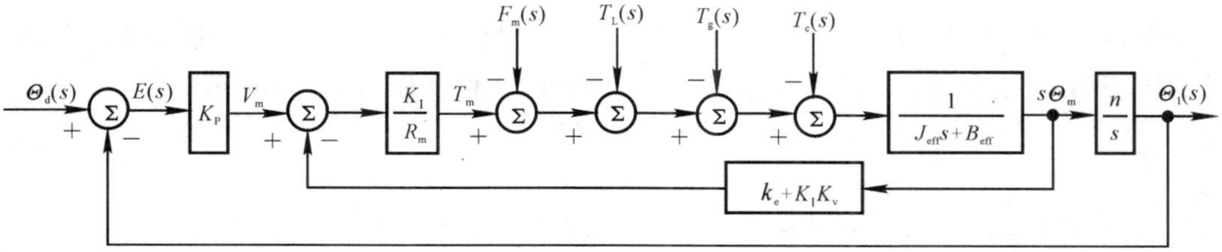

图 5.8　引入附加负载的单关节位置控制器结构图

3. *参数确定*

二阶闭环控制系统的性能指标有：快速上升时间、稳态误差、调整时间等，这些都与位置反馈增益 K_P 和速度反馈增益 K_1 有关。

由闭环位置控制器的传递函数式(5.17) 可得，闭环系统的特征方程为

$$s^2+[R_mB_{eff}+K_I(k_e+K_1K_v)]s/(R_mJ_{eff})+\frac{nK_PK_I}{R_mJ_{eff}}=0 \tag{5.18}$$

把式(5.18) 表示为二阶系统特征方程的标准形式

$$s^2+2\xi\omega_ns+\omega_n^2=0 \tag{5.19}$$

式中　ξ—— 系统的阻尼比；

ω_n—— 系统的无阻尼自然频率。

对照式(5.18) 和式(5.19) 得

$$\omega_n=\sqrt{\frac{nK_PK_I}{R_mJ_{eff}}} \tag{5.20}$$

$$2\xi\omega_n=\frac{R_mR_{eff}+K_I(k_e+K_1K_v)}{R_mJ_{eff}} \tag{5.21}$$

于是可得

$$\xi=\frac{R_mB_{eff}+K_I(k_e+K_1K_v)}{2\sqrt{nK_PK_IR_mJ_{eff}}} \tag{5.22}$$

在确定位置反馈增益 K_P 时，必须考虑机器人操作臂的结构刚性和共振频率，它与操作臂的结构、尺寸、质量分布和制造装配质量有关。在前面建立单关节控制系统模型时，忽略了齿轮

轴、轴承和连杆等零件的变形，认为这些零件和传动系统具有无限大的刚性。实际上，各关节的传动系统和有关零件，以及配合衔接部分的刚度都是有限的。但是，如果在建立控制系统模型时，将这些变形和刚性的影响都考虑进去，则得到的模型是高阶的，使问题复杂化。式(5.17)所建立的二阶线性模型没有考虑系统结构的共振频率，因此只适用于机械传动系统刚性很大、共振频率很高的情况。

系统结构的共振频率

$$\omega_r = \sqrt{\frac{k_{eff}}{J_{eff}}} \tag{5.23}$$

一般说来，关节的等效刚度 k_{eff} 大致不变，但等效转动惯量 J_{eff} 随机器人末端抓手中的负载、操作臂的位姿而变化。如果在已知转动惯量 J_0 时测出的结构共振频率为 ω_0，则

$$\omega_0 = \sqrt{\frac{k_{eff}}{J_0}} \tag{5.24}$$

由式(5.23)、式(5.24)可得，在转动惯量为 J_{eff} 时的结构共振频率

$$\omega_r = \omega_0 \sqrt{\frac{J_0}{J_{eff}}} \tag{5.25}$$

为了不激起结构振荡和系统共振，建议闭环系统无阻尼自然频率 ω_n 必须限制在关节结构共振频率的一半之内，即

$$\omega_n \leqslant \frac{1}{2}\omega_r \tag{5.26}$$

根据这一要求来调整位置反馈增益 K_P。从式(5.20)和式(5.26)可得出

$$\sqrt{\frac{nK_P K_I}{R_m J_{eff}}} \leqslant \frac{1}{2}\omega_0 \sqrt{\frac{J_0}{J_{eff}}} \tag{5.27}$$

化简为

$$K_P \leqslant \frac{1}{4}\ \frac{\omega_0^2 J_0 R_m}{nK_I} \tag{5.28}$$

由于系统为负反馈，$K_P > 0$，因此 K_P 的取值范围为

$$0 < K_P \leqslant \frac{1}{4}\ \frac{\omega_0^2 J_0 R_m}{nK_I} \tag{5.29}$$

下面讨论 K_I 的变化范围。从安全性考虑，要防止机器人控制器处于低阻尼工作状态，一般希望控制系统具有临界阻尼或过阻尼，即要求系统的 $\xi \geqslant 1$。由式(5.22)可得出

$$R_m B_{eff} + K_I(k_e + K_I K_v) \geqslant 2\sqrt{nK_P K_I R_m J_{eff}} \tag{5.30}$$

将式(5.29)代入式(5.30)得

$$K_I \geqslant \frac{R_m \omega_0 \sqrt{J_0 J_{eff}} - R_m B_{eff} - K_I k_e}{K_I K_v} \tag{5.31}$$

由于系统的 J_{eff} 随负载变化，因此 K_1 的最小值也随负载相应变化。为了简化控制器的设计，需要固定控制器的增益。于是，将最大的 J_{eff} 代入式(5.31)，可保证控制系统在任何负载下都不会出现欠阻尼的情况。

4. 误差分析

在图 5.8 中，由于实际附加负载 F_m，T_L，T_g 和 T_c 的引入，使得控制器的闭环传递函数发生了变化，在讨论关节控制器的误差之前，需要导出新的闭环传递函数。由图 5.8 可得

$$(J_{eff}s + B_{eff})s\,\Theta_m(s) = T_m(s) - F_m(s) - T_L(s) - T_g(s) - T_c(s) \tag{5.32}$$

$$T_m(s) = \frac{K_I[V_m(s) - s(k_e + K_1K_v)\Theta_l(s)/n]}{R_m} \tag{5.33}$$

$$V_m(s) = K_P[\Theta_d(s) - \Theta_l(s)] \tag{5.34}$$

对式(5.32) ~ (5.34) 进行整理运算，得

$$\Theta_l(s) = \frac{n[K_IK_P\Theta_d(s) - R_mF_m(s) - R_mT_L(s) - R_mT_g(s)]}{\Omega(s)} \tag{5.35}$$

式中

$$\Omega(s) = R_mJ_{eff}s^2 + [R_mB_{eff} + K_I(k_e + K_1K_v)]s + nK_IK_P \tag{5.36}$$

于是

$$E(s) = \Theta_d(s) - \Theta_l(s) = \frac{\{R_mJ_{eff}s^2 + [R_mB_{eff} + K_I(k_e + K_1K_v)]s\}\Theta_d(s) + nR_m[F_m(s) + T_L(s) + T_g(s)]}{\Omega(s)} \tag{5.37}$$

当 F_m，T_L，T_g 为恒定常数，即 $F_m = C_f$，$T_L = C_L$，$T_g = C_g$ 时，$F_m(s) = C_f/s$，$T_L(s) = C_L/s$，$T_g(s) = C_g/s$，式(5.37) 可变换为

$$E(s) = \frac{\{R_mJ_{eff}s^2 + [R_mB_{eff} + K_I(k_e + K_1K_v)]s\}\Theta_d(s) + nR_m(C_f + C_L + C_g)/s}{\Omega(s)} \tag{5.38}$$

应用终值定理 $e_{ss} = \lim\limits_{t\to\infty}e(t) = \lim\limits_{s\to 0}sE(s)$，可求得控制系统的稳态误差。

当输入为阶跃信号，即 $\Theta_d(s) = C_\theta/s$ 时，系统的稳态位置误差为

$$e_{ssP} = \frac{R_m(C_f + C_L + C_g)}{K_PK_I} \tag{5.39}$$

应用自动控制的一般原理和方法，还可以分析控制器稳态速度误差和稳态加速度误差。对于控制器的稳态误差，可由要求的力矩补偿信号进行“前馈补偿”，从而将稳态误差限制在允许

的范围内。

5.2.2 多关节位置控制

机器人一般由多个关节组成,在机器人运动过程中,各关节需要按照轨迹规划的结果同时运动,这时各运动关节之间的力和力矩会产生相互作用,机器人控制系统是一个多输入多输出(MIMO)控制系统,不能对每个关节应用前述的单关节位置控制器。要克服机器人各关节之间的相互耦合作用,需要分析机器人动作的动态特性,进行附加力矩补偿。

机器人的动力学方程表示了机器人的动态特性,在本书第 4 章讨论过机器人动力学方程。对于六连杆机器人,其拉格朗日动力学方程的一般形式为

$$T_i = \sum_{j=1}^{6} D_{ij}\ddot{q}_j + J_{ai}\ddot{q}_i + \sum_{j=1}^{6}\sum_{k=1}^{6} D_{ijk}\dot{q}_j\dot{q}_k + D_i, \quad i = 1, 2, \cdots, 6 \tag{5.40}$$

动力学方程是计算机器人系统动态特性的理论依据,下面依据它来讨论多关节机器人控制时的力矩补偿问题。

从式(5.40)可见,每个关节所需要的力矩 T_i 由四个部分组成:第一项表示所有关节惯量的作用。在单关节运动情况下,所有其他关节均被锁住,而且各个关节的惯量被集中在一起。在多关节同时运动的情况下,存在关节间耦合惯量的作用。这些力矩项 $\sum_{j=1}^{6} D_{ij}\ddot{q}_j$ 可以通过前馈输入到关节 i 控制器的输入端,用以补偿关节间的互相作用。式中第二项表示了传动轴上的等效转动惯量为 J_{ai} 的关节 i 传动装置的惯性力矩,已在单关节控制器中讨论过它。式中的第三项表示向心力和哥氏力的作用,这些力矩项也需要前馈输入到关节 i 的控制器,以补偿各关节间的实际互相作用。式中的最后一项是由重力引起的力矩,采用 D_i 作为最好估计值前馈输入到控制器,用以补偿重力的影响。

如果把机器人的位置控制研究更深入一步:不仅要求机器人定位在某点上,而且要求跟踪指定的目标轨迹,即轨迹控制,这时机器人各关节必须按照给定的时间函数来运动。要完成这样的运动需要按照自动控制理论的一般原理按输入信号进行前馈补偿:在控制器的前向通道上引入输入信号的速度和加速度信号。这样控制器的输出量在任何时刻都可以完全无误地复现输入量,具有理想的时间相应特性。

进行了各种力矩补偿后的关节控制器如图 5.9 所示。

由图可见,要实现多关节机器人的控制,需要计算出具体机器人的各前馈元件的 D_{ij},D_{ijk} 和 D_i。这些参数的计算是一项复杂的任务,特别是当机器人运动时,如果它的位置和姿态参数发生变化,计算任务就更加艰巨。在实际应用中,可以根据机器人的具体运动状态进行一些简化,例如在太空失重的情况下,可以忽略重力项的影响,认为惯性项是主要的;如果机器人运动很缓慢,方程中与向心加速度和哥氏加速度相关的项可以忽略掉。

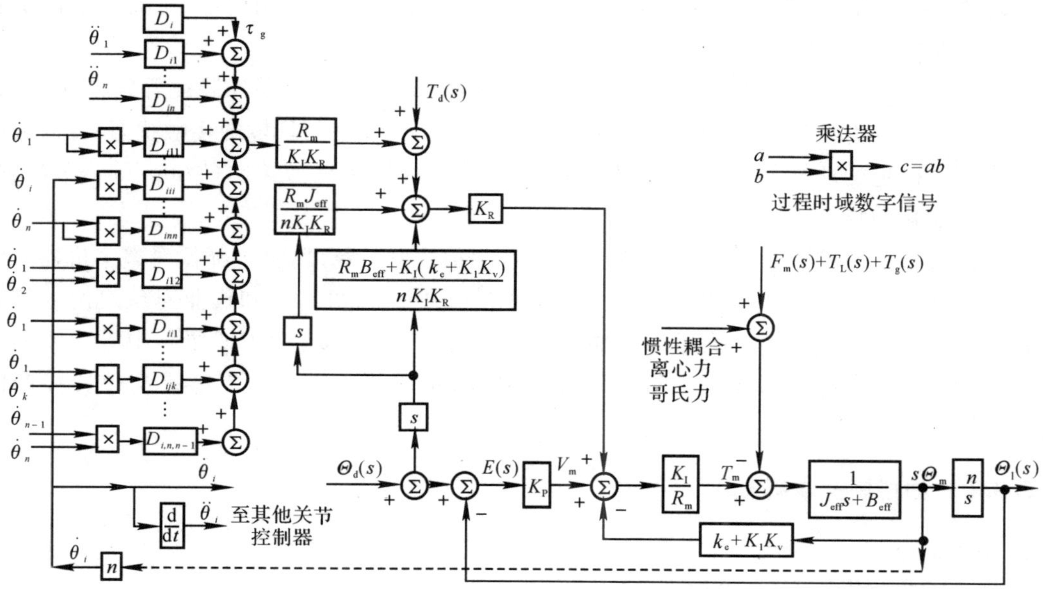

图 5.9　具有多个关节的机器人第 i 个关节控制器

5.3　机器人的力控制

目前用于喷漆、搬运、点焊等操作的工业机器人只具有简单的轨迹控制。轨迹控制适用于机器人的末端执行器在空间沿某一规定的路径运动，在运动过程中末端执行器不与任何外界物体接触。对于执行擦玻璃、转动曲柄、拧螺丝、研磨、打毛刺、装配零件等作业的机器人，其末端执行器与环境之间存在力的作用，且环境中的各种因素不确定，此时仅使用轨迹控制就不能满足要求。执行这些任务时必须让机器人末端执行器沿着预定的轨迹运动，同时提供必要的力使它能克服环境中的阻力或符合工作环境的要求。为了在位置控制系统中能对力进行控制，需要设计一套十分精密的控制装置，同时必须掌握确切的位置参数和环境刚度参数。要制造出这样高精度的机器人，只有放弃对机器人的尺寸、重量方面的追求，并且要付出很高的造价。而对机器人末端执行器上的接触力直接进行控制的方法可以容易地解决此类问题。

以擦玻璃为例，如果机器人手爪抓着一块很大很软的海绵，并且知道玻璃的精确位置，那么通过控制手爪相对于玻璃的位置可以完成擦玻璃作业；但如果作业是用刮刀刮去玻璃表面上的油漆，而且玻璃表面空间位置不准确，或者手爪的位置误差比较大，由于存在沿垂直玻璃表面的误差，作业执行的结果不是刮刀接触不到玻璃就是刮刀把玻璃打碎。因此，根据玻璃位置来控制擦玻璃机器人是行不通的。比较好的方法是控制工具与玻璃之间的接触力，这样即便是工作环境(如玻璃)位置不准确时也能保持工具与玻璃正确接触。相应地,机器人不但要有轨迹控制的功能,而且要有力控制的功能。

机器人具备了力控制功能后,能胜任更复杂的操作任务,如完成零件装配等复杂作业。如果在机械手上安装力传感器,机器人控制器就能够检测出机械手与环境的接触状态,可以进行使机器人在不确定的环境下与该环境相适应的控制,这种控制称为柔顺(Compliance)控制,是机器人智能化的特征。

机器人具备了力控制功能,还可以在一定程度上放宽它的精度指标,降低对整个机器人体积、重量以及制造精度方面的要求。由于采用了测量力的方法,机器人和作业对象之间的绝对位置误差不像单纯位置控制系统那么重要。由于机器人与物体接触后,即便是中等硬度的物体,相对位置的微小变化都会产生很大的接触力,利用这些力进行控制能提高位置控制的精度。

5.3.1 力控制基本概念

1. 作业约束

机器人运动学和动力学并没有讨论机器人与环境接触时的关系,但由于力只有在两个物体接触时才产生,因此机器人的力控制是将环境考虑在内的控制问题,也是在环境约束条件下的控制问题。

机器人在执行任务时一般受到两种约束:一种是自然约束,它是指机器人手爪(或工具)与环境接触时,环境的几何特性构成对作业的约束。另一种是人为约束,它是人为给定的约束,用来描述机器人预期的运动或施加的力。

自然约束是在某种特定的接触情况下自然发生的约束,与机器人的运动轨迹无关。例如,当机器人手部与固定刚性表面接触时,不能自由穿过这个表面,称为自然位置约束;若这个表面是光滑的,则不能对手爪施加沿表面切线方向的力,称为自然力约束。一般可将接触表面定义为一个广义曲面,沿曲面法线方向定义自然位置约束,沿切线方向定义自然力约束。

人为约束与自然约束一起规定出希望的运动或作用力,每当指定一个需要的位置轨迹或力时,就要定义一组人为约束条件。人为约束也定义在广义曲面的法线和切线方向上,但人为力约束在法线方向上,人为位置约束在切线方向上,以保证与自然约束相容。

图5.10表示出了旋转曲柄和拧螺丝两种作业的自然约束和人为约束。在图5.10(a)中,约束坐标系建立在曲柄上,随曲柄一起运动,规定${}^{C}x$方向总是指向曲柄的轴心。当机器人手爪紧握曲柄的手把摇着曲柄转动时,手把可以绕自身的轴心转动。在图5.10(b)中,约束坐标系建在螺丝刀顶端,在工作时随螺丝刀一起转动。为了不让螺丝刀从螺钉槽中滑出,在方向${}^{C}y$的力为零作为约束条件之一。在约束坐标系中某个自由度若有自然位置约束,则在该自由度上就应规定人为力约束,反之亦然。为适应位置和力的约束,在约束坐标系中的任何给定自由度都要受控制。机器人的位置约束用手爪在约束坐标系中的速度分量$[v_x \quad v_y \quad v_z \quad \omega_x \quad \omega_y \quad \omega_z]^T$表

示，力约束则用在约束坐标系中的力 / 力矩分量$[f_x \quad f_y \quad f_z \quad \tau_x \quad \tau_y \quad \tau_z]^T$表示。

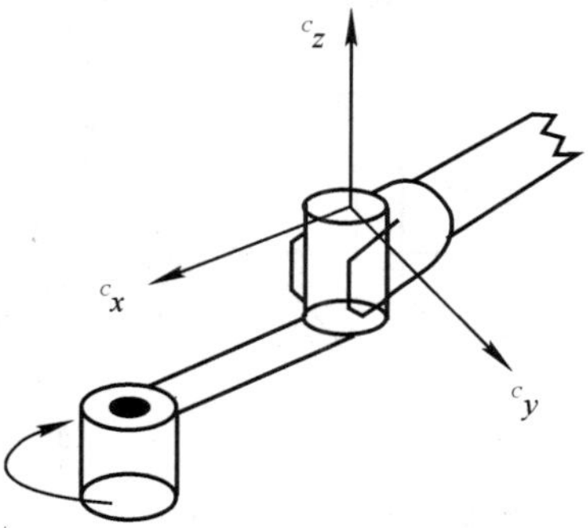

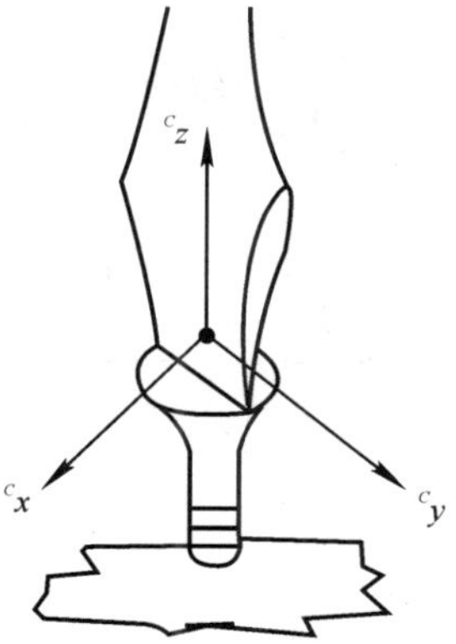

图 5.10　两种作业的自然约束和人为约束

在图 5.10(a) 中，　自然约束：$v_x=0, v_z=0, \omega_x=0, \omega_y=0; f_y=0, \tau_z=0$。

人为约束：$v_y=0, \omega_z=\alpha_1; f_x=0, f_z=0, \tau_x=0, \tau_y=0$。

在图 5.10(b) 中，　自然约束：$v_x=0, \omega_x=0, \omega_y=0, v_z=0; f_y=0, \tau_z=0$。

人为约束：$v_y=0, \omega_z=\alpha_2; f_x=0, \tau_x=0, \tau_y=0, f_z=\alpha_3$。

可见，自然约束和人为约束把机器人的运动分成两组正交的集合，在控制时必须根据不同的规则对这两组集合进行控制。

2. 控制策略

对于机器人旋转曲柄和拧螺丝这样的任务，在整个工作过程中自然约束和人为约束保持不变，但在比较复杂的情况下，如机器人执行装配作业时，需要把一个复杂的任务分成若干个子任务，对每个子任务规定约束坐标系和相应的人为约束，各子任务的人为约束组成一个约束序列，按照这个序列实现预期的任务。在执行作业过程中，必须能够检测出机器人与环境接触状态的变化，以便为机器人跟踪环境(用自然约束描述）提供信息。根据自然约束的变化，调用人为约束条件，实施与自然约束和人为约束相适应的控制。

图 5.11 表示将一个销子插入孔中的装配过程：首先把销子放在孔的左侧平面上，然后在平面上平移滑动，直到掉入孔中，再将销子向下插入孔底。上述每个动作定义为一个子任务，然后分别给出自然约束和人为约束，根据检测出的自然约束条件变化的信息，调用人为约束条件。

将约束坐标系建在销子上，在销子从空中向下落的过程中，销子与环境不接触，其运动不受任何约束，因此自然约束为

$$F=0$$

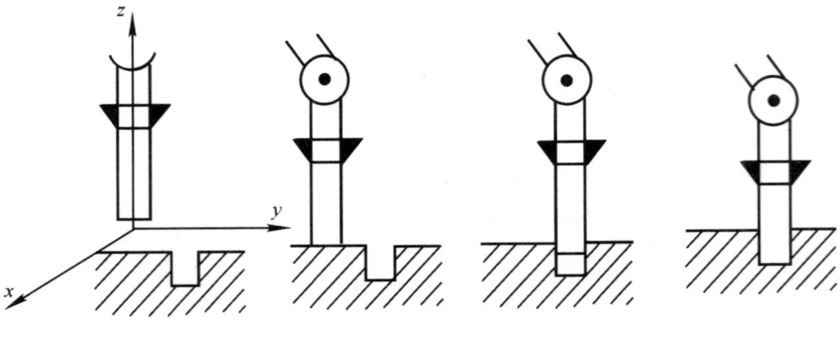

(a) (b) (c) (d)

图 5.11 插销入孔作业过程

根据任务要求，规定任务约束条件是销子沿 z 方向以速度 v_z 趋近平面，所以人为约束为

$$\boldsymbol{v} = [0 \quad 0 \quad v_z \quad 0 \quad 0 \quad 0]^{\mathrm{T}}$$

当销子下降到与平面接触时，如图 5.11(b) 所示，可以通过力传感器检测到接触的发生，生成了一组新的自然约束：销子不能再沿 z 方向运动，也不能在 x 和 y 方向自由转动，同时在其他 3 个自由度上不能自由地作用力，其自然约束表达式为

$$v_z = 0, \quad \omega_x = 0, \quad \omega_y = 0; \quad f_x = 0, \quad f_y = 0, \quad \tau_z = 0$$

在此条件下，人为约束的规定应满足销子在平面上沿 y 方向以速度 v_h 滑动，并在 z 方向施加较小的力 f_i 保持销子与平面接触，所以人为约束表达式为

$$v_x = 0, \quad v_y = v_h, \quad \omega_z = 0; \quad f_z = f_i, \quad \tau_x = 0, \quad \tau_y = 0$$

当检测到沿 z 方向的速度，表明销子进入了孔中，如图5.11(c) 所示，说明自然约束又发生了变化，必须改变人为约束条件，即以速度 v_{in} 把销子插入孔中。这时，自然约束为

$$v_x = 0, \quad v_y = 0, \quad \omega_x = 0, \quad \omega_y = 0; \quad f_z = 0, \quad \tau_z = 0$$

相应的人为约束为

$$v_z = v_{\mathrm{in}}, \quad \omega_z = 0; \quad f_x = 0, \quad f_y = 0, \quad \tau_x = 0, \quad \tau_y = 0$$

从以上过程可以看出：自然约束的变化是依据检测到的信息来确认的，而这些被检测的信息多数是不受控制的位置或力的变化量。例如，销子从接近到接触，被控制量是位置，而用来确定是否达到接触状态的被检测量是不受控制的力；手部的位置控制是沿着有自然力约束的方向，而手部的力控制则是沿着有自然位置约束的方向。

3. 柔顺控制

所谓柔顺是指机器人对外界环境变化适应的能力。机器人与外界环境接触时，即使外界环境发生了变化（如零件位置或尺寸的变化），机器人仍然能够与环境保持预定的接触力，这就是机器人的柔顺能力。为了使机器人具有一定的柔顺能力，需要对机器人进行柔顺控制。柔顺控制的本质是力和位置的混合控制。

实现柔顺控制的方法有两类：一类是力和位置混合控制，另一类是阻抗控制。

所谓力和位置混合控制，是指机器人末端执行器在某个方向受到约束时，同时进行不受约束方向的位置控制和受约束方向的力控制的控制方法。其特点是力和位置是独立控制的以及控制规律是以关节坐标给出的。

阻抗控制不是直接控制期望的力和位置，而是通过控制力和位置之间的动态关系来实现柔顺控制。这种动态关系类似于电路中阻抗的概念，因而称为阻抗控制。任一自由度上的机械阻抗是该自由度上的动态力增量与由它引起的动态位移增量之比，机械阻抗是个非线性动态系数，表征了机械动力学系统在任一自由度上的动刚度。阻抗控制，顾名思义，就是控制力和位移之间的动力学关系，使机器人末端呈现需要的刚性和阻尼。

5.3.2　力和位置混合控制

机器人的手爪和外界环境接触有两种极端状态：一种是手爪在空间自由运动，即手爪与外界环境没有力的作用，如图 5.12(a) 所示，自然约束为 $F=0$，即在手爪的任何方向上都不能施加力和力矩，这种情况属于单纯的位置控制问题。另一种是手爪与环境固接在一起，如图 5.12(b) 所示，手爪完全不能自由改变位置，即手爪的自然约束是六个位姿约束，可在任何方向施加力和力矩，这种情况纯属力控制问题。第二种情况在实际中很少出现，大多数情况是部分自由度受位置约束，部分自由度受力约束，因此需要进行力和位置混合控制。

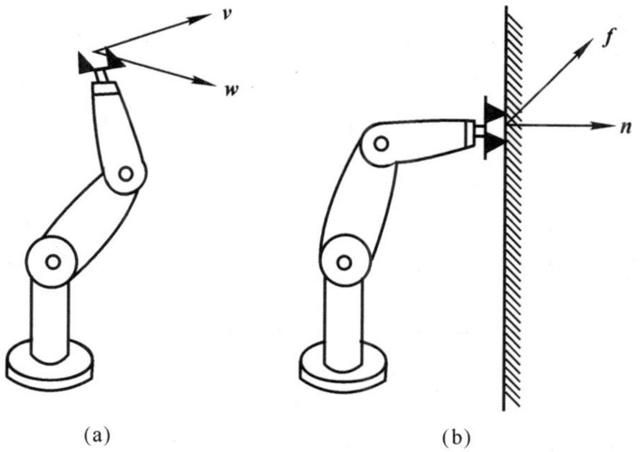

图 5.12　机器人手爪与环境接触的两种极端情况

按照控制策略，机器人力和位置的混合控制需要解决下面三个问题：

(1) 在存在力自然约束的方向上施加位置控制；

(2) 在存在位置自然约束的方向上施加力控制；

(3) 根据接触状态，规定约束坐标系，将整个形位空间分解成两个正交的子空间，分别实施位置和力控制。

如图 5.13 所示，3 自由度直角坐标机器人与平面接触，约束坐标系 $\{C\}$ 的 ^{C}y 轴与平面垂直，其他两轴 ^{C}x 和 ^{C}z 在切面内，分别与机械手的三个关节轴线 y，x 和 z 一致。显然，^{C}y 方向需要进行力控制，而 ^{C}x 和 ^{C}z 方向需要进行位置控制，所以机械手关节 1 和 3 应该使用轨迹控制器，关节 2 使用力控制器，于是在 ^{C}x 和 ^{C}z 方向设定位置轨迹，而在 ^{C}y 方向独立地设定力轨迹(一般为常数)。

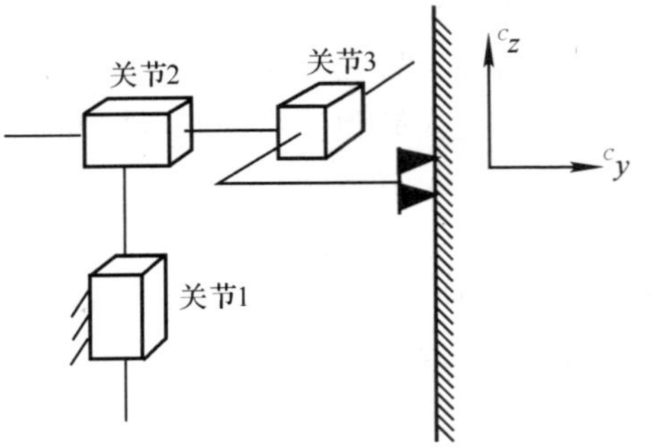

图 5.13　自由度直角坐标机器人与平面接触

如果外界环境发生变化，对于机器人的某个自由度原来进行力控制的可能要改变为轨迹控制，原来进行轨迹控制的可能要改变为力控制。这样，对每个自由度要求既能进行轨迹控制又能进行力控制。因此，对于 3 自由度机器人控制器的结构，应使它既可用于全部 3 自由度位置控制，也能用于 3 自由度的力控制。当然，对于同一自由度一般不需要同时进行位置和力控制，因此需要设置一种工作模式，用来指明在给定的时刻每个自由度究竟施加哪种控制模式。

图 5.14 所示是 3 自由度直角坐标机器人的力和位置混合控制器框图，3 个关节既有位置控制器又有力控制器，图中引入的两组 3×3 阶对角阵 $\boldsymbol{S}$ 和 $\boldsymbol{S}'$(选择矩阵)，实际上是两组互锁开关，用来根据条件设置各个自由度所要求的控制模式。如要求对第 i 个关节进行位置(或力)控制，则矩阵 $\boldsymbol{S}$(或 $\boldsymbol{S}'$) 对角线上的第 i 个元素为 1，否则为 0。此时，对应于图 5.14 的 $\boldsymbol{S}$ 和 $\boldsymbol{S}'$ 应为

$$\boldsymbol{S}=\begin{bmatrix}1&0&0\\0&0&0\\0&0&1\end{bmatrix},\quad \boldsymbol{S}'=\boldsymbol{I}-\boldsymbol{S}=\begin{bmatrix}0&0&0\\0&1&0\\0&0&0\end{bmatrix}$$

与选择矩阵 $\boldsymbol{S}$ 和 $\boldsymbol{S}'$ 相对应，系统共有 3 个轨迹分量受控，分别为位置轨迹和力轨迹的一种组合。当系统某关节以位置(或力) 控制方式工作时，该关节的力(或位置) 误差信息将被忽略。

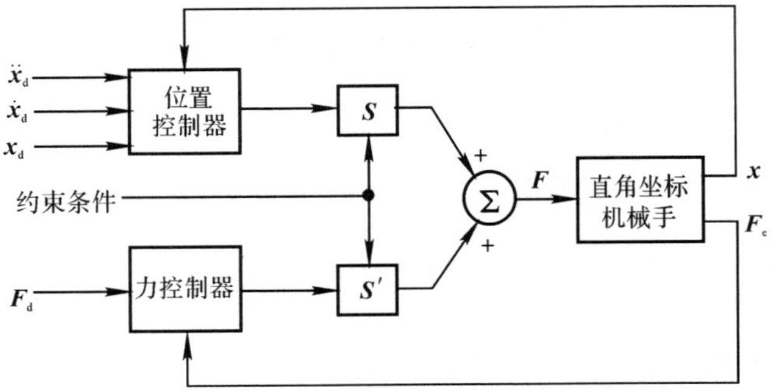

图 5.14　3 自由度直角坐标机器人力和位置混合控制框图

值得注意的是，图 5.14 所示的力和位置混合控制器是针对关节轴线与约束坐标系{C}完全一致的特定情况，如果要将此控制方案应用于一般的机器人，使之适应于任意约束坐标系，需要将机器人的动力学方程式写成终端执行器在直角坐标系的形式，详细内容见有关参考文献。

一种力和位置混合控制系统如图 5.15 所示。其中 $\boldsymbol{x}$ 为约束坐标系中的位置矢量，$\boldsymbol{x}_E$ 为接触环境的位置矢量，K_E 为与接触有关的结构（手臂、传感器、环境等）的综合刚度，$\boldsymbol{F}$ 为接触力矢量，$\boldsymbol{J}$ 为雅可比矩阵，$\boldsymbol{F}_d$ 为在约束坐标系中的期望力矢量，$\boldsymbol{x}_d$ 为在约束坐标系中的期望位置向量。$\boldsymbol{S}$（选择矩阵）是对角线元素为 1 或 0 的对角矩阵，其阶数为 6×6，$\boldsymbol{I}$ 为 6×6 阶单位矩阵。由选择矩阵 $\boldsymbol{S}$ 确定约束坐标系 6 个自由度中的哪个自由度受力控制，哪个自由度受位置控制。由图可见，系统具有位置控制回路、力控制回路和速度阻尼回路。

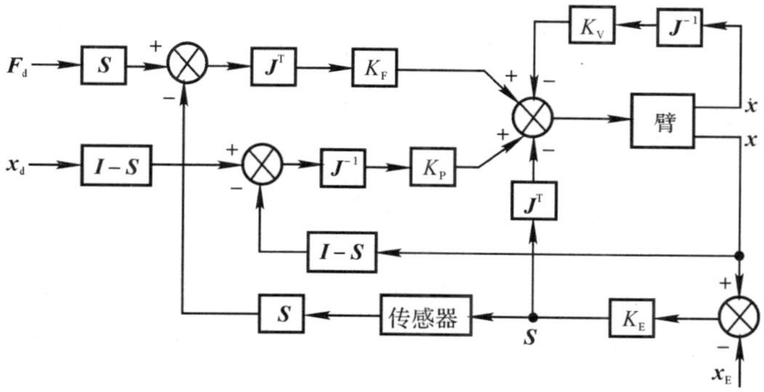

图 5.15　力和位置混合控制器结构

5.4　机器人变结构控制

变结构控制由苏联学者在 20 世纪 50 年代提出，由于受当时的技术条件和控制手段的限制，这种理论没有得到迅速发展。近年来，随着计算机技术的发展和应用，使得变结构控制技术能方便地实现，并不断充实和发展，目前变结构控制已成为非线性控制的一种简单而有效的方法。

变结构控制系统的特点是，在动态控制过程中，系统的结构根据系统当时的状态偏差及其各阶导数的变化，以跃变的方式按设定的规律作相应改变，它是一类特殊的非线性控制系统。滑模变结构控制就是其中一种，该类控制系统预先在状态空间设定一个特殊的超越曲面，由不连续的控制规律，不断变换控制系统结构，使其沿着这个特定的超越曲面向平衡点滑动，最后渐近稳定至平衡点。其特点可归纳为以下几点：

（1）变结构控制方法对于系统参数的时变规律、非线性程度以及外界干扰等不需要精确的数学模型，只要知道它们的变化范围，就能对系统进行精确的轨迹跟踪控制。

(2) 控制器设计中对系统内部的耦合不需要进行专门解耦处理，因为变结构控制方法设计过程本身就是解耦过程，因此在多输入多输出系统中，多个控制器设计可按各自独立系统进行，其参数选择也不是十分严格。

(3) 系统进入滑动模态后，对系统参数及扰动变化反应迟钝，始终沿着设定滑线运动，具有很强的鲁棒性。

(4) 滑模变结构控制系统快速性好，无超调，计算量小，实时性强。

由此可见，变结构控制很适合于机器人的控制。

5.4.1 变结构控制的基本原理

对于一般非线性系统，系统动态方程可写为

$$\dot{\boldsymbol{x}}(t)=f(\boldsymbol{x},\boldsymbol{u},t) \tag{5.41}$$

式中 $\boldsymbol{x}$——n 维状态矢量；

$\boldsymbol{u}$—— 输入控制矢量；

f—— 状态矢量与输入矢量的非线性函数。

$$u_i(\boldsymbol{x},t)=\begin{cases}u_i^+(\boldsymbol{x},t),\ s_i(\boldsymbol{x})>0\\ u_i^-(\boldsymbol{x},t),\ s_i(\boldsymbol{x})<0\end{cases} \tag{5.42}$$

式中，$s_i(\boldsymbol{x})=0$ 是 m 维切换函数 $s(\boldsymbol{x})=0$ 的第 i 个分量。在几何上，$s(\boldsymbol{x})=0$ 又称为切换曲面、超平面或流形，它通常包含状态空间的坐标原点。可以看出，不连续曲面 $s(\boldsymbol{x})=0$ 将状态空间分割为 2^m 个区域或 2^m 个连续的子系统，而每个子系统具有不同的控制器结构，所以整个空间中控制是不连续的。因此，由式(5.41) 和式(5.42) 组成的闭环系统称为变结构控制系统，简记为 VSCS 或 VSS。

控制设计的目标是选择 s_i，u_i^+ 和 u_i^-，使系统的状态 $\boldsymbol{x}$ 跟踪给定状态 $\boldsymbol{x}_d$。

取状态跟踪矢量为

$$\tilde{\boldsymbol{x}}=\boldsymbol{x}_d-\boldsymbol{x}=[\tilde{y}\quad \dot{\tilde{y}}\quad \cdots\quad \overset{n-1}{\tilde{y}}]^T \tag{5.43}$$

一般情况下可取开关超平面为

$$s=\overset{n-1}{\tilde{y}}+c_1\overset{n-2}{\tilde{y}}+\cdots+c_{n-2}\dot{\tilde{y}}+c_{n-1}\tilde{y}=0 \tag{5.44}$$

其中的参数 c_1，c_2，…，c_{n-1} 由设计人员选择，为了减少选择参数，通常选择下面的开关超平面方程：

$$s=\left(\frac{\mathrm{d}}{\mathrm{d}t}+\lambda\right)^{n-1}\tilde{y}=0 \tag{5.45}$$

其中 $\lambda>0$，这时只有 λ 是要选择的设计参数，可根据对系统的频带要求来给定。例如，当 $n=2$

时，开关超平面方程为

$$s = \frac{\mathrm{d}\tilde{y}}{\mathrm{d}t} + \lambda\tilde{y} = 0$$

当 $n = 3$ 时，开关超平面方程为

$$s = \frac{\mathrm{d}^2\tilde{y}}{\mathrm{d}t^2} + 2\lambda\frac{\mathrm{d}\tilde{y}}{\mathrm{d}t} + \lambda^2\tilde{y} = 0$$

为了实现滑模变结构控制，要求适当地设计控制规律 u_i，使位于 $s_i(\boldsymbol{x})$ 的邻域中的任一状态都指向 $s_i(\boldsymbol{x}) = 0$，即

$$\left.\begin{aligned}\lim_{s_i \to 0^+} \dot{s}_i < 0 \\ \lim_{s_i \to 0^-} \dot{s}_i > 0\end{aligned}\right\} \tag{5.46}$$

或

$$\lim_{s_i \to 0} s_i \dot{s}_i \leqslant 0$$

可进一步写成

$$s\dot{s} \leqslant -\eta \mid s \mid, \quad \eta > 0 \tag{5.47}$$

若上式得以满足，则不管系统的初态如何，系统的运动相点首先被"吸引"到 $s = 0$ 开关面上，然后再沿着开关面运动到原点，也就是说该系统是大范围内渐近稳定的，这一结论可以用李雅普诺夫稳定性理论证明。若设 $V = s^2$ 为系统的李雅普诺夫函数，显然它是正定的，而式(5.47) 保证了 $\mathrm{d}V/\mathrm{d}t = 2s\dot{s} < 0$，从而说明系统是大范围渐进稳定的。

从上面分析可以看出，变结构控制系统的动态过程分为两段：第一段运动相点从初态开始运动到开关面上，第二段运动相点沿开关面运动到原点，此时满足开关面方程，即

$$\left(\frac{\mathrm{d}}{\mathrm{d}t} + \lambda\right)^{n-1}\tilde{y} = 0$$

其特征方程为$(p + \lambda)^{n-1} = 0$，它相当于 $n - 1$ 个时间常数均为 $1/\lambda$ 的惯性环节串联，总的等效时间常数约为$(n-1)/\lambda$。因此当相点运动到开关面后，系统的状态误差将以指数形式衰减到零。

5.4.2　机器人的滑模变结构控制器

机器人的滑模变结构控制器的一般结构如图 5.16 所示。

在第 4 章讨论机器人动力学问题时，得到含有 n 个关节的机器人动力学模型为

$$\boldsymbol{D}(\boldsymbol{q})\ddot{\boldsymbol{q}} + \boldsymbol{C}(\boldsymbol{q}, \dot{\boldsymbol{q}}) + \boldsymbol{G}(\boldsymbol{q}) = \boldsymbol{T} \tag{5.48}$$

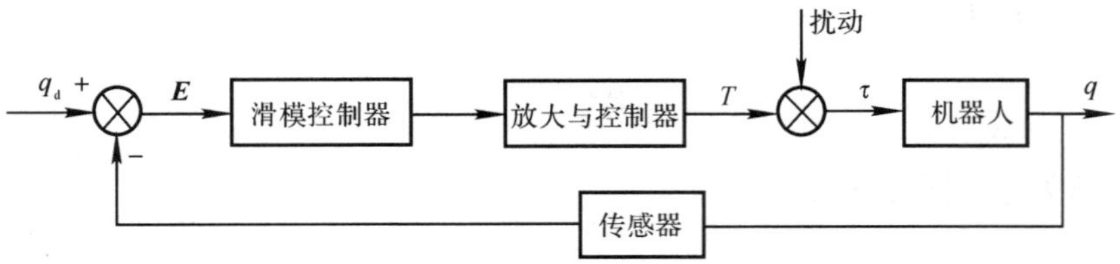

图 5.16　机器人滑模变结构控制系统的一般结构

为了简化分析，令

$$\boldsymbol{W}(\boldsymbol{q},\ \dot{\boldsymbol{q}}) = \boldsymbol{C}(\boldsymbol{q},\ \dot{\boldsymbol{q}}) + \boldsymbol{G}(\boldsymbol{q})$$

则式(5.48)变为

$$\boldsymbol{D}(\boldsymbol{q})\ddot{\boldsymbol{q}} + \boldsymbol{W}(\boldsymbol{q},\ \dot{\boldsymbol{q}}) = \boldsymbol{T} \tag{5.49}$$

由于惯性矩阵 $\boldsymbol{D}(\boldsymbol{q})$ 总是非奇异矩阵，则

$$\ddot{\boldsymbol{q}} = -\boldsymbol{D}^{-1}(\boldsymbol{q})\boldsymbol{W}(\boldsymbol{q},\ \dot{\boldsymbol{q}}) + \boldsymbol{D}^{-1}(\boldsymbol{q})\boldsymbol{T} \tag{5.50}$$

设

$$\boldsymbol{B}(\boldsymbol{q}) = \boldsymbol{D}^{-1}(\boldsymbol{q})$$

则式(5.50)可变为

$$\ddot{\boldsymbol{q}} = -\boldsymbol{B}(\boldsymbol{q})\boldsymbol{W}(\boldsymbol{q},\ \dot{\boldsymbol{q}}) + \boldsymbol{B}(\boldsymbol{q})\boldsymbol{T} \tag{5.51}$$

如果设状态变量 $\boldsymbol{x}_1 = \boldsymbol{q}$，$\boldsymbol{x}_2 = \dot{\boldsymbol{q}}$，则可将式(5.51)写成状态方程的形式

$$\left.\begin{aligned} \dot{\boldsymbol{x}}_1 &= \boldsymbol{x}_2 \\ \dot{\boldsymbol{x}}_2 &= -\boldsymbol{B}(\boldsymbol{x}_1)\boldsymbol{W}(\boldsymbol{x}_1,\ \boldsymbol{x}_2) + \boldsymbol{B}(\boldsymbol{x}_1)\boldsymbol{T} \end{aligned}\right\} \tag{5.52}$$

设期望的轨迹为 $\boldsymbol{q}_{\mathrm{d}} = \boldsymbol{x}_{1\mathrm{d}}$，$\dot{\boldsymbol{q}}_{\mathrm{d}} = \boldsymbol{x}_{2\mathrm{d}}$，则轨迹误差为

$$\boldsymbol{E} = \boldsymbol{x}_{1\mathrm{d}} - \boldsymbol{x}_1 \tag{5.53}$$

进而有

$$\left.\begin{aligned} \dot{\boldsymbol{E}} &= \dot{\boldsymbol{x}}_{1\mathrm{d}} - \dot{\boldsymbol{x}}_1 = \boldsymbol{x}_{2\mathrm{d}} - \boldsymbol{x}_2 \\ \ddot{\boldsymbol{E}} &= \ddot{\boldsymbol{x}}_{1\mathrm{d}} - \ddot{\boldsymbol{x}}_1 = \dot{\boldsymbol{x}}_{2\mathrm{d}} - \dot{\boldsymbol{x}}_2 \end{aligned}\right\} \tag{5.54}$$

选择开关超平面函数为

$$\boldsymbol{S} = \dot{\boldsymbol{E}} + \boldsymbol{H}\boldsymbol{E} \tag{5.55}$$

式中

$$\boldsymbol{S} = [s_1\quad s_2\quad \cdots\quad s_n]^{\mathrm{T}},\ \boldsymbol{E} = [e_1\quad e_2\quad \cdots\quad e_n]^{\mathrm{T}}$$

$$\boldsymbol{H} = \mathrm{diag}[h_1\quad h_2\quad \cdots\quad h_n],\quad h_i = \mathrm{const} > 0$$

假定系统状态被约束在开关平面上，则产生滑动运动的相应控制量 $\boldsymbol{T}$ 可由 $\dot{\boldsymbol{S}} = \boldsymbol{0}$ 求得

$$\dot{\boldsymbol{S}} = \ddot{\boldsymbol{E}} + \boldsymbol{H}\dot{\boldsymbol{E}} \tag{5.56}$$

由式(5.52)、式(5.54)和式(5.56)可得

$$\dot{\boldsymbol{S}} = \dot{\boldsymbol{x}}_{2d} - \dot{\boldsymbol{x}}_2 + \boldsymbol{H}(\boldsymbol{x}_{2d} - \boldsymbol{x}_2) = \dot{\boldsymbol{x}}_{2d} + \boldsymbol{B}(\boldsymbol{x}_1)\boldsymbol{W}(\boldsymbol{x}_1, \boldsymbol{x}_2) - \boldsymbol{B}(\boldsymbol{x}_1)\boldsymbol{T} + \boldsymbol{H}(\boldsymbol{x}_{2d} - \boldsymbol{x}_2) \tag{5.57}$$

将上式写成分离形式为

$$\dot{s}_i = \dot{x}_{2di} + \sum_{j=1}^{n} b_{ij} w_j - \sum_{j=1}^{n} b_{ij} \tau_j + h_i (x_{2di} - x_{2i}) \tag{5.58}$$

下面的问题是如何选择上式中 τ_j，使得式(5.47)表示的条件成立。首先设 $\dot{\boldsymbol{S}} = \boldsymbol{0}$，由式(5.57)可得出控制量的估计值

$$\boldsymbol{T}^* = \boldsymbol{W}(\boldsymbol{x}_1, \boldsymbol{x}_2) + \boldsymbol{D}(\boldsymbol{x}_1)[\dot{\boldsymbol{x}}_{2d} + \boldsymbol{H}(\boldsymbol{x}_{2d} - \boldsymbol{x}_2)] \tag{5.59}$$

由于在控制系统中式(5.59)中的 $\boldsymbol{W}(\boldsymbol{x}_1, \boldsymbol{x}_2)$ 和 $\boldsymbol{D}(\boldsymbol{x}_1)$ 不可能给出精确值，所以称 $\boldsymbol{T}^*$ 为估计值，此时需要在控制量中加入修正量 $\boldsymbol{T}_g$，即

$$\boldsymbol{T} = \boldsymbol{T}^* + \boldsymbol{T}_g \tag{5.60}$$

将式(5.59)和式(5.60)代入式(5.57)，得

$$\dot{\boldsymbol{S}} = -\boldsymbol{B}(\boldsymbol{x}_1)\boldsymbol{T}_g \tag{5.61}$$

$\dot{\boldsymbol{S}}$ 的第 i 项为

$$\dot{s}_i = -\sum_{j=1}^{n} b_{ij} \tau_{gj} \tag{5.62}$$

为了保证产生滑动运动的条件 $\dot{s}_i s_i < 0$，$i = 1, 2, \cdots, n$，如下选择修正量 τ_{gj}。

$$\dot{s}_i = -\sum_{j=1}^{n} b_{ij} \tau_{gj} \leqslant -\lambda_i \operatorname{sgn}(s_i) \quad (i = 1, 2, \cdots, n;\ s_i \neq 0) \tag{5.63}$$

式中，$\operatorname{sgn}(s_i)$ 表示 s_i 的符号，$\lambda_i = \text{const} > 0$，此时 $\dot{s}_i s_i = -\lambda_i | s_i | < 0$。

将式(5.63)写成矩阵形式

$$\dot{\boldsymbol{S}} = -\boldsymbol{B}(\boldsymbol{x}_1)\boldsymbol{T}_g = -\boldsymbol{\lambda} \operatorname{sgn}(\boldsymbol{S}) \tag{5.64}$$

式中，$\boldsymbol{\lambda} = \operatorname{diag}(\lambda_1 \quad \lambda_2 \quad \cdots \quad \lambda_n)$，$\operatorname{sgn}(\boldsymbol{S}) = [\operatorname{sgn}(s_1) \quad \operatorname{sgn}(s_2) \quad \cdots \quad \operatorname{sgn}(s_n)]^{\mathrm{T}}$。

由式(5.64)可得修正向量为

$$\boldsymbol{T}_g = \boldsymbol{B}^{-1}(\boldsymbol{x}_1)\boldsymbol{\lambda} \operatorname{sgn}(\boldsymbol{S}) = \boldsymbol{D}(\boldsymbol{x}_1)\boldsymbol{\lambda} \operatorname{sgn}(\boldsymbol{S}) \tag{5.65}$$

将上式展开，得

$$\tau_{gi} = \sum_{j=1}^{n} m_{ij}(\boldsymbol{x}_1) \lambda_i \operatorname{sgn}(s_i) \tag{5.66}$$

所以总的控制向量为

$$\boldsymbol{T} = \boldsymbol{W}(\boldsymbol{x}_1, \boldsymbol{x}_2) + \boldsymbol{D}(\boldsymbol{x}_1)[\boldsymbol{x}_{2d} + \boldsymbol{H}(\dot{\boldsymbol{x}}_{2d} - \boldsymbol{x}_2) + \boldsymbol{\lambda}\mathrm{sgn}(\boldsymbol{S})] \tag{5.67}$$

5.5　机器人自适应控制

机器人的动力学模型存在非线性和不确定因素，这些因素包括未知的系统参数（如摩擦力、外界高频扰动）、非线性动态特性（如重力、哥氏力、向心力的非线性），以及当机器人在工作过程中环境和工作对象的性质和特征的变化。这些未知因素和不确定性，将使控制系统的性能变差，采用一般的反馈技术不能满足控制要求。自适应控制方法可对这些不确定因素实时进行估算，并对有关动态参量进行调整，能够显著改善机器人的控制性能，目前用于刚体机器人的非线性自适应控制理论已相当成熟。

机器人的自适应控制与机器人的动力学模型密切相关，为了阐述机器人自适应控制原理，需要把机器人的动力学方程用状态方程描述。机器人状态方程具有在现代控制论中描述系统动态特性的状态方程的形式，但它仍为复杂的时变非线性方程。

机器人动力学方程的矢量形式为

$$\boldsymbol{F} = \boldsymbol{D}(\boldsymbol{q})\ddot{\boldsymbol{q}} + \boldsymbol{C}(\boldsymbol{q}, \dot{\boldsymbol{q}}) + \boldsymbol{G}(\boldsymbol{q}) \tag{5.68}$$

如果定义

$$\boldsymbol{C}(\boldsymbol{q}, \dot{\boldsymbol{q}}) = \boldsymbol{C}^1(\boldsymbol{q}, \dot{\boldsymbol{q}})\dot{\boldsymbol{q}}, \quad \boldsymbol{G}(\boldsymbol{q}) = \boldsymbol{G}^1(\boldsymbol{q})\boldsymbol{q}$$

则式(5.68)可写成

$$\boldsymbol{F} = \boldsymbol{D}(\boldsymbol{q})\ddot{\boldsymbol{q}} + \boldsymbol{C}^1(\boldsymbol{q}, \dot{\boldsymbol{q}})\dot{\boldsymbol{q}} + \boldsymbol{G}^1(\boldsymbol{q})\boldsymbol{q} \tag{5.69}$$

此式为机器人动力学的拟线性表达式。如定义 $\boldsymbol{x} = [\boldsymbol{q} \quad \dot{\boldsymbol{q}}]^{\mathrm{T}}$ 为 $2n$ 维状态向量，可把式(5.69)表示为机器人的状态方程

$$\dot{\boldsymbol{x}} = \boldsymbol{A}_{\mathrm{P}}(\boldsymbol{x}, t)\boldsymbol{x} + \boldsymbol{B}_{\mathrm{P}}(\boldsymbol{x}, t)\boldsymbol{F} \tag{5.70}$$

此方程是 $2n$ 维，式中，$\boldsymbol{A}_{\mathrm{P}}(\boldsymbol{x}, t) = \begin{bmatrix} \boldsymbol{0} & \boldsymbol{I} \\ -\boldsymbol{D}^{-1}\boldsymbol{G}^1 & -\boldsymbol{D}^{-1}\boldsymbol{C}^1 \end{bmatrix}_{2n\times 2n}$，$\boldsymbol{B}_{\mathrm{P}}(\boldsymbol{x}, t) = \begin{bmatrix} \boldsymbol{0} \\ \boldsymbol{D}^{-1} \end{bmatrix}$，式(5.70)表示的机器人动力学模型是自适应控制器的调节对象。

考虑到实际机器人的结构，需要将传动装置的动力学包含进控制系统的模型。对于 n 个驱动关节的机器人，其传动装置的动力学特性为

$$\boldsymbol{M}_{\mathrm{a}}\boldsymbol{u} - \boldsymbol{\tau} = \boldsymbol{J}_{\mathrm{a}}\ddot{\boldsymbol{q}} + \boldsymbol{B}_{\mathrm{a}}\dot{\boldsymbol{q}} \tag{5.71}$$

式中　$\boldsymbol{u}, \boldsymbol{q}, \boldsymbol{\tau}$ —— 传动装置的输入电压、关节位移和扰动力矩，它们均是 n 维向量；

$\boldsymbol{M}_{\mathrm{a}}, \boldsymbol{J}_{\mathrm{a}}, \boldsymbol{B}_{\mathrm{a}}$ —— 由传动装置参数决定的 $n\times n$ 阶对角矩阵。

扰动力矩 $\boldsymbol{\tau}$ 由两部分组成

$$\boldsymbol{\tau} = \boldsymbol{F}(\boldsymbol{q}, \dot{\boldsymbol{q}}, \ddot{\boldsymbol{q}}) + \boldsymbol{\tau}_{\mathrm{d}} \tag{5.72}$$

式中　$\boldsymbol{F}$ —— 驱动连杆的力矩，由公式(5.69) 确定；

$\boldsymbol{\tau}_{\mathrm{d}}$ —— 包括了电动机的非线性和摩擦力矩。

联立求解式(5.69)、式(5.71) 和式(5.72)，并定义

$$\boldsymbol{J}(\boldsymbol{q}) = \boldsymbol{D}(\boldsymbol{q}) + \boldsymbol{J}_{\mathrm{a}}$$

$$\boldsymbol{E}(\boldsymbol{q}) = \boldsymbol{C}^{1}(\boldsymbol{q}) + \boldsymbol{B}_{\mathrm{a}}$$

$$\boldsymbol{H}(\boldsymbol{q})\boldsymbol{q} = \boldsymbol{G}^{1}(\boldsymbol{q})\boldsymbol{q} + \boldsymbol{\tau}_{\mathrm{d}}$$

则包含机器人传动装置动力学特性的机器人状态方程为

$$\dot{\boldsymbol{x}} = \boldsymbol{A}_{\mathrm{P}}(\boldsymbol{x}, t)\boldsymbol{x} + \boldsymbol{B}_{\mathrm{P}}(\boldsymbol{x}, t)\boldsymbol{u} \tag{5.73}$$

式中

$$\boldsymbol{A}_{\mathrm{P}}(\boldsymbol{x}, t) = \begin{bmatrix} \boldsymbol{0} & \boldsymbol{I} \\ -\boldsymbol{J}^{-1}\boldsymbol{H} & -\boldsymbol{J}^{-1}\boldsymbol{E} \end{bmatrix}_{2n\times 2n}$$

$$\boldsymbol{B}_{\mathrm{P}}(\boldsymbol{x}, t) = \begin{bmatrix} \boldsymbol{0} \\ \boldsymbol{J}^{-1}\boldsymbol{M}_{\mathrm{a}} \end{bmatrix}_{2n\times n}$$

式(5.73) 和式(5.70) 具有相同的形式，均可作为自适应控制系统的调节对象，只是式(5.70) 未包含传动装置的动力学特性，而式(5.73) 表示的更全面。

自适应控制器的主要结构有两种：模型参考自适应控制器(MRAC) 和自校正自适应控制器(STAC)。

5.5.1　模型参考自适应控制

模型参考自适应控制的基本设计思想是为机器人的状态方程式(5.73) 综合一个控制信号 $\boldsymbol{u}$，或为状态方程式(5.70) 综合一个输入 $\boldsymbol{F}$，这种控制信号将以一定的由参考模型所规定的期望方式，迫使系统具有需要的特性。模型参考自适应控制器的结构如图 5.17 所示。

指定的参考模型可选为一稳定的线性定常系统

$$\dot{\boldsymbol{y}} = \boldsymbol{A}_{\mathrm{m}}\boldsymbol{y} + \boldsymbol{B}_{\mathrm{m}}\boldsymbol{r} \tag{5.74}$$

式中　$\boldsymbol{y}$ ——$2n$ 维参考模型状态向量；

$\boldsymbol{r}$ ——$2n$ 维参考模型输入向量。

且

$$\boldsymbol{A}_{\mathrm{m}} = \begin{bmatrix} \boldsymbol{0} & \boldsymbol{I} \\ -\boldsymbol{\Lambda}_1 & -\boldsymbol{\Lambda}_2 \end{bmatrix}, \quad \boldsymbol{B}_{\mathrm{m}} = \begin{bmatrix} \boldsymbol{0} \\ \boldsymbol{\Lambda}_1 \end{bmatrix}$$

式中　$\boldsymbol{\Lambda}_1$ —— 含有 ω_i 项的 $n \times n$ 阶对角矩阵；

$\boldsymbol{\Lambda}_2$ —— 含有 $2\xi_i\omega_i$ 的 $n \times n$ 阶对角矩阵。

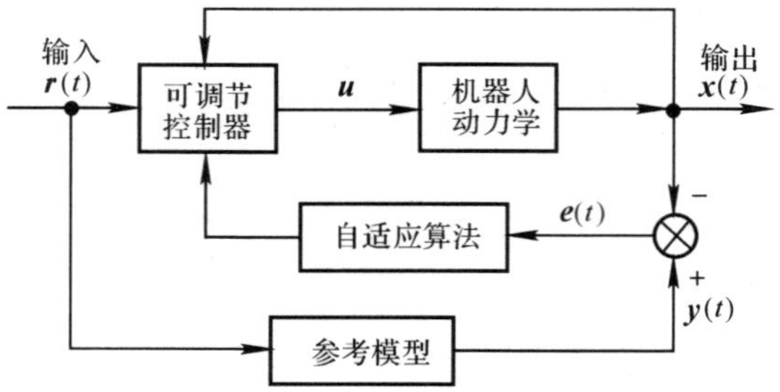

图 5.17　模型参考自适应控制器结构

方程式(5.74)和方程式(5.73)具有相同的形式，但它表示n个含有指定参数ω_i和ξ_i的去耦二阶线性常微分方程

$$\ddot{y}_i + 2\xi_i\omega_i\dot{y}_i + \omega_i^2 y_i = \omega_i^2 \boldsymbol{r} \tag{5.75}$$

式中　$\boldsymbol{r}$——输入的控制量，是由设计者预先规定的理想的机器人运动轨迹。

如图5.17所示，自适应控制器把系统状态$\boldsymbol{x}(t)$反馈给"可调节控制器"，并通过调整，使机器人的状态方程变为可调的。同时，将系统的状态变量$\boldsymbol{x}(t)$与参考模型状态$\boldsymbol{y}(t)$进行比较，所得的状态误差$\boldsymbol{e}$作为自适应算法的输入，其调节的目标是使状态误差接近于零，以实现使机器人具有参考模型的动态特性。

控制器的自适应算法应具有使自适应控制器渐进稳定的功能，可根据李雅普诺夫稳定性判据设计控制器的自适应算法。

设机器人状态方程的输入为

$$\boldsymbol{u} = \boldsymbol{K}_x\boldsymbol{x} + \boldsymbol{K}_u\boldsymbol{r} \tag{5.76}$$

式中　$\boldsymbol{K}_x$，$\boldsymbol{K}_u$——$n\times n$阶时变可调反馈矩阵和前馈矩阵，实现图5.17中"可调节控制器"的功能。

将式(5.76)代入机器人状态方程式(5.73)，得闭环系统的状态方程为

$$\dot{\boldsymbol{x}} = \boldsymbol{A}_s(\boldsymbol{x},\ t)\boldsymbol{x} + \boldsymbol{B}_s(\boldsymbol{x},\ t)\boldsymbol{r} \tag{5.77}$$

式中

$$\boldsymbol{A}_s(\boldsymbol{x},\ t) = \begin{bmatrix} \boldsymbol{0} & \boldsymbol{I} \\ -\boldsymbol{J}^{-1}(\boldsymbol{H}+\boldsymbol{M}_a\boldsymbol{K}_{x_1}) & -\boldsymbol{J}^{-1}(\boldsymbol{E}+\boldsymbol{M}_a\boldsymbol{K}_{x_2}) \end{bmatrix},\quad \boldsymbol{B}_s(\boldsymbol{x},\ t) = \begin{bmatrix} \boldsymbol{0} \\ \boldsymbol{J}^{-1}\boldsymbol{M}_a\boldsymbol{K}_u \end{bmatrix}.$$

式中，$\boldsymbol{K}_{x_1}$和$\boldsymbol{K}_{x_2}$为$\boldsymbol{K}_x$的两个子矩阵，适当地设计$\boldsymbol{K}_{x_1}$和$\boldsymbol{K}_{x_2}$可使机器人状态方程与参考模型完全匹配，即使

$$\boldsymbol{e}(t) = \boldsymbol{y} - \boldsymbol{x} \tag{5.78}$$

趋于零，由式(5.78)，式(5.74)和式(5.77)可得

$$\dot{\boldsymbol{e}} = (\boldsymbol{A}_m - \boldsymbol{A}_s)\boldsymbol{x} + (\boldsymbol{B}_m - \boldsymbol{B}_s)\boldsymbol{r} \tag{5.79}$$

为了系统的稳定性，选取正定李雅普诺夫函数为

$$V = e^{T}Pe + \mathrm{tr}[(A_m - A_s)^{T}F_a^{-1}(A_m - A_s)] + \mathrm{tr}[(B_m - B_s)^{T}F_b^{-1}(B_m - B_s)] \tag{5.80}$$

利用式(5.78)和式(5.79)，并对式(5.80)求导得

$$\dot{V} = e^{T}(A_mP + PA_m)e + \mathrm{tr}[(A_m - A_s)^{T}(Pex^{T} - F_a^{-1}\dot{A}_s)] + \mathrm{tr}[(B_m - B_s)^{T}(Per^{T} - F_b^{-1}\dot{B}_s)] \tag{5.81}$$

根据李雅普诺夫稳定性理论，保证系统稳定的充分必要条件是$\dot{V}$负定，由此可求得

$$A_m^{T}P + PA_m = -Q$$

$$\dot{A}_s = F_aPex^{T} \approx B_P\dot{K}_x$$

$$\dot{B}_s = F_bPer^{T} \approx B_P\dot{K}_u$$

以及

$$\dot{K}_u = K_uB_m^{+}F_bPer^{T},\quad \dot{K}_x = K_uB_m^{+}F_aPex^{T}$$

式中　P,Q —— 对称正定矩阵，B_m^{+} 为 B_m 的伪逆矩阵；

F_a,F_b —— 正定自适应增益矩阵。

满足这些条件的 K_x 和 K_u 可使系统渐进稳定，进而实现自适应控制的目的。

5.5.2　自校正自适应控制

机器人的自校正自适应控制是把机器人状态方程在目标轨迹附近线性化，形成离散摄动方程，用递推最小二乘法辨识摄动方程中系统参数，并在每个采样周期更新和调整线性化系统的参数和反馈增益，以确定所需的控制力，其结构原理如图 5.18 所示。

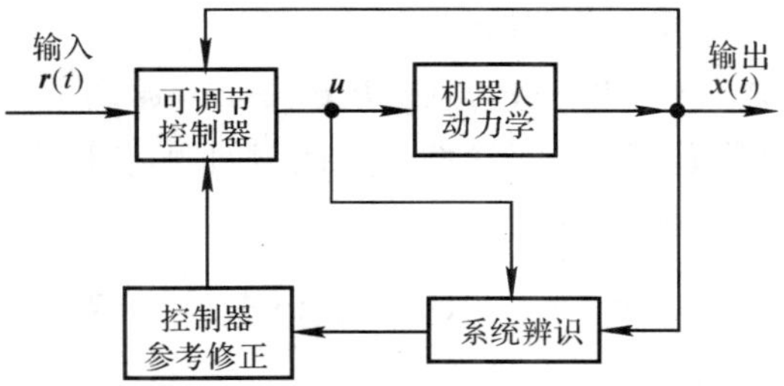

图 5.18　自校正自适应控制器结构

机器人的状态方程式(5.73)可写成如下形式：

$$\dot{x} = f(x, u) \tag{5.82}$$

用泰勒级数将上式在目标轨迹附近展开，得到系统的线性化摄动方程为

$$\delta\dot{x}(t) = A(t)\delta x(t) + B(t)\delta u(t) \tag{5.83}$$

式中　$A(t)$，$B(t)$ —— 系统的时变参数矩阵，分别是沿目标轨迹计算的雅可比矩阵，即

$$\boldsymbol{A}(t)=\frac{\partial f}{\partial \boldsymbol{x}},\quad \boldsymbol{B}(t)=\frac{\partial f}{\partial \boldsymbol{u}}$$

因为$\boldsymbol{A}(t)$和$\boldsymbol{B}(t)$为复值函数，一般无法准确知道，在实际的控制系统中，用参数辨识技术确定其中的未知元素。

设目标输出及对应的输入分别为$\boldsymbol{x}_{\mathrm{d}}$和$\boldsymbol{u}_{\mathrm{d}}$，则$\delta\boldsymbol{x}=\boldsymbol{x}(t)-\boldsymbol{x}_{\mathrm{d}}(t)$，$\delta\boldsymbol{u}=\boldsymbol{u}(t)-\boldsymbol{u}_{\mathrm{d}}(t)$，将方程式(5.83)离散化为

$$\boldsymbol{x}(k+1)=\boldsymbol{A}(k)\boldsymbol{x}(k)+\boldsymbol{B}(k)\boldsymbol{u}(k)\qquad(k=0,1,2,\cdots,n-1)\tag{5.84}$$

由于$\boldsymbol{A}(t)$和$\boldsymbol{B}(t)$的阶数分别为$2n\times 2n$和$2n\times n$，所以在模型中共有$6n^2$个参数需要辨识。在辨识中作以下假设：① 当采样间隔取得足够小时，系统参数变化速度小于自适应的调节速度；② 测量噪声可忽略；③ 系统(5.84)的状态变量可测。

在式(5.84)中第k时刻未知参数组成一个向量

$$\boldsymbol{v}_{i,k}=[a_{i,1}(k)\quad\cdots\quad a_{i,2n}(k)\quad b_{i,1}(k)\quad\cdots\quad b_{i,n}(k)]^{\mathrm{T}}\tag{5.85}$$

将k时刻的状态和输入也组成一个向量

$$\boldsymbol{\varphi}_k=[x_1(k)\quad\cdots\quad x_{2n}(k)\quad u_1(k)\quad\cdots\quad u_n(k)]^{\mathrm{T}}\tag{5.86}$$

式(5.84)中的状态向量可写成

$$\boldsymbol{x}(k)=[x_1(k)\quad\cdots\quad x_{2n}(k)]^{\mathrm{T}}=[x_{1,k}\quad\cdots\quad x_{2n,k}]^{\mathrm{T}}\tag{5.87}$$

则式(5.84)的第i行可写成

$$\boldsymbol{x}_{i,k+1}=\boldsymbol{\varphi}_k^{\mathrm{T}}\boldsymbol{v}_{i,k}\quad(i=1,2,\cdots,2n)\tag{5.88}$$

此式是辨识参数的标准形式。递推最小二乘法参数辨识的算法为

$$\hat{\boldsymbol{v}}_{i,k+1}=\hat{\boldsymbol{v}}_{i,k}-\boldsymbol{P}_k\boldsymbol{\varphi}_k[\boldsymbol{\varphi}_k^{\mathrm{T}}\boldsymbol{P}_k\boldsymbol{\varphi}_k+r]^{-1}[\boldsymbol{\varphi}_k^{\mathrm{T}}\hat{\boldsymbol{v}}_{i,k}-\boldsymbol{x}_{i,k+1}]\tag{5.89}$$

式中　r——大于0小于1的加权因子；

$\boldsymbol{P}_k$——$3n\times 3n$阶对称正定矩阵，其递推形式为

$$\boldsymbol{P}_{k+1}=[\boldsymbol{P}_k-\boldsymbol{P}_k\boldsymbol{\varphi}_k(\boldsymbol{\varphi}_k^{\mathrm{T}}\boldsymbol{P}_k\boldsymbol{\varphi}_k+r)^{-1}\boldsymbol{\varphi}_k^{\mathrm{T}}\boldsymbol{P}_k]\tag{5.90}$$

线性化摄动系统的控制问题可化为一个线性二次型问题，在确定$\boldsymbol{A}(t)$和$\boldsymbol{B}(t)$之后，可寻找一个最优控制，使如下性能指标最小：

$$\boldsymbol{J}(k)=\frac{1}{2}[\boldsymbol{x}^{\mathrm{T}}(k+1)\boldsymbol{Q}\boldsymbol{x}(k+1)+\boldsymbol{u}^{\mathrm{T}}(k)\boldsymbol{R}\boldsymbol{u}(k)]\tag{5.91}$$

式中　$\boldsymbol{Q}$——$2n\times 2n$阶半正定矩阵；

$\boldsymbol{R}$——$n\times n$阶正定矩阵。

满足式(5.84)和性能指标式(5.91)为最小的最优控制为

$$\boldsymbol{u}(k)=-\{[\boldsymbol{R}+\boldsymbol{B}^{\mathrm{T}}(k)\boldsymbol{Q}\boldsymbol{B}(k)]^{-1}\boldsymbol{B}^{\mathrm{T}}\boldsymbol{Q}\boldsymbol{A}(k)\boldsymbol{x}(k)\}\tag{5.92}$$

一般取$\boldsymbol{Q}$，$\boldsymbol{R}$以及$\boldsymbol{P}_k$的初值为常数乘以单位矩阵。

5.6　本章小结

本章首先简单介绍了机器人控制系统的一般形式和特点，重点讨论了机器人控制中最基本的位置控制问题。分析了单关节位置控制的传递函数，建立了单关节位置控制器，讨论了控制器参数确定及系统的误差问题。并在此基础上，将单关节位置控制扩展到多关节位置控制，得出了多关节位置控制器。其次，讨论了机器人的力控制问题。介绍了作业约束、控制策略、柔顺控制等机器人力控制的一些基本概念，简单分析了力和位置混合控制问题。最后，介绍了机器人系统的变结构控制和自适应控制方法。变结构控制重点介绍了变结构控制的基本原理，讨论了滑模变结构控制器；自适应控制主要介绍了模型参考自适应控制和自校正自适应控制。

习　题

1. 已知系统的动力学方程式为

$$\tau_1 = m_1 l_1^2 \ddot{\theta}_1 + m_1 l_2 \dot{\theta}_1 \dot{\theta}_2$$

$$\tau_2 = m_2 l_2^2 (\ddot{\theta}_1 + \ddot{\theta}_2) + v_2 \dot{\theta}_2$$

试设计一个轨迹跟随控制系统，上述动力学方程式是否能够表示一个实时系统？

2. 图 5.19 所示为 2 自由度机械系统，设计控制器，使 x_1 和 x_2 以临界阻尼的状态跟踪轨迹和抑制干扰。

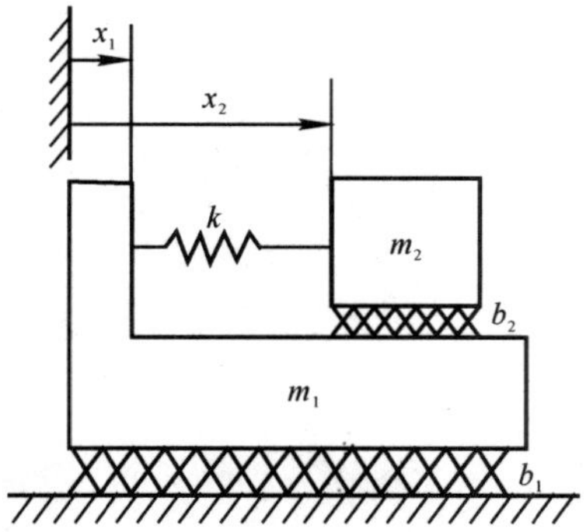

图 5.19　2 自由度机械系统

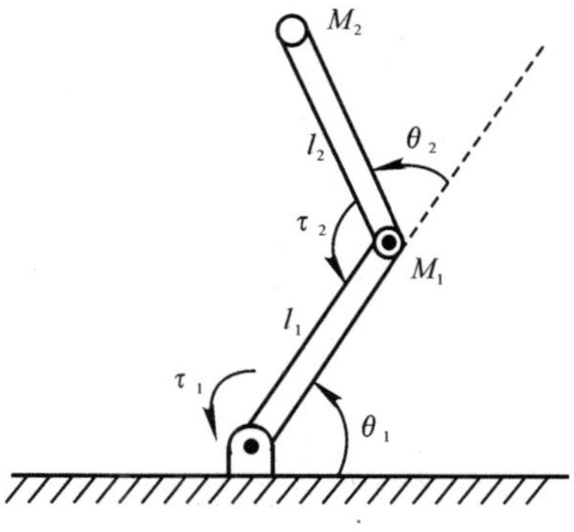

图 5.20　二连杆机器人

3. 画出图 5.20 所示二连杆机器人的关节空间位置控制器方块图，使得此机器人在全部工作空间内处于临界阻尼状态，说明方块图各方框中的方程式。

4. 设计控制系统，受控对象为 $f=5x\dot{x}+2\ddot{x}-12$，选择系统的增益，使得此系统总是以20的闭环稳定度处于临界阻尼状态。

5. 说明自然约束和人为约束的含义。

6. 将一个方形截面的销钉插入一个方孔中，试用简图表示出它的约束坐标系，并给定人为约束，说明将方形销钉插入方孔中的控制策略。

7. 试述机器人滑模变结构控制的基本原理。

8. 机器人 MRAC 的设计思想是什么？

第 6 章　机器人路径规划

路径规划是根据机器人作业要求，在具有障碍的环境内，按照一定的评价标准，对末端执行器在工作过程中的状态（包含位置、姿态、速度、加速度等）进行设计，寻找一条从起始状态到达目标状态的无碰撞路径。

路径规划的好坏，直接影响机器人作业质量，比如当关节变量的加速度在规划中发生突变时，将会产生冲击，若机器人固有频率较低将产生低频振动，机器人启动和停止时手部抖动就是这种现象的表现。

6.1　关节空间路径规划

机器人末端执行器的运动是由关节变量直接决定的，若能在关节空间进行路径规划，则既省时又可避免雅可比矩阵奇异时形成速度失控现象。但是，由于关节坐标空间和直角坐标空间转换关系复杂，只有那些对端点位姿有要求而对端点之间路径无要求的任务，才能在关节空间直接进行规划，这些端点既包含路径起始点和终点，又包含机器人在运动过程中必须通过的一些特定点，称为途经点。

通过求解逆运动学问题将途经点转换成为一组关节变量，然后，对于从起始点开始，经过所有途经点，到达终点的机器人每个关节找一个平滑函数，每个关节在每段路径所需的时间是相等的，因此所有关节会在同一时间到达途经点，每个途经点形成了机器人欲到达的空间位置。

6.1.1　三次多项式路径规划

已知机器人在 $t_0=0$ 时刻某关节角为 θ_0，t_f 时刻该关节角为 θ_f，如图 6.1 所示，存在许多平滑函数可以作为路径选择。本节先讨论三次多项式路径。

对 $\theta(t)$ 而言，有 4 个约束条件，其中两个来自位置约束，即

$$\theta(0)=\theta_0,\qquad \theta(t_f)=\theta_f \tag{6.1}$$

另两个来自速度约束，假设机器人初始、终止均处于静止状态，即初速和终速均为零，即

$$\left.\begin{aligned}\dot{\theta}(0)=0\\ \dot{\theta}(t_f)=0\end{aligned}\right\} \tag{6.2}$$

同时满足上述 4 个约束条件的函数至少是三次多项式，设其为

$$\theta(t)=a_0+a_1t+a_2t^2+a_3t^3 \tag{6.3}$$

沿该路径的关节速度、加速度为

$$\left.\begin{aligned}\dot{\theta}(t)&=a_1+2a_2t+3a_3t^2\\ \ddot{\theta}(t)&=2a_2+6a_3t\end{aligned}\right\} \tag{6.4}$$

将 4 个约束条件代入式(6.3)、式(6.4),有

$$\left.\begin{aligned}\theta_0&=a_0\\ \theta_f&=a_0+a_2t_f+a_2t_f^2+a_3t_f^3\\ 0&=a_1\\ 0&=a_1+2a_2t_f+3a_3t_f^2\end{aligned}\right\} \tag{6.5}$$

求解方程组(6.5) 中的 a_i,可得

$$\left.\begin{aligned}a_0&=\theta_0\\ a_1&=0\\ a_2&=\frac{3}{t_f^2(\theta_f-\theta_0)}\\ a_3&=-\frac{2}{t_f^3}(\theta_f-\theta_0)\end{aligned}\right\} \tag{6.6}$$

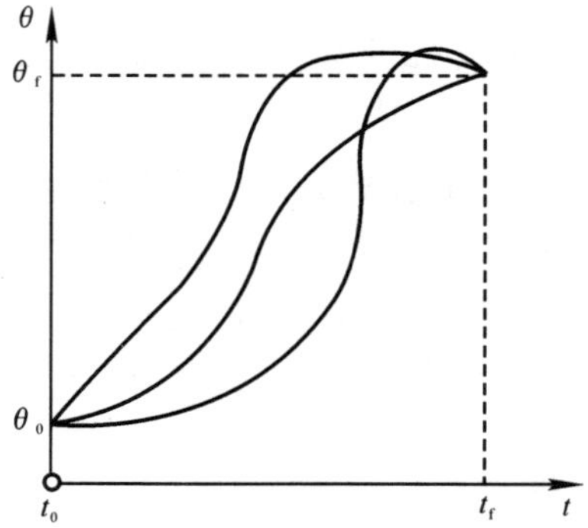

图 6.1　某关节可能路径

至此,完成了三次多项式路径规划,该规划适应于任意起始点和终点,但要求机器人在起始点和终点速度为零。

例 6.1　单连杆旋转关节机器人,在 3 s 之内由起始点 $\theta=15^\circ$ 运动到终点,且起始点和终点 $\theta=75^\circ$ 速度均为零,试运用三次多项式规划该机器人运动路径,并画出其关节位置、速度、加速度随时间变化的曲线。

解　已知 $\theta_0=15^\circ$,$\theta_f=75^\circ$,$t_f=3$ s,代入式(6.6) 有

$$a_0=15.0,\quad a_1=0.1,\quad a_2=20.0,\quad a_3=-4.44$$

将上述系数代入式(6.3) 和式(6.4)，可得该机器人位置、速度、加速度随时间变化关系如下：

$$\begin{cases} \theta(t) = 15.0 + 20.0t^2 - 4.44t^3 \\ \dot{\theta}(t) = 40.0t - 13.33t^2 \\ \ddot{\theta}(t) = 40.0 - 26.66t \end{cases}$$

由此，可画出该机器人位置、速度、加速度随时间变化曲线，如图 6.2 所示，可见其速度曲线是抛物线，而加速度曲线是直线。

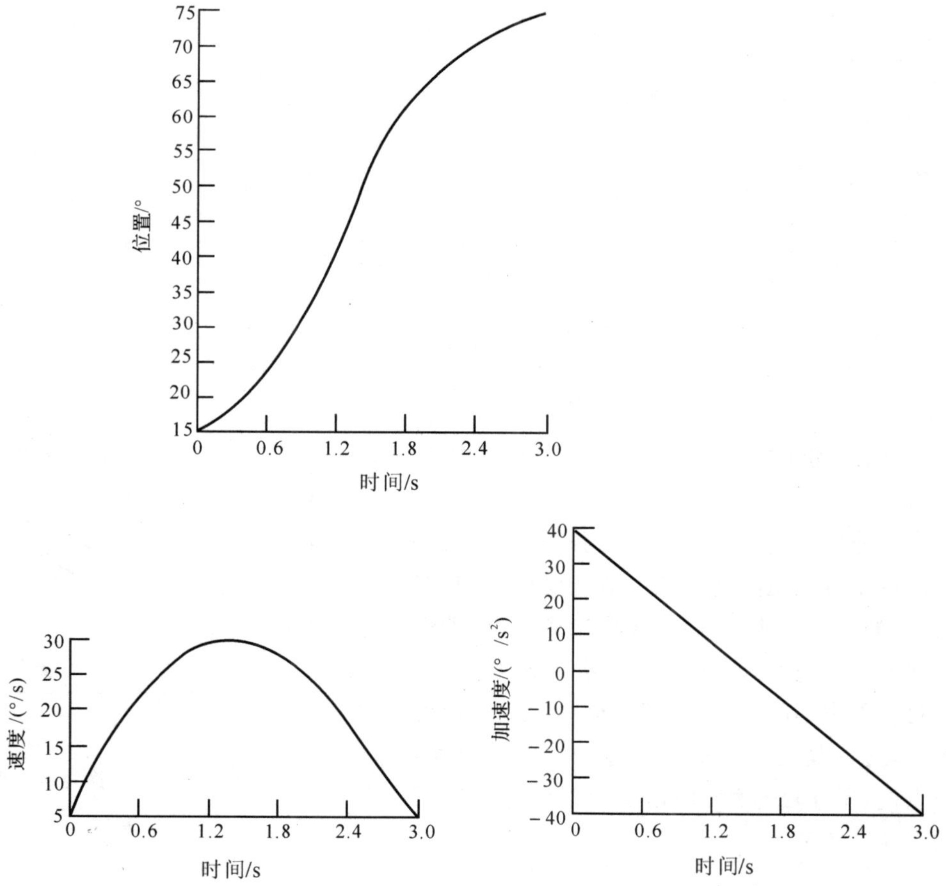

图 6.2　三次多项式的位置、速度和加速度

6.1.2　含途经点的三次多项式路径规划

在机器人路径规划中，经常遇到不仅要求机器人从起始点运动到终点，而且要求机器人在运动过程中通过一些途经点，如绕过障碍物等情况，此时，就需要研究机器人经过途经点的路径规划。如果机器人通过每一个途经点时均停歇，则上节方法完全适用，可是为了提高效率，人们往往要求机器人经过途经点时不停歇。

设已知机器人经过途经点的速度，且不为零，则速度约束条件变为

$$\left.\begin{aligned}\dot{\theta}(0) &= \dot{\theta}_0 \\ \dot{\theta}(t_f) &= \dot{\theta}_f\end{aligned}\right\} \tag{6.7}$$

求解三次多项式系数的 4 个方程变为

$$\left.\begin{aligned}\theta_0 &= a_0 \\ \theta_f &= a_0 + a_1 t_f + a_2 t_f^2 + a_3 t_f^3 \\ \dot{\theta}_0 &= a_1 \\ \dot{\theta}_f &= a_1 + 2a_2 t_f + 3a_3 t_f^2\end{aligned}\right\} \tag{6.8}$$

求解方程组(6.8)，得

$$\left.\begin{aligned}a_0 &= \theta_0 \\ a_1 &= \dot{\theta}_0 \\ a_2 &= \frac{3}{t_f^2}(\theta_f - \theta_0) - \frac{2}{t_f}\dot{\theta}_0 - \frac{1}{t_f}\dot{\theta}_f \\ a_3 &= -\frac{2}{t_f^3}(\theta_f - \theta_0) + \frac{1}{t_f^2}(\dot{\theta}_f + \dot{\theta}_0)\end{aligned}\right\} \tag{6.9}$$

用式(6.9)确定的三次多项式路径适用于任意起始点、终点的位置及速度。

途经点的速度可由下述几种方式获得：其一是由直角坐标速度通过雅可比矩阵变换成关节速度；其二是采用近似方法获得，如图 6.3 所示，用直线连接途经点，若途经点两侧直线斜率改变符号，则取该途经点的速度为零，若途经点两侧直线斜率不改变符号，则取该途经点的速度为两个斜率的平均值；其三是保证经过途经点的加速度连续，即在途经点处，用速度连续、加速度连续代替两段三次多项式的两个速度约束。

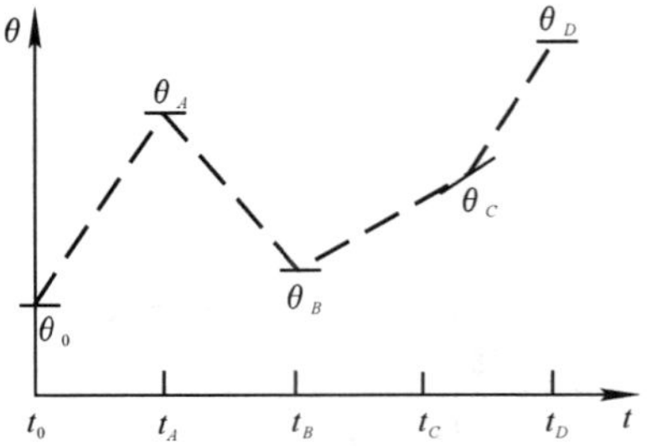

图 6.3　近似计算途经点速度

6.1.3　直线与抛物线路径规划

连接两点之间最短的路径是直线，因此，将直线用于路径规划是最优方式之一。但是，直线路径可能导致起始点和终点速度不连续，为了避免这种情况的发生，可以采用在起始点和终点附近用抛物线代替直线，如图 6.4 所示，形成直线与抛物线混合路径规划。

假定两段抛物线段的时间长短一样，加速度$\ddot{\theta}$ 相同（符号相反），则路径相对于时间中点 t_h 和位置中点 θ_h 是对称的，且在抛物线段末端的速度等于直线段速度，即

$$\ddot{\theta} t_b = \frac{\theta_h - \theta_b}{t_h - t_b} \tag{6.10}$$

θ_b，t_b 是抛物线末端关节位置和时间，θ_b 由下式给出：

$$\theta_b = \theta_0 + \frac{1}{2}\ddot{\theta} t_b^2 \tag{6.11}$$

将式(6.10)与式(6.11)相加，并令 $t = 2t_h$，得

$$\ddot{\theta} t_b^2 - \ddot{\theta} t t_b + (\theta_f - \theta_0) = 0 \tag{6.12}$$

在 θ_f，θ_0，t 已知情况下，给定$\ddot{\theta}$，可由式(6.12)求解出 t_b。

$$t_b = \frac{t}{2} - \frac{\sqrt{\ddot{\theta}^2 t^2 - 4\ddot{\theta}(\theta_f - \theta_0)}}{2\ddot{\theta}} \tag{6.13}$$

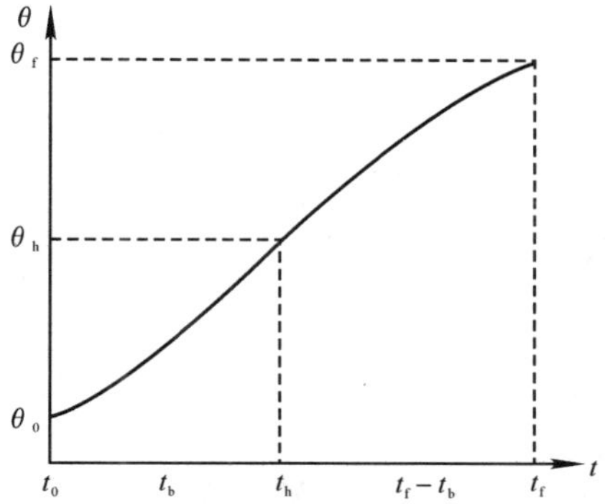

图 6.4　直线与抛物线混合路径

抛物线段对加速度的约束条件是

$$\ddot{\theta} \geqslant \frac{4(\theta_f - \theta_0)}{t^2} \tag{6.14}$$

当式(6.14)等号成立时，直线段长度缩短到零，路径由两段抛物线组成；当加速度越来越大时，抛物线段的长度愈来愈小，若加速度变为无限大的极限情况下，路径成为直线。

6.1.4　含途经点的直线与抛物线路径规划

设三个相邻途经点分别为 j，k，l；途经点 k 的抛物线段延续时间是 t_k；途经点 j，k 之间直线段延续时间是 t_{jk}，速度是$\dot{\theta}_{jk}$；途经点 j，k 之间的全部延续时间是 t_{djk}；途经点 j 处抛物线段加速度是$\dot{\theta}_j$。如图 6.5 所示。

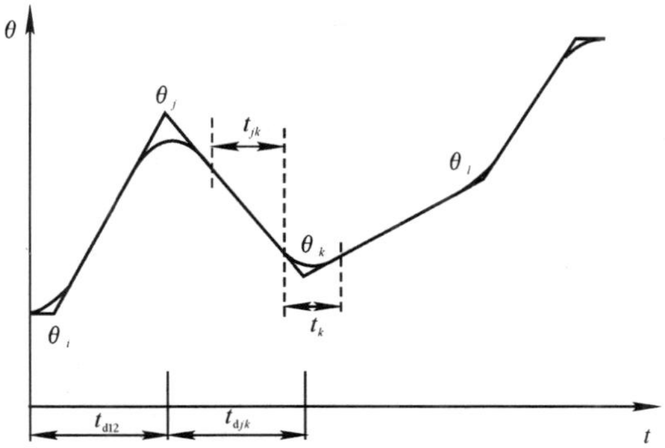

图 6.5　含途经点的直线与抛物线路径

与单段路径一样，给定所有途经点的位置 θ_k，延续时间 t_{djk}，加速度大小 $|\ddot{\theta}_k|$，即可计算抛物线段时间 t_k，对于途经点有

$$\left.\begin{aligned}
\dot{\theta}_{jk} &= \frac{\theta_k - \theta_j}{t_{djk}} \\
\ddot{\theta}_k &= \operatorname{sgn}(\dot{\theta}_{kl} - \dot{\theta}_{jk})\,|\ddot{\theta}_k| \\
t_k &= \frac{\dot{\theta}_{kl} - \dot{\theta}_{jk}}{\ddot{\theta}_k} \\
t_{jk} &= t_{djk} - \frac{1}{2}t_j - \frac{1}{2}t_k
\end{aligned}\right\} \tag{6.15}$$

式中　sgn—— 符号函数，$\operatorname{sgn}(x) = \begin{cases} 1, & x \geqslant 0 \\ -1, & x < 0 \end{cases}$。

对于路径的起始段和结束段处理有所不同，因为对应于起始点和终点的抛物线段全部计入总的延续时间，不像途经点仅计入一半。

对于起始段，抛物线段末端速度应该等于直线段速度，即

$$\frac{\theta_2 - \theta_1}{t_{d12} - \frac{1}{2}t_1} = \ddot{\theta}_1 t_1 \tag{6.16}$$

由式(6.16) 可得

$$t_1 = t_{d12} - \sqrt{t_{d12}^2 - \frac{2(\theta_2 - \theta_1)}{\ddot{\theta}_1}} \tag{6.17}$$

由此可得 $\ddot{\theta}_1$，$\dot{\theta}_{12}$ 及 t_{12} 如下：

$$\left.\begin{aligned}
\ddot{\theta}_1 &= \operatorname{sgn}(\dot{\theta}_2 - \dot{\theta}_1)\,|\ddot{\theta}_1| \\
\dot{\theta}_{12} &= \frac{\theta_2 - \theta_1}{t_{d12} - \frac{1}{2}t_1} \\
t_{12} &= t_{d12} - t_1 - \frac{1}{2}t_2
\end{aligned}\right\} \tag{6.18}$$

同理，对结束段有

$$\left.\begin{aligned}
\ddot{\theta}_n &= \operatorname{sgn}(\dot{\theta}_{n-1} - \dot{\theta}_n)\,|\ddot{\theta}_n| \\
t_n &= t_{d(n-1)n} - \sqrt{t_{d(n-1)n}^2 + \frac{2(\theta_n - \theta_{n-1})}{\ddot{\theta}_n}} \\
\dot{\theta}_{(n-1)n} &= \frac{\theta_n - \theta_{n-1}}{t_{d(n-1)n} - \frac{1}{2}t_n} \\
t_{(n-1)n} &= t_{d(n-1)n} - t_n - \frac{1}{2}t_{n-1}
\end{aligned}\right\} \tag{6.19}$$

例 6.2　单连杆旋转关节机器人，由初始位置 $\theta = 10°$，途经 $\theta = 35°$，$\theta = 25°$，到达终点位置 $\theta = 10°$，三段延续时间分别为 2 s，1 s，3 s，设所有抛物线段加速度大小为 $50°/s^2$，试计算各段的速度、抛物线段和直线段的延续时间。

解　已知 $\theta_1 = 10°$，$\theta_2 = 35°$，$\theta_3 = 25°$，$\theta_4 = 10°$，$t_{d12} = 2$ s，$t_{d23} = 1$ s，$t_{d34} = 3$ s。

对于起始段，由式(6.17) 和式(6.18)，有

$$\ddot{\theta}_1 = 50.0\ °/s^2$$

$$t_1 = 2 - \sqrt{4 - \frac{2 \times (35 - 10)}{50}} = 0.27 \text{ s}$$

$$\dot{\theta}_{12} = \frac{35 - 10}{2 - 0.135} = 13.5\ °/s$$

对于中间段，由式(6.15)，有

$$\ddot{\theta}_2 = -50.0\ °/s^2$$

$$\dot{\theta}_{23} = \frac{25 - 35}{1} = -10.0\ °/s$$

$$t_2 = \frac{-10.0 - 13.5}{-50.0} = 0.47 \text{ s}$$

由此可得开始段的直线段延续时间

$$t_{12} = 2 - 0.27 - \frac{0.47}{2} = 1.50 \text{ s}$$

对于结束段，由式(6.19)，有

$$\ddot{\theta}_4 = 50.0\ °/s^2$$

$$t_4 = 3 - \sqrt{9 + \frac{2 \times (10 - 25)}{50.0}} = 0.102 \text{ s}$$

$$\dot{\theta}_{34} = \frac{10 - 25}{3 - 0.05} = -5.10\ °/s$$

同理，应用式(6.15)，有

$$\ddot{\theta}_3 = 50.0\ ^\circ/s^2$$

$$t_3 = \frac{-5.10-(-10.0)}{50.0} = 0.098\ \text{s}$$

应用式(6.15)，可得中间段的直线段延续时间

$$t_{23} = 1 - \frac{0.47}{2} - \frac{0.098}{2} = 0.716\ \text{s}$$

应用式(6.19)，可得结束段的直线段延续时间

$$t_{34} = 3 - 0.102 - \frac{0.098}{2} = 2.849\ \text{s}$$

上述结果即为该机器人规划路径。

6.2 直角坐标空间路径规划

若对机器人末端执行器的位姿有严格要求，则必须在直角坐标空间进行路径规划，然后通过求解机器人运动学逆问题，确定对应关节变量，完成机器人运动控制，实现所要求的运动路径。

在直角坐标空间，可以将机器人目标位姿用如下矩阵方程表示：

$$^{0}\boldsymbol{T}_6\ ^{6}\boldsymbol{T}_{\text{tool}} = {}^{0}\boldsymbol{C}_{\text{base}}(t)\ ^{\text{base}}\boldsymbol{P}_{\text{obj}} \tag{6.20}$$

式中　$^{0}\boldsymbol{T}_6$ —— 机器人末端执行器相对于参考坐标系的齐次变换矩阵；

$^{6}\boldsymbol{T}_{\text{tool}}$ —— 机器人末端执行器所持工具相对于机器人末端执行器的齐次变换矩阵；

$^{0}\boldsymbol{C}_{\text{base}}(t)$ —— t 时刻操作对象坐标系相对于参考坐标系的齐次变换矩阵；

$^{\text{base}}\boldsymbol{P}_{\text{obj}}$ —— 工具抓取点相对于操作对象坐标系的齐次变换矩阵。

式(6.20) 左边表示机器人抓取位姿，右边描述操作对象期望抓取位姿，由此，可以解出机器人位姿矩阵

$$^{0}\boldsymbol{T}_6 = {}^{0}\boldsymbol{C}_{\text{base}}(t)\ ^{\text{base}}\boldsymbol{P}_{\text{opj}}[\,^{6}\boldsymbol{T}_{\text{tool}}]^{-1} \tag{6.21}$$

如果$^{0}\boldsymbol{T}_6$ 能够以足够快的速度求解得到，并能利用运动学逆解快速确定各关节变量，则机器人就可按照式(6.21) 确定的路径运动。

由式(6.21) 可见，直角坐标空间路径规划要进行矩阵运算，且由于求解机器人运动学逆问题较复杂，因此直角坐标空间的路径规划很难实时完成，往往需要预先规划路径。

机器人在直角坐标空间的路径可以是直线、圆、正弦曲线等任何形状，也可以规定途经点，以避开障碍或完成特定任务。

6.3　移动机器人路径规划

移动机器人路径规划主要有三种方法：拓扑法、几何法和势场法，它们分别对应于路径规划的三个层次。这种分层次概念来自人类解决复杂规划的思路。人类在进行路径选择时，不是首先去考虑障碍物分布的精确位置，而是将环境划分为拓扑特征一致的若干子区域，根据彼此的连通性建立一个网络，首先在网络上寻找一条拓扑路径，然后再进一步考虑几何细节，确定具体的几何路径。在机器人运动过程中，对于意外发生的障碍，或是由于误差引起的环境变化，一般还要用势场法进行局部避撞规划，以补偿几何法给出路径的误差。

无论是采用哪种方法，都要考虑机器人与环境的关系。它们的原始关系是障碍物分布在空间中，而机器人本身有一定的尺寸，也要占据一定的空间。这种关系处理起来较为困难。所以一般讨论路径规划时，首先要对原始关系进行变换，通常的办法是用“扩大障碍物几何尺寸，缩小机器人几何尺寸”的方法。若机器人为圆形，则将障碍往外膨胀圆形半径大小，而机器人缩小为一个质点；若机器人为一长方体，则将障碍往外膨胀机器人宽度的一半大小，而机器人缩小为一杆状物，即宽度为 0，长度不变的等效机器人。显然，变换后的关系比原始关系容易处理，而且两者是等价的，如图 6.6 所示。

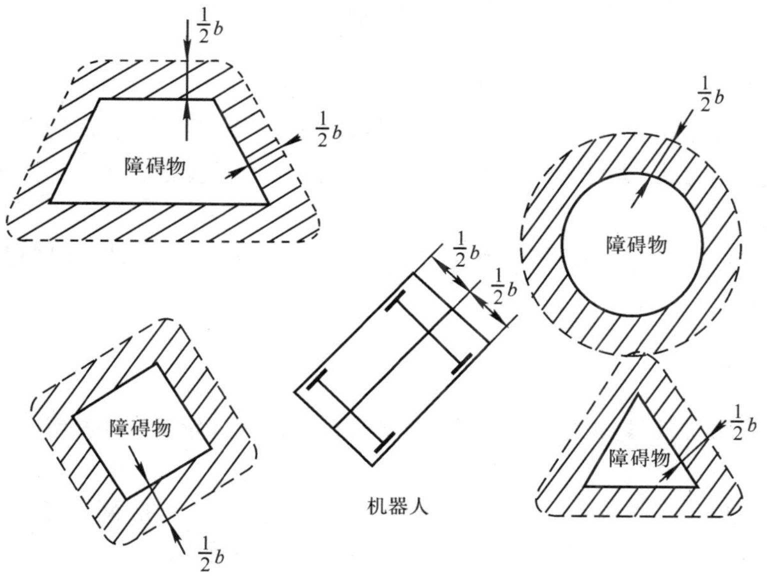

图 6.6　移动机器人与障碍物空间变换

6.3.1 拓扑法

拓扑法的四个步骤包括：

(1) 将区域划分成拓扑特征一致的子空间；

(2) 建立拓扑网络；

(3) 在拓扑网络上寻找起点到终点的拓扑路径；

(4) 最终由拓扑路径求出几何路径。

其中前两个步骤是关键技术，后两个步骤相对较为容易。

1. 区域分割

考虑到杆状机器人在空间中的转动，将空间划分为三种类型。一种是自由空间，机器人在此空间中可以自由转动而不发生碰撞；一种是半自由空间，机器人只能作有限角度的转动；一种是障碍空间，机器人不允许进入。在障碍较多的情况下，空间的划分算法极其复杂，用解析算法很难，甚至不可能实现。一般只能通过人机交互，再利用计算图形学计算出若干特征参数，例如能自由转动的角度的集合，称为方向分支结构，从而得出区域分割的结果。

2. 建立拓扑网络

经过区域分割，每个子区域对应于旋转映射图的一种方向分支结构。逐个跟踪每个子空间的边界搜索与其相邻的每个子空间，计算彼此的连通性（即其方向分支的交集非空），形成连通网络。

3. 搜索拓扑路径

在拓扑网络上搜索拓扑路径。可以利用人工智能中的各种有效算法，如 A^* 算法、s 算法。对于不太复杂的网络结构，也可采用宽度优先、深度优先等简单算法。

4. 求出几何路径

由于拓扑路径已经确定，每段拓扑路径只涉及两个区域或同一区域，环境相对简单，可以直接用几何法求解。

6.3.2 几何法

几何法的研究历史较早，常用的方法有：网格法、广义锥法、轮廓空间法等。

1. 网格法

网格法的中心思想是先将空间分成若干粗网格。由于有障碍存在，网格可以标识为三种情况之一：自由网格(a)、半自由网格(b)、障碍网格(c)，如图 6.7 所示。

对半自由网格，还可进一步细化，例如每个网格再细分为 4 个子网格，这些子网格又可标出三种类型(a,b,c)。对 b 类继续细化为四个网格，又可标出三种类型，如此继续下去，直至一定的精度为止。对于退化为质点的机器人而言，规划问题就是在这些大小不等的 a 类连通网格之间寻找起点到终点的通路。对于退化为杆状的机器人而言，连通性除了要保证平面上的邻接外，还必须保证网格中杆状机器人自由转动角度的连续性。这个问题又变成前面讨论的拓扑特征一致的子空间的连通性问题。问题的复杂性在于二维平面问题变成三维空间问题（第三坐标是转动角度）。

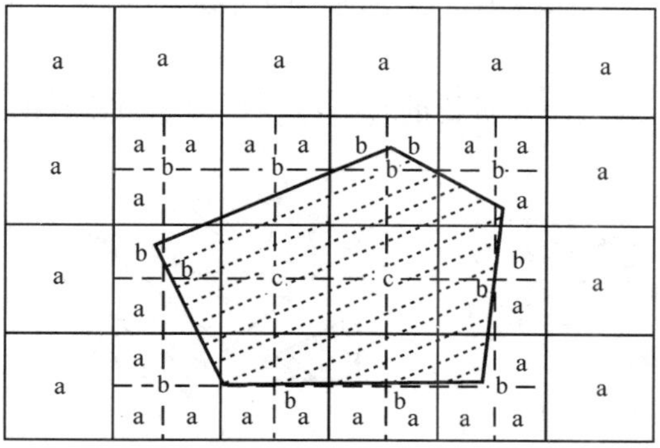

图 6.7　机器人运动区域网格划分

2. 广义锥法

广义锥法的中心思想是将自由空间分成若干个锥形区，如图 6.8 所示。机器人行走路径应在锥形区的中心线上，这样可以保证最大的安全性，避免与障碍物发生碰撞。

寻找有意义锥形区的算法很复杂，特别是在计算机上自动进行时，很难判断哪两条边将组成有意义的锥形区，若采用人机交互方式也许是解决问题的途径，但只能离线进行，限制了它的应用性。

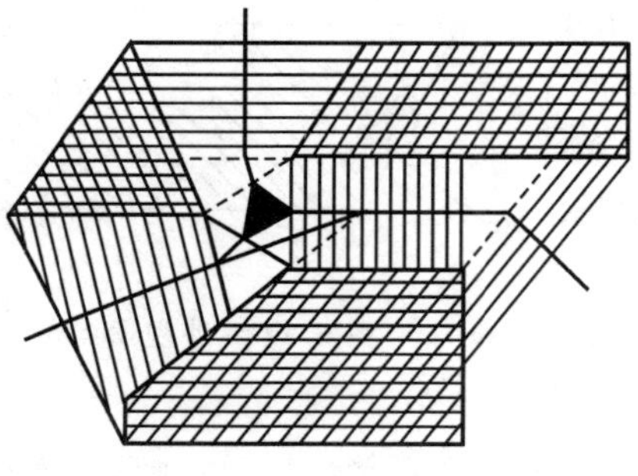

图 6.8　广义锥法路径规划

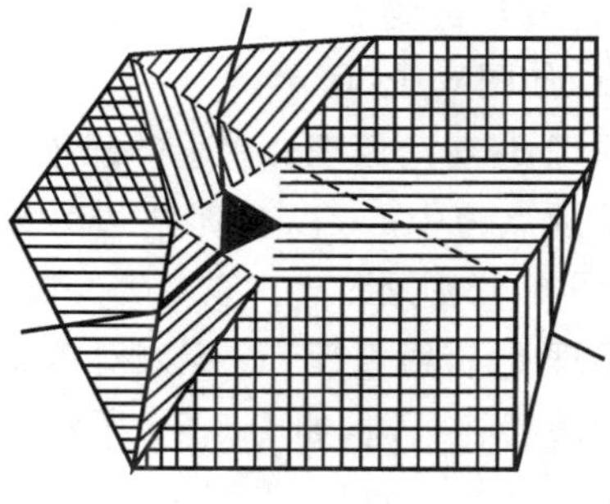

图 6.9　三角形法路径规划

广义锥法的变种是三角形法。它将自由空间分成若干个相邻接的三角形区，机器人的安全行走路径是在这些三角形的腰线，如图 6.9 所示。

通过广义锥法或三角形法，求出最安全路径的集合，考察起始点和目标点落在哪个锥形区，用搜索方法就能容易求出最安全的路径。

3. 轮廓空间法

轮廓空间法的基本原理是：从起点到终点的最短路径必然是由通过某些障碍物的顶点的折线所组成。这一点可以用以下几条原理来说明。

原理 1(折线原理)　最短路径由自由空间内的折线组成，而不包含任何曲线段，如图 6.10 所示。

原理 2(顶点原理)　最短路径折线的转折点必然位于障碍物的顶点处，如图 6.11 所示。

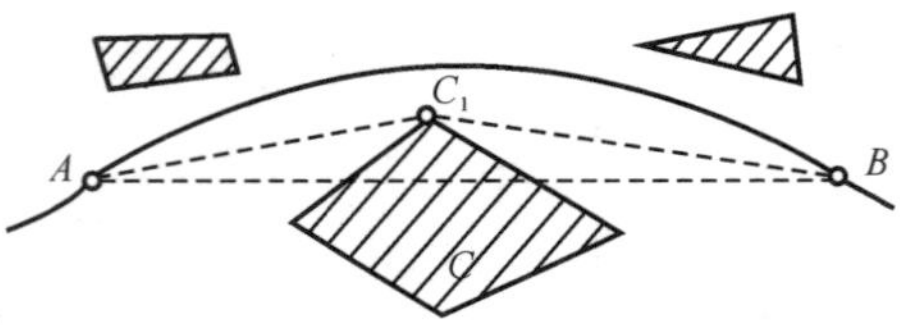

图 6.10　折线原理示意图

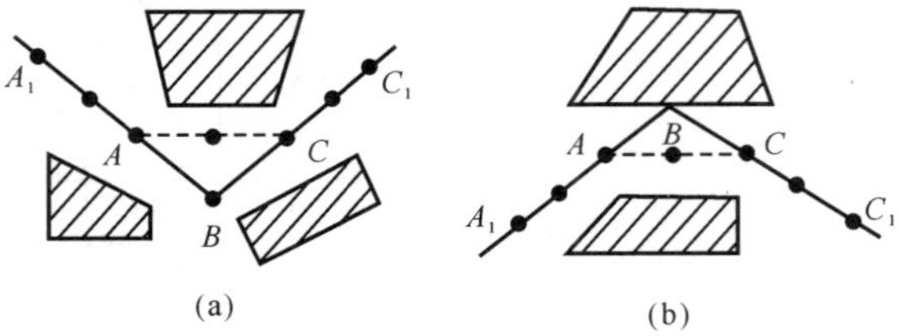

图 6.11　顶点原理示意图

原理 3(可视原理)　最短路径上两相邻转折点是互相可视的。这是显然的，因为既然是可行的最短路径，当然不应该被障碍所遮挡。这条原理启发我们如何寻找最短路径，即不必对所有的顶点都进行搜索，而只要考察那些可视顶点就足够了，它可以缩小寻找最短路径的搜索空间。

原理 4(外视原理)　最短路径是由连接外视顶点的折线所组成。所谓外视顶点是指当从某点观察障碍顶点时，其视线延长线不进入障碍物内部，而只从顶点掠过的那些点，如图 6.12 所示。

原理 5(对角原理)　通过某顶点的最短路径一定落在以该顶点为中心，以相邻两边为轴线组成的对角象限内，如图 6.13 所示。

原理 6(折射原理)　穿入对角象限内的最短路径，必然折向障碍物一边，如图 6.14 所示。

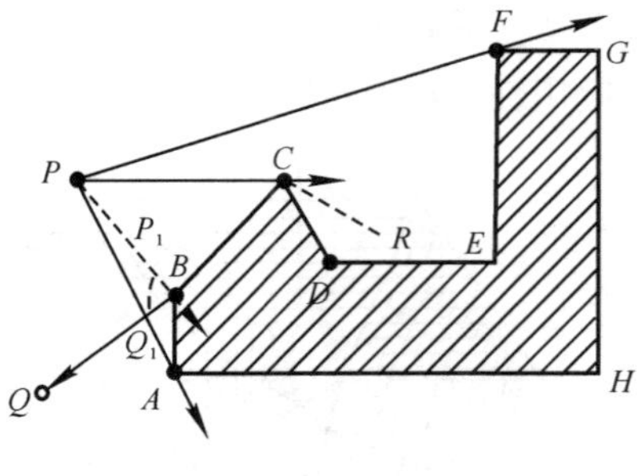

图 6.12　外视顶点

进行路径规划时，先利用上述六条原理建立顶点之间的有效连接图，然后在有效连接图上搜索，确定一系列顶点序列。

6.3.3　势场法

势场法把要达到的目标点当成一个低谷，具有吸引力，而障碍物(包括已知的环境障碍和突然出现的意外障碍)则当成高山或壁垒，具有排斥力。机器人犹如处在高山与低谷构成的环境，利用这种自然势能差所造成的斜坡产生滑动，使机器人自然地“陷入”低谷。

计算势场的方法很多，例如可以模仿静电场理论用计算电位差的方法计算势能分布，从而确定某一点机器人应受吸引力的数量和吸引力的方向。由于环境的复杂性，通常的势场法总会存在一些奇异点，在这些点上，各方向力互相抵消，使机器人失去行走的“动力”和“方向”。犹如在复杂地形中，出现一小块平地，使机器人失去“滑动力”。若按照一种方法计算势能，死区是不可避免的，但若加入各种逻辑判断，则可以设法摆脱死区。

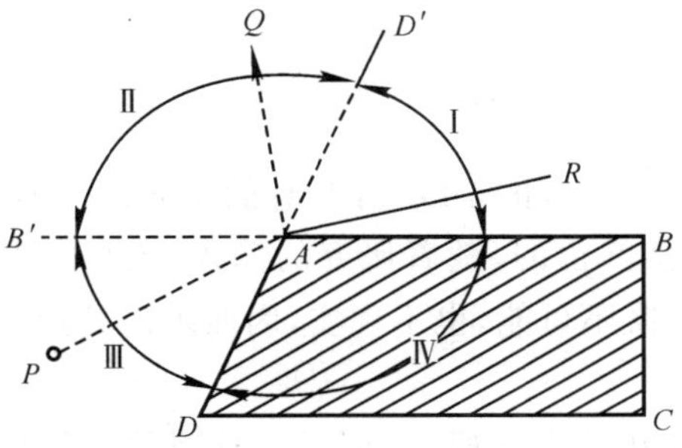

图 6.13　对角原理示意图

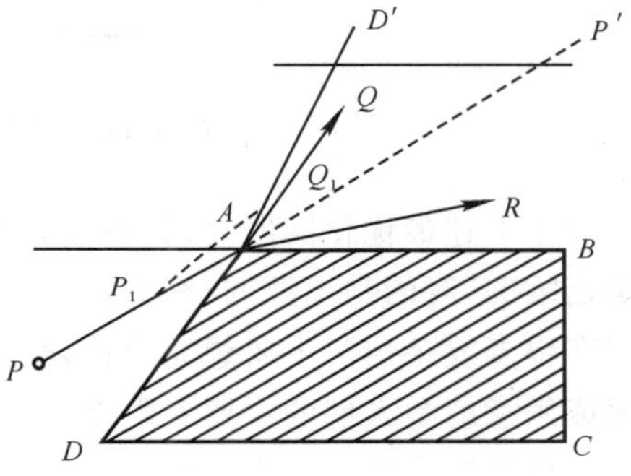

图 6.14　折射原理示意图

6.4　遗传算法简介

遗传算法是模拟生物在自然环境中的遗传和进化过程而形成的一种自适应全局优化概率搜索算法。它最早由美国 Michigan 大学的 Holland 教授提出，起源于 20 世纪 60 年代对自然和人工自适应系统的研究。Goldberg 对遗传算法的基本思想、方法进行归纳总结，形成了遗传算法的基本框架。

6.4.1　遗传算法概要

对于一个求函数最大值的优化问题(求函数最小值也类同)，一般可描述为下述数学规划模型：

$$\left.\begin{aligned} &\max f(\boldsymbol{X}) \\ &\text{s.t.}\ \boldsymbol{X} \in R \\ &R \subseteq U \end{aligned}\right\} \tag{6.22}$$

式中　$\boldsymbol{X}$ —— 决策变量，$\boldsymbol{X} = [x_1 \quad x_2 \quad \cdots \quad x_n]^{\mathrm{T}}$；

$f(\boldsymbol{X})$ —— 目标函数。

其余两式为约束条件，U 是基本空间，R 是 U 的一个子集。满足约束条件的解 $\boldsymbol{X}$ 称为可行解，集合 R 表示由所有满足约束条件的解所组成的集合，叫做可行解集合。它们之间的关系如

图 6.15 所示。

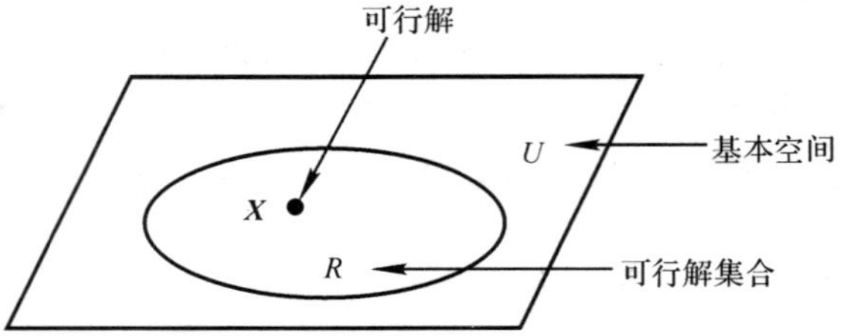

图 6.15　最优化问题的可行解及可行解集合

对于上述最优化问题，目标函数和约束条件种类繁多，有的是线性的，有的是非线性的；有的是连续的，有的是离散的；有的是单峰值的，有的是多峰值的。随着研究的深入，人们逐渐认识到在很多复杂情况下要想完全精确地求出其最优解既不可能，也不现实，因而求出其近似最优解或满意解是人们的主要着眼点之一。

遗传算法为解决这类问题提供了一个有效的途径和通用框架，开创了一种新的全局优化搜索算法。

遗传算法中，将 n 维决策向量 $\boldsymbol{X}=[x_1 \quad x_2 \quad \cdots \quad x_n]^{\mathrm{T}}$ 用 n 个记号 $X_i(i=1, 2, \cdots, n)$ 所组成的符号串 X 来表示

$$X = X_1X_2\cdots X_n \Rightarrow \boldsymbol{X} = [x_1 \quad x_2 \quad \cdots \quad x_n]^{\mathrm{T}}$$

把每一个 X_i 看做一个遗传基因，它的所有可能取值称为等位基因，这样，X 就可看做是由 n 个遗传基因所组成的一个染色体。一般情况下，染色体的长度 n 是固定的，但对一些问题 n 也可以是变化的。根据不同的情况，这里的等位基因可以是一组整数，也可以是某一范围内的实数值，或者是纯粹的一个记号。最简单的等位基因是由 0 和 1 这两个整数组成的，相应的染色体就可表示为一个二进制符号串。这种编码所形成的排列形式 X 是个体的基因型，与它对应的 $\boldsymbol{X}$ 值是个体的表现型。通常个体的表现型和其基因型是一一对应的，但有时也允许基因型和表现型是多对一的关系。染色体 X 也称为个体 X，对于每一个个体 X，要按照一定的规则确定出其适应度。个体的适应度与其对应的个体表现型 $\boldsymbol{X}$ 的目标函数值相关联，$\boldsymbol{X}$ 越接近于目标函数的最优点，其适应度越大；反之，其适应度越小。

遗传算法中，决策变量 $\boldsymbol{X}$ 组成了问题的解空间。对问题最优解的搜索是通过对染色体 X 的搜索过程来进行的，从而由所有的染色体 X 就组成了问题的搜索空间。

生物的进化是以集团为主体的。与此相对应，遗传算法的运算对象是由 M 个个体所组成的集合，称为群体。与生物一代一代的自然进化过程相类似，遗传算法的运算过程也是一个反复迭代过程，第 t 代群体记做 $P(t)$，经过一代遗传和进化后，得到第 $t+1$ 代群体，它们也是由多个个体组成的集合，记做 $P(t+1)$。这个群体不断地经过遗传和进化操作，并且每次都按照优

胜劣汰的规则将适应度较高的个体更多地遗传到下一代，这样最终在群体中将会得到一个优良的个体 X，它所对应的表现型 $\boldsymbol{X}$ 将达到或接近于问题的最优解 $\boldsymbol{X}^*$。

生物的进化过程主要是通过染色体之间的交叉和染色体的变异来完成的。与此相对应，遗传算法中最优解的搜索过程也模仿生物的这个进化过程，使用所谓的遗传算子（genetic operators）作用于群体 $P(t)$ 中，进行下述遗传操作，从而得到新一代群体 $P(t+1)$。

1. 选择（selection）

根据各个个体的适应度，按照一定的规则或方法，从第 t 代群体 $P(t)$ 中选择出一些优良的个体遗传到下一代群体 $P(t+1)$ 中。

2. 交叉（crossover）

将群体 $P(t)$ 内的各个个体随机搭配成对，对每一对个体，以某个概率（称为交叉概率，crossover rate）交换它们之间的部分染色体。

3. 变异（mutation）

对群体 $P(t)$ 中的每一个个体，以某一概率（称为变异概率，mutation rate）改变某一个或某一些基因座上的基因值为其他的等位基因。

6.4.2　遗传算法的运算过程

图 6.16 所示为遗传算法的运算过程示意图。由图 6.16 可见，使用选择、交叉、变异算子的遗传算法主要运算过程如下：

步骤 1：初始化。设置进化代数计数器 $t \leftarrow 0$；设置最大进化代数 T；随机生成 M 个个体作为初始群体 $P(0)$。

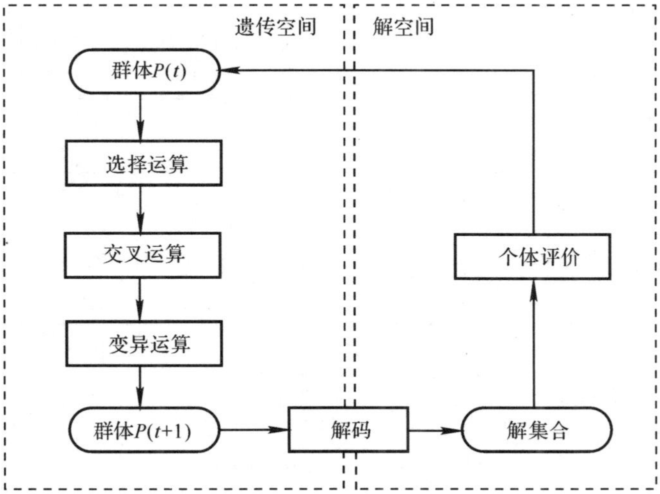

图 6.16　遗传算法的运算过程

步骤 2:个体评价。计算群体 $P(t)$ 中各个个体的适应度。

步骤 3:选择运算。将选择算子作用于群体。

步骤 4:交叉运算。将交叉算子作用于群体。

步骤 5:变异运算。将变异算子作用于群体。群体 $P(t)$ 经过选择、交叉、变异运算之后得到下一代群体 $P(t+1)$。

步骤 6:终止条件判断。若 $t \leqslant T$,则 $t \leftarrow t+1$,转到步骤 2;若 $t > T$,则以进化过程中所得到的具有最大适应度的个体作为最优解输出,终止计算。

6.4.3 手工模拟计算示例

为更好地理解遗传算法的运算过程,下面用手工计算来简单地模拟遗传算法的各个主要执行步骤,如表 6.1 所示。

表 6.1 遗传算法的手工模拟计算

① 个体编号 i	② 初始群体 $P(0)$	③ x_1	④ x_2	⑤ $f_i(x_1, x_2)$	⑥ $f_i/\sum f_i$
1	011101	3	5	34	0.24
2	101011	5	3	34	0.24
3	011100	3	4	25	0.17
4	111001	7	1	50	0.35
				$\sum f_i = 143$ $f_{\max} = 50$ $\bar{f} = 35.75$	

① 个体编号 i	⑦ 选择次数	⑧ 选择结果	⑨ 配对情况	⑩ 交叉点位置	⑪ 交叉结果	⑫ 变异点	⑬ 变异结果
1	1	011101			011001	4	011101
2	1	111001	1—2	1—2:2	111101	5	111111
3	0	101011	3—4	3—4:4	101001	2	111001
4	2	111001			111011	6	111010

① 个体编号 i	⑭ 子代群体 $P(1)$	⑮ x_1	⑯ x_2	⑰ $f_i(x_1, x_2)$	⑱ $f_i/\sum f_i$
1	011101	3	5	34	0.14
2	111111	7	7	98	0.42
3	111001	7	1	50	0.21
4	111010	7	2	53	0.23
				$\sum f_i = 235$ $f_{\max} = 98$ $\bar{f} = 58.75$	

例 6.3 求下述二元函数的最大值:

$$\begin{cases} \max f(x_1, x_2) = x_1^2 + x_2^2 \\ \text{s.t. } x_1 \in \{0, 1, 2, \cdots, 7\} \\ \qquad x_2 \in \{0, 1, 2, \cdots, 7\} \end{cases}$$

解 现对其主要运算过程作如下解释:

(1) 个体编码。遗传算法的运算对象是表示个体的符号串，所以必须把变量 x_1，x_2 编码为一种符号串。该例题中，x_1 和 x_2 取 0 ～ 7 之间的整数，可分别用 3 位无符号二进制整数来表示，将它们连接在一起所组成的 6 位无符号二进制整数就形成了个体的基因型，表示一个可行解。例如，基因型 $X = 101110$ 所对应的表现型是 $\boldsymbol{X} = [5 \quad 6]^{\mathrm{T}}$。个体的表现型和基因型 X 之间可通过编码和解码程序相互转换。

(2) 初始群体的产生。遗传算法是对群体进行的进化操作，需要给其准备一些表示起始搜索点的初始群体数据。本例中，群体规模的大小取为 4，即群体由 4 个个体组成，每个个体可通过随机方法产生。一个随机产生的初始群体如表 6.1 中第 ② 栏所示。

(3) 适应度计算。遗传算法中以个体适应度的大小来评定各个个体的优劣程度，从而确定其遗传机会的大小。本例中，目标函数总取非负值，并且是以求函数最大值为优化目标，故可直接利用目标函数值作为个体的适应度。为计算函数的目标值，须先对个体基因型 X 进行解码。表 6.1 中第 ③，④ 栏所示为初始群体中各个个体的解码结果，第 ⑤ 栏所示为各个个体所对应的目标函数值，它也是个体的适应度，第 ⑤ 栏中给出了群体中适应度的最大值和平均值。

(4) 选择运算。选择运算（或称为复制运算）把当前群体中适应度较高的个体按某种规则或模型遗传到下一代群体中。一般要求适应度较高的个体将有更多的机会遗传到下一代群体中。本例中，采用与适应度成正比的概率来确定各个个体复制到下一代群体中的数量。其具体操作过程是：首先计算出群体中所有个体的适应度的总和 $\sum f_i$；其次计算出每个个体的相对适应度的大小 $f_i / \sum f_i$，如表 6.1 中第 ⑥ 栏所示，它即为每个个体被遗传到下一代群体中的概率，每个概率值组成一个区域，全部概率值之和为 1；最后再产生一个 0 到 1 之间的随机数，依据该随机数出现在上述哪一个概率区域内来确定各个个体被选中的次数。如表 6.1 中第 ⑦，⑧ 栏所示为一随机产生的选择结果。

(5) 交叉运算。交叉运算是遗传算法中产生新个体的主要操作过程，它以某一概率相互交换某两个个体之间的部分染色体。本例采用单点交叉的方法，其具体操作过程是：首先对群体进行随机配对，如表 6.1 中第 ⑨ 栏所示为一种随机配对情况；其次随机设置交叉点位置，如表 6.1 中第 ⑩ 栏所示为一随机产生的交叉点位置，其中的数字表示交叉点设置在该基因之后；最后再相互交换配对染色体之间的部分基因。表 6.1 中第 ⑪ 栏所示为交叉运算的结果。

例如，若第 3 号和第 4 号个体在第 4 个基因座之后进行交叉运算，则可得到两个新的个体：

$$\begin{array}{lll} \text{第 3 号个体：} & 101011 \xrightarrow{\text{交叉操作}} & 101001 \\ \text{第 4 号个体：} & 111001 & 111011 \end{array}$$

可以看出，其中新产生的个体“111011”的适应度较原来两个个体的适应度都要高。

(6) 变异运算。变异运算是对个体的某一个或某一些基因座上的基因值按某一较小的概率进行改变，它也是产生新个体的一种操作方法。本例中，采用基本位变异的方法来进行变异运算，其具体操作过程是：首先确定出各个个体的基因变异位置，如表 6.1 中第 ⑫ 栏所示为随机产生的变异点位置，其中的数字表示变异点设置在该基因座处；然后依照某一概率将变异点的原有基因值取反。表 6.1 中第 ⑬栏所示为变异运算结果。

例如，若第 3 号个体的第 2 个基因座需要进行变异运算，则可产生出一个新的个体：

$$\text{第 3 号个体：}1\ \boxed{0}\ 1001 \xrightarrow{\text{第 2 位变异}} 1\ \boxed{1}\ 1001$$

对群体 $P(t)$ 进行一轮选择、交叉、变异运算之后可得到新一代的群体 $P(t+1)$。如表 6.1 中第 ⑭栏所示。表中第 ⑮，⑯，⑰，⑱栏分别表示出了新群体的解码值、适应度和相对适应度，并给出了适应度的最大值和平均值等。从表 6.1 中可以看出，群体经过一代进化之后，其适应度的最大值、平均值都得到了明显的改进。事实上，这里已经找到了最佳个体“111111”。

需要说明的是，表中第 ②，⑦，⑨，⑩，⑫栏的数据是随机产生的。这里为了说明问题，特意选择了一些数值以便能够得到较好的结果，而在实际运算过程中有可能需要一定的循环次数才能达到这个最优结果。

6.4.4 遗传算法的特点

为解决各种优化计算问题，人们提出了各种各样的优化算法，如单纯形法、梯度法、动态规划法、分支定界法等。这些优化算法各有各的长处，各有各的适用范围，也各有各的限制。遗传算法是一类可用于复杂系统优化计算的鲁棒搜索算法，与其他一些优化算法相比，它主要有下述几个特点：

(1) 遗传算法以决策变量的编码作为运算对象。传统的优化算法往往直接利用决策变量的实际值本身来进行优化计算，但遗传算法不是直接以决策变量的值，而是以决策变量的某种形式的编码为运算对象。这种对决策变量的编码处理方式，使得我们在优化计算过程中可以借鉴生物学中染色体和基因等概念，可以模仿自然界中生物的遗传和进化等机理，也使得我们可以方便地应用遗传操作算子。特别是对一些无数值概念或很难有数值概念，而只有代码概念的优化问题，编码处理方式更显示出了其独特的优越性。

(2) 遗传算法直接以目标函数值作为搜索信息。传统的优化算法不仅需要利用目标函数值，而且往往需要目标函数的导数值等其他一些辅助信息才能确定搜索方向。而遗传算法仅使用由目标函数值变换来的适应度函数值，就可确定进一步的搜索方向和搜索范围，无须目标函数的导数值等其他一些辅助信息。这个特性对很多无法或很难求导数的目标函数，或导数不存在的函数的优化问题，以及组合优化问题等，应用遗传算法就显得比较方便，因为它避开了函数求导这个障碍。再者，直接利用目标函数值或个体适应度，也使得我们可以把搜索范围集中到适应度较高的部分搜索空间中，从而提高了搜索效率。

(3) 遗传算法同时使用多个搜索点的搜索信息。传统的优化算法往往是从解空间中的一个初始点开始最优解的迭代搜索过程。单个搜索点所提供的搜索信息毕竟不多，所以搜索效率不高，有时甚至使搜索过程陷于局部最优解而停滞不前。遗传算法从由很多个体所组成的一个初始群体开始最优解的搜索过程，而不是从一个单一的个体开始搜索。对这个群体所进行的选择、交叉、变异等运算，产生出的乃是新一代的群体，在这之中包括了很多群体信息。这些信息可以避免搜索一些不必搜索的点，所以实际上相当于搜索了更多的点，这是遗传算法所特有的一种隐含并行性。

（4）遗传算法使用概率搜索技术。很多传统的优化算法往往使用的是确定性的搜索方法，一个搜索点到另一个搜索点的转移有确定的转移方法和转移关系，这种确定性往往也有可能使得搜索永远达不到最优点，因而也限制了算法的应用范围。而遗传算法属于一种自适应概率搜索技术，其选择、交叉、变异等运算都是以一种概率的方式来进行的，从而增加了其搜索过程的灵活性。虽然这种概率特性也会使群体中产生一些适应度不高的个体，但随着进化过程的进行，新的群体中总会更多地产生出许多优良的个体，实践和理论都已证明在一定条件下遗传算法总是以概率 1 收敛于问题的最优解。当然，交叉概率和变异概率等参数也会影响算法的搜索效果和搜索效率，所以如何选择遗传算法的参数在其应用中是一个比较重要的问题。而另一方面，与其他一些算法相比，遗传算法的鲁棒性又会使得参数对其搜索效果的影响尽可能低。

6.5　基于遗传算法的移动机器人路径规划

6.5.1　离散空间中移动机器人路径规划

本节介绍一种基于遗传算法的移动机器人路径规划新方法。该方法首先把机器人工作空间用网格离散化，其次用一串网格序号的有序排列来表示一条机器人的运动路径（即一个个体），以多条运动路径所组成的群体作为优化搜索基础，最后采用遗传算子对此群体进行遗传操作，从而得到“路径长度最短”这一评价准则下的机器人最优运动路径。

1. 规划空间的网格法建模

假设机器人工作空间可用二维平面图形表示。工作空间中障碍物的位置和大小已知，且在机器人运动过程中，障碍物的位置和大小不发生变化。

用尺寸相同的网格对机器人二维工作空间进行划分，网格大小以机器人自身的尺寸为准。若某一网格范围内不含任何障碍物，则称此网格为自由网格；反之，称为障碍网格。自由空间和障碍物均可表示为网格块的集成。划分后的机器人工作空间如图 6.17 所示，图中阴影区表示障碍网格。

网格的标识方法有下述两种：直角坐标法和序号法。

（1）直角坐标法。如图 6.17 所示，以网格阵左上角为坐标原点，水平向右为 x 轴正方向，竖直向下为 y 轴正方向，每一网格区间对应坐标轴上的一个单位长度。任一网格均可用直角坐标 $(x,\ y)$ 唯一标识。

（2）序号法。如图 6.17 所示，按从左到右，从上到下的顺序，从网格阵左上角第一个网格开始，给每一个网格一个序号 N(从 0 开始计)，则序号 N 与网格块一一对应。

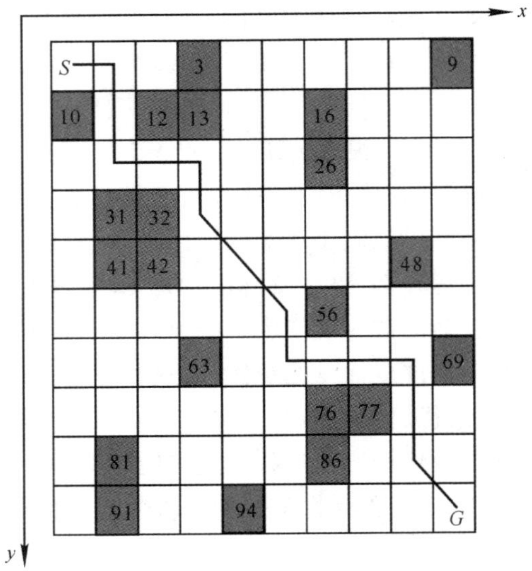

图 6.17　规划空间及仿真结果之一

上述两种标识方法互为映射关系：

$$N = x + 10y$$

或

$$\left.\begin{aligned} x &= N \bmod 10 \\ y &= \text{round}\ (N/10) \end{aligned}\right\} \qquad (6.23)$$

式中　mod —— 取余数；

　　round —— 取整操作。

在下面的讨论中，我们采用序号法表示机器人的运动路径，因为序号法较直角坐标法节省内存，表述简洁明了，并且便于遗传算子的操作。在对路径质量进行评价时，要将序号转换成直角坐标形式，这是因为直角坐标法更便于表示网格之间的相对位置、计算路径长度及检验路径可行性。

2. 路径规划遗传算法

(1) 个体编码方法。以机器人在其工作空间中的一条运动路径作为一个个体。如图 6.17 所示，机器人由其起始位置 S 沿图中粗实线运动到终点位置 G 的路径，就可表示为一个个体，该个体用直角坐标形式可表示为

$$\{(0,0),(1,0),(1,1),(1,2),(2,2),(3,2),(3,3),(4,4),$$
$$(5,5),(5,6),(6,6),(7,6),(8,6),(8,7),(8,8),(9,9)\}$$

若每一坐标值用 4 位二进制数表示，则该个体可表示为

$$\{ 0000,0000,0001,0000,\cdots,1001,1001 \}$$

若使用网格序号法，则同一个体可表示为

$$\{ 0,1,11,21,22,23,33,44,55,65,66,67,68,78,88,99 \}$$

由此可见，个体采用网格序号编码较直角坐标编码或二进制编码具有编码长度短、简明、直观的优点。

另外，由于机器人的不同运动路径的长度是各不相同的，因此，这里要使用可变长度的染色体编码来表示个体。

(2) 初始群体的产生方法。初始群体是遗传算法迭代运算的起点，它由一定数目的个体所组成。当网格数目较大时产生初始群体并非易事。若采用人工选择法，则费时费力；若采用计算机随机生成法，则由于要求路径具有目的性、无障碍性，使得路径生成算法比较困难。为此，引入间断无障碍路径新概念，即在机器人运动起点 S 到终点 G 之间，用一系列随机选择、自由、不一定连续的网格序号连接 S 和 G。据此定义，下述即为几条间断无障碍路径的编码示例：

$$\{0,99\},\{0,2,20,45,75,87,99\},\{0,11,23,43,54,65,75,85,95,97,99\}$$

采用间断无障碍路径新概念，可减少初始群体产生的困难。

(3) 适应度函数。个体适应度评价函数直接影响到遗传算法的计算效率。这里，选取如下所示的个体适应度评价函数：

$$F = \left(1 + \frac{1}{\sqrt{n-1}}\right)D \tag{6.24}$$

式中　n —— 该个体所通过的网格数目总和；

D —— 该个体中相邻序号间直线距离之和。

从上述个体评价函数 F 的定义式(6.24)可见，F 与机器人运动距离 D 成正比，因此，该优化问题是以距离最短作为目标函数的。但是若仅取运动距离 D 作为评价函数，则个体{(0,99)}的目标函数值肯定是最小，并且经过几代遗传后，此类个体将越来越多，这并非是所期望的。因此，在式(6.24)中引入了一个修正项，它的主要目的是尽量消除遗传算法运行过程中所产生的间断点相距太远的过短路径。

(4) 遗传算子设计。

1) 选择算子。采用比例选择算子，使个体按照与适应度成正比的概率向下一代群体繁殖。

2) 交叉算子。交叉算子分通常意义上的交叉和重合点交叉两种方式。所谓重合点交叉是指对随机选取的两个个体，选择网格序号完全相同的点进行交叉操作。当重合点多于一个时，随机选择其一进行交叉；当无重合点时，不进行交叉操作。显然，通常意义的交叉方式易产生间断路径，而重合点交叉方式不会产生新的断点。

3) 变异算子。变异算子分三种操作方式，即从个体中随机删除一个序号(不包括起始点、终止点序号)；或从个体中随机选取一点，插入一个新序号；或在个体中随机选取一个序号，用另一个随机产生的序号代替它。显然，这三种变异算子都有可能产生间断路径。

4）插入算子。把间断路径用自由网格弥补，使之成为连续路径。可采用下述判别式来判断个体中两相邻序号 N_k，N_{k+1} 是否连续：

$$\Delta = \max\{\text{abs}(x_{k+1} - x_k),\ \text{abs}(y_{k+1} - y_k)\} \tag{6.25}$$

式中，x_k，y_k，x_{k+1}，y_{k+1} 分别为 N_k，N_{k+1} 所对应的直角坐标。max 表示取最大，abs 表示取绝对值。若 $\Delta = 1$，则 N_k 与 N_{k+1} 连续，否则不连续。

不连续时，按中值法计算候补插入点：

$$\left.\begin{aligned} x_k' &= \frac{x_k + x_{k+1}}{2} \\ y_k' &= \frac{y_k + y_{k+1}}{2} \\ N_k' &= x_k' + 10y_k' \end{aligned}\right\} \tag{6.26}$$

若计算得到的 N_k' 为自由网格，则可将其直接插入。若 N_k' 是障碍网格，则选择一个与 N_k' 距离最近的自由网格作为新的候补插入点，若找不到这样的候补插入点，即宣告插入操作失败，舍去该个体，否则就用新的候补点插入到 N_k 与 N_{k+1} 之间。上述插入过程重复执行，直到个体变成连续可通行路径为止。

5）删除算子。将个体中两相同序号之间的冗余序号，连同两相同序号中的一个一并舍去，以简化路径。

3. *仿真算例*

对图 6.17 和图 6.18 所示的两种情况分别进行计算机仿真研究。在这两种情况下，机器人运动起点 S 和终点 G 之网格序号均为 0 和 99，所采用的遗传算法运行参数完全相同：$\{M, T, p_c, p_m\} = \{30, 100, 0.8, 0.01\}$。图中粗实线所示分别为迭代了 40 代和 45 代之后所得到的最优运动路径。

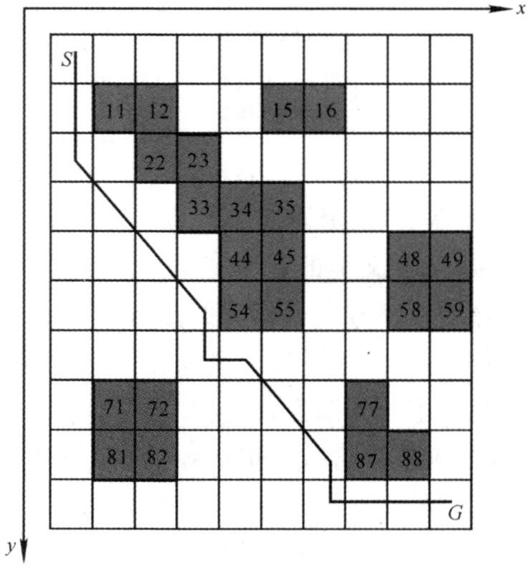

图 6.18　规划空间及仿真结果之二

在利用遗传算法进行机器人运动路径规划时，与传统的二进制编码方法相比，采用网格序号作为个体的编码形式具有编码长度短、易于进行遗传操作等优点。所提出的间断无障碍路径概念，既简化了初始群体产生，又方便了交叉、变异等遗传算子的实现。插入算子和删除算子一方面弥补了间断路径，另一方面又避免了机器人作重复运动，从而保证了所规划出的运动路径连续、可实现。

6.5.2　连续空间中移动机器人路径规划

在 6.5.1 节中介绍了在网格空间进行机器人路径规划的遗传算法，但规划空间的网格法建模有其自身的限制：若网格划分过粗，则规划精度较低；若网格划分太细，则数据量又会太大。下面介绍另外一种在连续空间下基于遗传算法的移动机器人路径规划方法，该方法在对规划空间利用链接图建模的基础上，先使用图论中的成熟算法粗寻出可选路径，然后再使用遗传算法来调整路径点，逐步得到较优的行走路线。其染色体编码方法保证不会产生无效路径，使得我们仅使用基本遗传算法就可解决机器人路径规划问题。

1. 规划空间的链接图建模

进行机器人路径规划时，首先必须对其自由空间进行描述，即进行规划空间建模。链接图法(MAKLINK Graph)是自由空间建模中的一种比较好的方法，它在构造规划空间时使用了下述假设：

(1) 移动机器人在二维平面环境中运动，不考虑高度信息；

(2) 规划环境的边界及障碍物可用凸多边形描述；

(3) 通过对机器人的大小等的考虑，可对规划环境的边界适当地缩小，对障碍物的范围适当地扩大，机器人用点来表示，即所谓“点机器人”。

链接图法对自由空间进行建模的过程如下：

(1) 用直线(称为链接线)划分自由空间为凸多边形区域；

(2) 设置各链接线的中间点为可能路径点；

(3) 相互连接各凸多边形区域内的所有可能路径点；

(4) 将机器人移动时的起点和终点分别连接到所在凸多边形区域的各个可能路径点上。

例如，对图 6.19 所示含有障碍物的规划空间，经过上述算法处理后，可得到图 6.20 所示的链接图。图中，阴影所示为障碍物，S 为起点，G 为终点。

2. 路径规划遗传算法

经过上述自由空间建模之后，机器人路径规划问题转化为网络图的最短路径问题，可用图论中的成熟算法求解(如 Ford 算法)。但要注意的是，上面所求出的最短路径只是链接图的最短路径，它使用了走各链接线中点的条件。由上述构造链接图的假设可知，障碍物已进行了适当的扩大，所以机器人可以沿着其边界行走。这样，由于障碍物的形状、位置等的限制，上面所产生的最短路径就不一定是整个规划空间中的最优路径。但我们可以在此基础上对其各个路径点进行调整，从而得到质量更好的路径。综合 Ford 算法和遗传算法，我们所提出的求解机器人路径规划问题的基本思想是：首先，用 Ford 算法求链接图的最短路径，得到粗路径点；其次，用遗传算法来调整各个粗路径点，得到最优的或近似最优的行走路径。

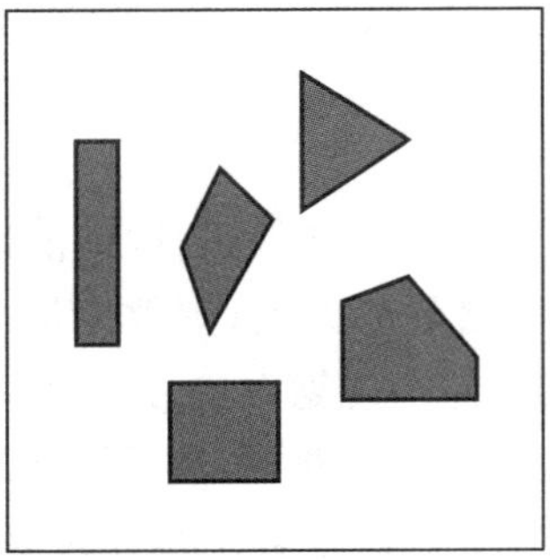

图 6.19　规划空间

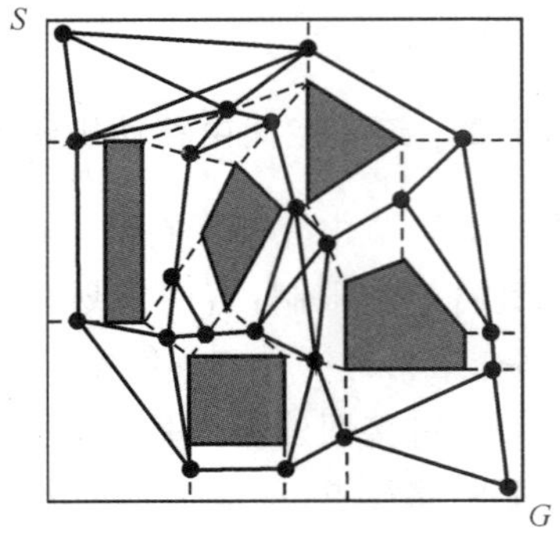

图 6.20　规划空间的链接图表示

也就是说，这里使用的是混合遗传算法。其构成要素如下：

(1) 路径编码方法。个体的编码技术是用遗传算法解决问题的关键。在我们的问题中，如图 6.20 所示，假设通过 Ford 算法已找到了链接图中的最短路径 $P_0P_1P_2\cdots P_nP_{n+1}$，其中 $P_0=S$ 为路径起点，$P_{n+1}=G$ 为路径终点。需要对 $P_i(i=1, 2, \cdots, n)$ 的位置进行调整，从而得到机器人在工作空间中的最优或近似最优的行走路径。

对于 P_i 点，让它在由 P_{i1}，P_{i2} 两点所组成的直线段上变动，如图 6.21 所示，其具体位置可由下述参数方程式中的 t_i 来决定：

$$P_i=P_{i1}+(P_{i2}-P_{i1})t_i$$

$$(t_i\in[0, 1],\quad i=1, 2, \cdots, n)\quad(6.27)$$

对每一个路径点都这样处理后，这些新的路径点就组成了一条新的行走路径。

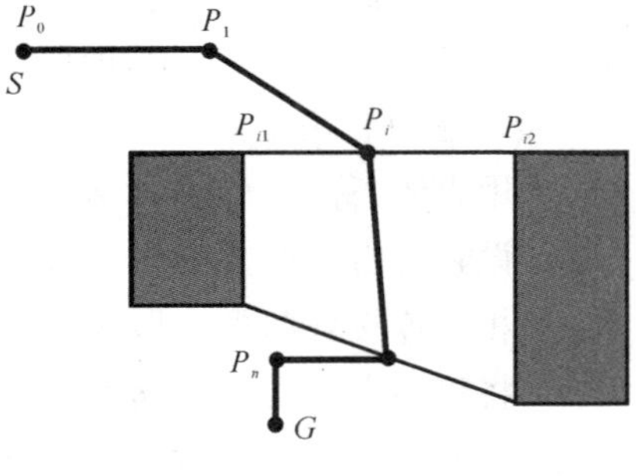

图 6.21　路径编码方法

对于这一条新的调整后的路径，可由 n 个取值在 [0,1] 范围内的 t_i 值的排列来唯一地表示其各个路径点的新位置，即确定了这条路径。要注意的是，机器人行走路径的起点和终点不参与调整。这样，个体的编码形式为

$$P=t_1t_2t_3\cdots t_i\cdots t_n$$

例如：

$P=$

0.5	0.8	0.3	…	0.8	0.6	0.2

就表示一条机器人行走路径，其中各个数字表示对粗路径点的调整量，即参数方程式(6.27)中参数 $t_i(i = 1, 2, \cdots, n)$ 的取值大小。

对路径所采取的这种编码方法，使得我们可以取固定长度的染色体，编码值可取二进制的形式，也可直接用实参数的形式，并且可以使用方便且易于实现的简单遗传算法来寻优。另外，交叉、变异等遗传操作算子也可以使用通用的参数优化遗传操作算子，而且绝对不会产生无效路径。

(2) 目标函数和适应度函数。取路径的总长度为路径优化的目标函数：

$$f(t_1, t_2, \cdots, t_n) = \sum_{i=0}^{n} | P_{i+1} - P_i | \tag{6.28}$$

由于在任何情况下路径的总长度都是取正值，并且是以机器人行走路径总长度最短为优化目标，所以可以将适应度函数取为

$$F(t_1, t_2, \cdots, t_n) = C_{\max} - f(t_1, t_2, \cdots, t_n) = C_{\max} - \sum_{i=0}^{n} | P_{i+1} - P_i | \tag{6.29}$$

(3) 遗传算子设计。由于可以使用通用的基本遗传算法，所以这里不再对选择、交叉、变异等遗传运算算子进行分析。

3. 仿真算例

对图 6.20 所示的路径规划问题，使用上面提出的方法，可得到图 6.22 所示的仿真结果。图中最粗的实线所示路径为路径点调整后的机器人行走路径，其平均长度为 562，这是设定遗传算法的运行参数 $\{M, T, p_c, p_m\} = \{30, 500, 0.5, 0.1\}$，运行 20 次所得到的平均结果；图中次粗的实线所示路径为用 Ford 算法求出的调整前的行走路径，其长度为 611。

由于是在次粗路径基础上的调整优化，并且使用了保留最佳个体的进化模型，因此调整后新路径的总长度总是比用 Ford 算法所得到的结果要短。

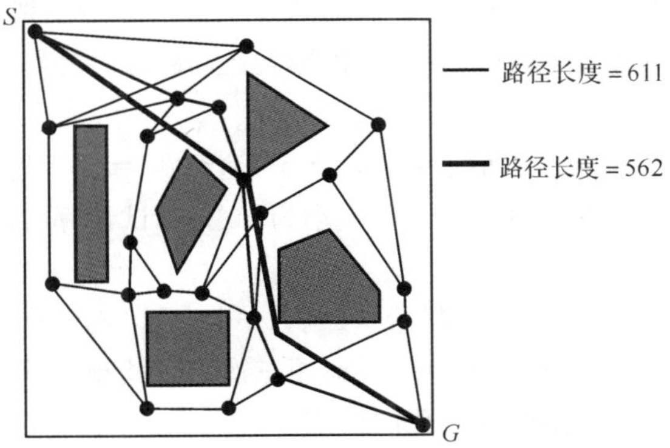

图 6.22　仿真结果

6.6 本章小结

本章首先对固定式机器人的路径规划问题进行了叙述，在关节空间引入了多项式、直线与抛物线组合等路径规划方式，在直角坐标空间采用齐次坐标方式规划了机器人路径。相对而言，在关节空间规划的路径易于实现，而直角坐标空间规划的路径比较直观，但在实现时仍需转换到关节空间。其次，对移动机器人的路径规划中经常采用的拓扑法、几何法、势场法进行了简单介绍。最后，在对遗传算法基本原理、实现方法介绍的基础上，通过典型应用示例，重点介绍了遗传算法在移动机器人路径规划中的应用，使读者在对机器人路径规划问题掌握的基础上，对遗传算法也有一个基本了解。

习　题

1. 一个六关节机器人在起始点从静止状态出发，经过 2 个途经点，沿三次多项式路径运动，停在目标点。请问规划该机器人运动，需要几个三次多项式？

2. 移动机器人常用路径规划方法有哪几种？各有何优缺点？

3. 将遗传算法运用于机器人路径规划有何优缺点？

4. 单连杆旋转关节机器人，在 5 s 之内由起始点 $\theta_1 = 15°$ 运动到终点 $\theta_2 = 75°$，且起始点和终点速度均为零，试运用三次多项式规划该机器人运动路径，并画出其关节位置、速度、加速度随时间变化的曲线。

5. 单连杆旋转关节机器人，由起始点 $\theta_1 = 5°$，经由途经点 $\theta_2 = 15°$，运动到终点 $\theta_3 = 45°$，且起始点和终点速度均为零，途经点的速度是 17.5°/s，设各段的延续时间均为 1 s，试运用三次多项式规划该机器人运动路径，并画出其关节位置、速度、加速度随时间变化的曲线。

6. 单连杆旋转关节机器人，在 3 s 之内由起始点 $\theta_1 = 15°$ 运动到终点 $\theta_2 = 75°$，抛物线段加速度为 $40°/s^2$，试运用直线加抛物线规划该机器人运动路径，并画出其关节位置、速度、加速度随时间变化的曲线。

7. 单连杆旋转关节机器人，由初始位置 $\theta_1 = 5°$，途经 $\theta_2 = 25°$，到达终点位置 $\theta_3 = 40°$，各段延续时间均为 1 s，设所有抛物线段加速度大小为 $50°/s^2$，试计算各段的速度、抛物线段和直线段延续时间。

8. 两关节平面机器人，在 5 s 内从起始点 $(x_0, y_0) = (1.96, 0.50)$ 运动到终点 $(x_f, y_f) = (1.00, 0.75)$，且起始点和终点速度均为零，试运用三次多项式规划该机器人运动路径，并分别画出各关节位置、速度、加速度随时间变化的曲线。

9. 两关节平面机器人，在 5 s 内从起始点 $(x_0, y_0) = (1.96, 0.50)$ 运动到终点 $(x_f, y_f) = (1.00, 0.75)$，关节 1 抛物线段加速度为 $50°/s^2$，关节 2 抛物线段加速度为 $45°/s^2$，试运用直线加抛物线规划该机器人运动路径，并分别画出各关节位置、速度、加速度随时间变化的曲线。

10. 如图 6.23 所示，阴影部分为障碍物，其余可自由运动。设机器人起始点在 0，目标点在 99，试用遗传算法规划机器人的运动路径。

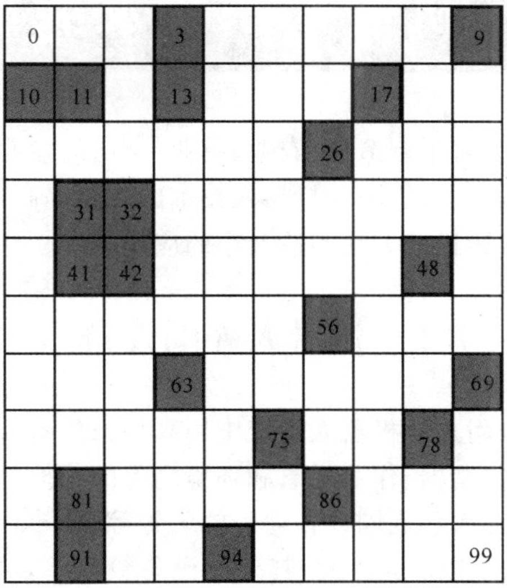

图 6.23　机器人运动空间

第 7 章　机器人系统及典型应用

目前，机器人的应用范围涵盖了制造业、农业、林业、交通运输业、核工业、医疗、福利事业、娱乐业、海洋及太空开发等领域，而且，随着机器人技术的不断提高，可以预见机器人的应用领域将进一步扩大。本章重点叙述机器人在制造业中的应用。

7.1　机器人外围设备

机器人外围设备是指可以附加到机器人系统中用来加强机器人功能的设备。这些设备是除了机器人本身的执行机构、控制器、作业对象和环境之外的其他设备和装置，例如用于定位、装卡工件的工装，用于保证机器人和周围设备通信的装置等。

在一般情况下，灵活性高的工业机器人，其外围设备较简单，可适应产品型号的变化；反之，灵活性低的工业机器人，其外围设备较复杂，当产品型号改变时，就需要付出高额的投资更换外围设备。

外围设备的功能必须要与机器人的功能相协调，包括定位方法、夹紧方式、动作速度等，应根据作业要求确定机器人的外围设备，如表 7.1 所示。

表 7.1　机器人外围设备

作业内容	工业机器人的种类	主要外围设备
压力机上的装卸作业	固定程序式	传送带、送料器、升降机、定位装置、取出工件装置、真空装置、切边压力机等
切削加工的装卸作业	可编程序式 示教再现式	传送带、上下料装置、定位装置、翻送装置、专用托板夹持与输送装置等
压铸时的装卸作业	固定程序式 示教再现式	浇注装置、冷却装置、切边压力机、脱膜剂涂敷装置、工件检测等
喷涂作业	示教再现式 连续轨迹控制(CP)	传送带、工件检测、喷涂装置、喷枪等
点焊作业	示教再现式 点位控制(PTP)	焊接电源、计时器、次级电缆、焊枪、异常电流检测装置、工具修整装置、焊透性检测、车型检测与辨别、焊接夹具、传送带、夹紧装置等
弧焊作业	示教再现式 连续轨迹控制(CP)	弧焊装置、焊丝进给装置、焊枪、气体检测、焊丝余量检测、焊接夹具、位置控制器、夹紧装置等

如表 7.1 所示，单一机器人是不可能有效工作的，它必须与外围设备共同组成一个完整的机器人系统才能发挥作用。

7.2　焊接机器人

焊接机器人突破了焊接刚性自动化的传统生产方式，开拓了一种柔性自动化生产方式，使小批量产品自动化焊接生产成为可能。由于机器人具有示教再现功能，完成一项焊接任务只需要示教一次，随后即可以精确地再现示教动作。如果机器人去做另一项焊接工作，只需重新示教即可。

焊接机器人可以稳定和提高焊接质量，保证其均匀性；提高劳动生产率，一天可保证 24 h 连续生产；改善工人劳动条件，可在有害环境下工作；降低对工人操作技术的要求；缩短产品改型换代的准备周期，减少相应的设备投资；可实现小批量产品的焊接自动化；能在空间站建设、核设备维修、深水焊接等极限条件下完成人工难以进行的焊接作业；为焊接柔性生产线提供技术基础。

在实际焊接过程中，作业条件是经常变化的，如加工和装配上的误差会造成焊缝位置和尺寸的变化，焊接过程中工件受热及散热条件改变会造成焊道变形和熔透不均。为了克服机器人焊接工作中各种不确定性因素对焊接质量的影响，提高机器人作业的智能化水平和工作的可靠性，要求焊接机器人系统不仅能实现空间焊缝的自动实时跟踪，而且还能实现焊接参数的在线调整和焊缝质量的实时控制。

7.2.1　焊接机器人系统组成

焊接机器人系统一般由如下几部分组成：机械手、变位机、控制器、焊接系统（专用焊接电源、焊枪或焊钳等）、焊接传感器、中央控制计算机和相应的安全设备等。典型的焊接机器人组成如图 7.1 所示。

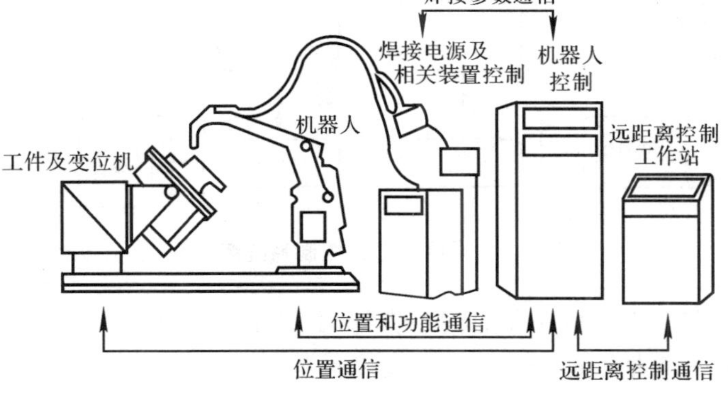

图 7.1　焊接机器人组成

机械手是焊接机器人的执行机构，它由驱动器、传动机构、连杆、关节以及内部传感器（编码盘）等组成。由于具有六个旋转关节的关节式机器人已被证明能在机构尺寸相同情况下其工作空间最大，并且能以较高的位置精度和最优的路径到达指定位置，因而在焊接领域得到广泛应用。

变位机作为机器人焊接生产线及焊接柔性加工单元的重要组成部分，其作用是将被焊工件旋转（平移）到最佳的焊接位置。在焊接作业前和焊接过程中，变位机通过夹具来装卡和定位被焊工件，对工件的不同要求决定了变位机的负载能力及其运动方式。为了使机械手充分发挥效能，焊接机器人系统通常采用两台变位机，当其中一台进行焊接作业时，另一台则完成工件的装卸，从而提高整个系统效率。

机器人控制器是整个机器人系统的神经中枢，如图 7.2 所示，它由计算机硬件、软件和一些专用电路组成，其软件包括控制器系统软件、机器人专用语言、机器人运动学及动力学软件、机器人控制软件、机器人自诊断及自保护软件等。控制器负责处理焊接机器人工作过程中的全部信息和控制其全部动作。

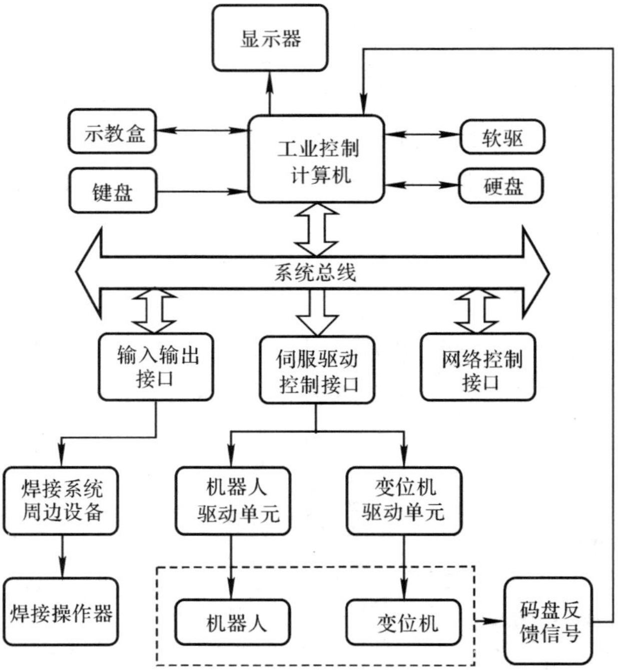

图 7.2　焊接机器人控制系统组成

焊接系统是焊接机器人完成作业的核心装备，由焊钳（点焊机器人）、焊枪（弧焊机器人）、焊接控制器及水、电、气等辅助部分组成。焊接控制器可根据预定的焊接监控程序，完成焊接参数输入、焊接程序控制及焊接系统故障自诊断，并实现与本地计算机及手控盒的通信联系。

用于弧焊机器人的焊接电源及送丝设备由于参数选择的需要，必须由机器人控制器直接控制。

在焊接过程中，尽管机械手、变位机等能达到很高的精度，但由于存在被焊工件几何尺寸和位置误差，以及焊接过程中产生的热引起工件的变形，传感器仍是焊接过程中(尤其是焊接大厚工件时)不可缺少的设备。传感器的任务是实现工件坡口的定位、跟踪以及焊缝熔透信息的获取。

安全设备是焊接机器人系统安全运行的重要保障，主要包括驱动系统过热自断电保护、动作超限位自断电保护、超速自断电保护、机器人系统工作空间干涉自断电保护及人工急停等。

图 7.3 所示为机器人焊接生产线。

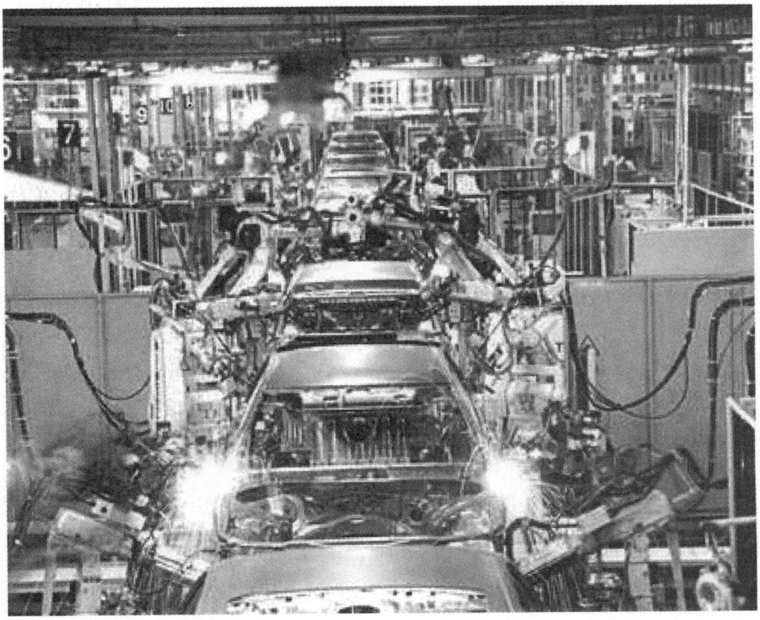

图 7.3　机器人焊接生产线

7.2.2　点焊机器人

1. 点焊机器人概述

在我国点焊机器人约占焊接机器人总数的 46%，主要应用在汽车、农机、摩托车等行业，就其发展而言，尚处于第一代机器人阶段，对环境的变化没有应变能力。点焊机器人的典型组成如图 7.4 所示。

点焊机器人有直角坐标式、极坐标式、圆柱坐标式和关节式等，最常用的是直角坐标式简易型(2～4 个自由度)和关节式(5～6 个自由度)点焊机器人。关节式机器人既有落地式安装，也有悬挂式安装，占用空间比较小。驱动系统多采用直流或交流伺服电机。

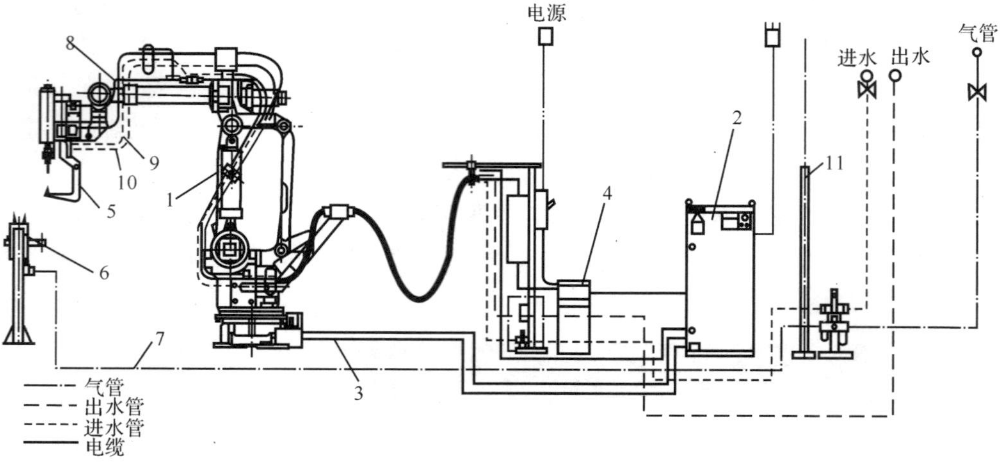

图 7.4　点焊机器人组成

1—焊钳;2—机器人控制柜;3—控制电缆;4—点焊定时器;5—点焊钳;
6—电极修整装置;7,8,9,10—气、电、进水、出水管线;11—安全围栏

通常,装配一台汽车车身大约需要完成 4 000～5 000 个焊点。例如,某汽车厂采用了以 196 台 Unimate 通用型机器人为核心的柔性生产线焊接 K 型轿车,机器人完成 98%的焊点,仅少数焊点因机器人无法伸入车体内部而需手工完成。该车型有二门轿车、四门轿车和面包车等,设置在生产线上的传感器可将车型信息通知机器人控制器,以选择适应于该车型的预先存储的任务程序并规定机器人的初始状态。

引入点焊机器人可以取代笨重、单调、重复的体力劳动;能更好地保证点焊质量;可长时间重复工作,提高工作效率 30%以上;可以组成柔性自动生产系统,特别适合新产品开发和多品种生产,增强企业应变能力。

目前,正在开发一种新的点焊机器人系统,该系统可把焊接技术与 CAD/CAM 技术完美地结合起来,提高生产准备工作的效率,缩短产品设计投产的周期,使整个机器人系统取得更高的效益。这种系统拥有关于汽车车身结构信息、焊接条件计算信息和机器人机构信息等数据库,CAD 系统利用该数据库可方便地进行焊钳选择和机器人配置方案设计;采用离线编程的方式规划路径;控制器具有很强的数据转换功能,能针对机器人本身不同的精度和工件之间的相对集合误差及时进行补偿,以保证足够的工作精度。

2. 点焊工艺对机器人的基本要求

在选用或引进点焊机器人时必须注意点焊工艺对机器人的基本要求:

(1) 点焊作业一般采用点位控制(PTP),其重复定位精度≤±1 mm。

(2) 点焊机器人工作空间必须大于焊接所需的空间(由焊点位置及焊点数量确定)。

(3) 按工件形状、种类、焊缝位置选用焊钳。

(4) 根据选用的焊钳结构(分离式、一体式、内藏式),焊件材质与厚度及焊接电流波形(工频交流、逆变式直流等)来选取点焊机器人额定负载,一般在 50～120 kg 之间。

(5) 机器人应具有较高的抗干扰能力和可靠性(平均无故障工作时间应超过 2 000 h,平均修复时间不大于 30 min);具有较强的故障自诊断功能,例如可发现电极与工件发生"黏结"而无法脱开的危险情况,并能作出电极沿工件表面反复扭转直至故障消除。

(6) 点焊机器人示教记忆容量应大于 1 000 点。

(7) 机器人应具有较高的点焊速度(例如,每分钟 60 点以上),它可保证单点焊接时间(含加压、焊接、维持、休息、移位等点焊循环)与生产线物流速度匹配,且其中 50 mm 短距离(焊点间距)移动的定位时间应缩短在 0.4 s 以内。

(8) 需采用多台机器人时,应研究是否选用多种型号,并与多点焊机并用等问题;当机器人布置间隔较小时,应注意动作顺序的安排,可通过机器人群控或相互间连锁作用避免干扰。

3. 点焊机器人焊接系统

对点焊机器人的要求一般基于两点考虑:一是机器人运动的定位精度,它由机器人机械手和控制器来保证;二是点焊质量的控制精度,它主要是由机器人焊接系统来保证,它主要由阻焊变压器、焊钳、点焊控制器及水、电、气路及其辅助设备等组成。

(1) 点焊钳。点焊机器人焊钳从用途上可分为 C 型和 X 型两种,通过机械接口安装在机械手末端。根据钳体、变压器和机械手的连接关系,可将焊钳分为分离式、内藏式、一体式三种。

1)分离式焊钳。钳体安装在机械手末端,阻焊变压器安装在机器人上方悬梁上,且可沿着机器人焊接方向运动,两者以粗电缆连接。其优点是可明显减轻手腕负荷,运动速度高,价格便宜。主要缺点是机器人工作空间以及焊接位置受到限制,电能损耗大,并使手腕承受电缆引起的附加载荷。

2)内藏式焊钳。阻焊变压器安装在机械手手臂内,显著缩短了二次电缆和变压器容量。主要缺点是机械手的机械设计较复杂。

3)一体式焊钳。钳体与阻焊变压器集成安装在机械手末端,其显著优点是节省电能(约为分离式的 1/3),并避免了分离式焊钳的其他缺点。当然,它使机械手腕部必须承受较大的载荷,并影响了焊接作业的可达性。

机器人点焊钳与通常所采用的悬挂式电焊机不同之处在于:

1) 具备双行程。其中短行程为工作行程,长行程为预行程,用于安装较大焊件、修整及更换和机器人焊接时的跨越障碍。

2) 具备扩力机构。为增加焊件厚度并减轻机器人负载,有时在钳体的机械设计中采用扩力式气压-杠杆传动加压机构(用于 X 型焊钳)或串联式增压气缸(用于 C 型焊钳)。

3) 具备浮动装置。浮动式焊钳可以降低对工件定位精度的要求,有利于用户使用。同时,也是防止点焊时工件产生波浪变形的重要措施。浮动机构主要由弹簧平衡系统(多用于 C 型焊钳)或气动平衡系统(多用于 X 型焊钳的浮动气缸)。

4）新型电极驱动机构。近年来出现的电动及伺服驱动加压机构，即伺服焊钳，可实现电极加压软接触，并可进行电极压力的实时调节，可显著提高点焊质量和减少点焊喷溅，例如MOTOMAN点焊机器人所配置的伺服焊钳。

（2）点焊控制器。用于点焊机器人焊接系统中的点焊控制器，是一相对独立的多功能电焊微机控制装置，主要功能包括：

1）可实现点焊过程时序控制，顺序控制预压、加压、焊接、维持、休止等。

2）可实现焊接电流波形的调制，且其恒流控制精度在1%～2%。

3）可同时存储多套焊接参数。

4）可自动进行电极磨损后的阶梯电流补偿、记录焊点数并预报电极寿命。

5）故障自诊断功能。对晶闸管超温，晶闸管单管导通，变压器超温，计算机、水压、气压、电极黏结等故障进行显示并报警，直至自动停机。

6）可实现与机器人控制器及示教盒的通信联系，提供单加压和机器人示教功能。

7）断电保护功能。系统断电后内存数据不会丢失。

点焊控制器与机器人控制器有三种结合方式：

1）中央结构型。它将点焊控制器作为一个模块安装在机器人控制器内，由主计算机统一管理并为焊接模块提供数据，焊接过程控制由焊接模块完成。这种结构的优点是机器人控制器集成度高，便于统一管理。

2）分散结构型。点焊控制器与机器人控制器分开设置，两者采用应答式通信联系。这种结构的优点是调试灵活，焊接系统可单独使用；但集成度不如中央结构型高。

3）群控系统。将多台点焊机器人与群控计算机相连，以便对同时通电的数台焊机进行控制。实现部分焊机的焊接电流分时交错，限制电网瞬时负载，稳定电网电压，保证点焊质量。为此，点焊机器人焊接系统都应增加“焊接请求”与“焊接允许”信号，并与群控计算机相连。

图 7.5　点焊机器人实例

图7.5所示为某点焊机器人实例。

目前，机器人点焊控制器正向智能化方向迅速发展，主要表现在：

1）改进传统人机操作模式，提供友好人机对话界面。

2）根据所焊材质、厚度、焊接电流波形（即焊机类型），研制集成专家系统、人工神经网络、模糊技术等诸多人工智能方法相混合的电焊工艺设计与接头质量预测的智能混合系统，偏重于软件方面实现机器人点焊质量控制；基于多传感器信息融合技术（如基于多传感器信息融合的智能PID控制、Fuzzy－PID控制等），偏重于硬件方面实现机器人点焊多参数联合质量控制。

7.2.3　弧焊机器人

1. 弧焊机器人概述

弧焊机器人的应用范围很广，除了汽车行业之外，在通用机械、金属结构、航空、航天、机车车辆及造船等行业都有应用。目前应用的弧焊机器人适应多品种中小批量生产，配有焊缝自动跟踪（例如电弧传感器、激光视觉传感器等）和熔池形状控制系统等，可对环境的变化进行一定范围的适应性调整。

弧焊机器人机械本体常用的是关节式（5～6 个自由度）机械手。对于特大型工件（如机车车辆、船体、锅炉、大电机等）的焊接作业，为加大工作空间，往往将机器人悬挂起来，或安装在运载小车上使用；驱动方式多采用直流或交流伺服电动机驱动。按焊接工艺又常将弧焊机器人分为熔化极（CO_2，MAG/MIG，药芯焊丝电弧焊）弧焊机器人和非熔化极（TIG）弧焊机器人。此外，还有激光焊接机器人。弧焊机器人组成如图 7.6 所示，影响弧焊机器人发挥作用的因素如图 7.7 所示。

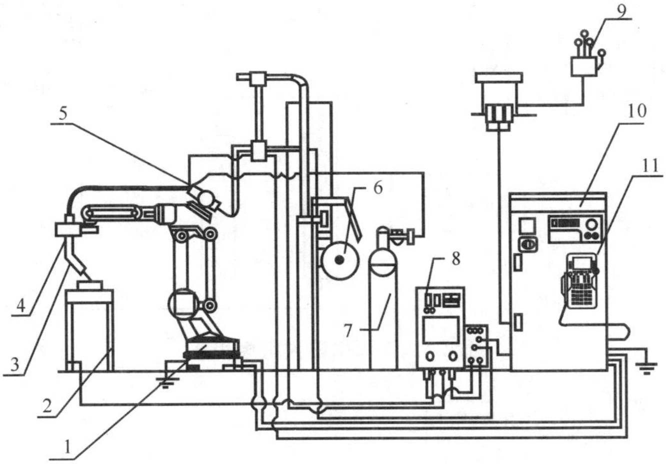

图 7.6　弧焊机器人组成

1—机械手；2—工作台；3—焊枪；4—防撞传感器；5—送丝机；6—焊丝盘；7—气瓶；8—焊接电源；9—电源；10—机器人控制柜；11—示教盒

当前，作为焊接生产自动化的主要标志之一是焊接生产系统柔性化，其发展方向是以弧焊机器人为主体，配合多自由度变位机及相关的焊接传感控制设备、先进的弧焊电源，在计算机的综合控制下实现对空间焊缝的精确跟踪及焊接参数的在线调整，实现对熔池形状动态过程的智能控制，这使机器人制造厂家也面临着严峻的挑战。如图 7.8 所示是弧焊机器人柔性加工单元（工作站），该系统由中央控制计算机、机器人控制器、弧焊电源、焊缝跟踪系统和熔透控制系统五部分组成，各部分由独立的计算机控制，通过总线实现各部分与中央控制计算机之间的双向通信。机器人具有6自由度，采用交流伺服驱动，基于工业PC构成机器人控制系统。弧焊电源采用专用的IGBT逆变电源，利用单片机实现焊接电流波形的实时控制，可满足TIG和MIG(MAG)焊接工艺的要求。焊缝跟踪系统采用基于三角测量原理的激光扫描式视觉传感器，除完成焊缝自动跟踪外，尚可同时具备焊缝接头起始点的寻找、焊枪高度的控制及焊缝接头剖面信息的获取等功能，熔透控制系统是利用焊接熔池谐振频率与熔池体积之间存在的函数关系，采用外加激振脉冲的方法实现TIC焊缝熔透情况的实时检测与控制。

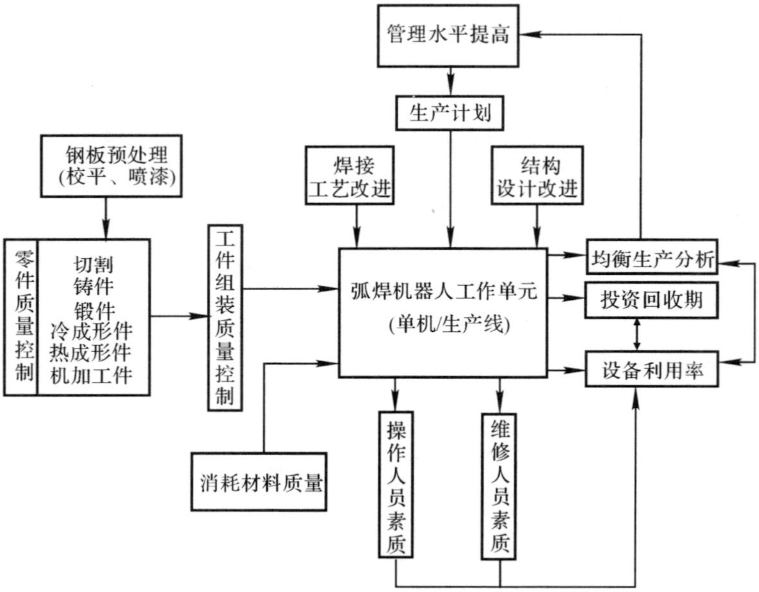

图7.7　弧焊机器人考虑因素

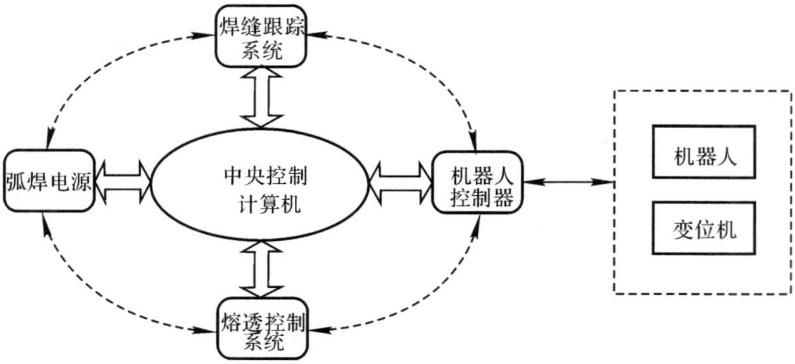

图7.8　弧焊机器人柔性加工单元组成

2. 弧焊工艺对机器人的要求

在选用或引进弧焊机器人及机器人工作站时，必须注意以下几点：

(1) 弧焊作业均采用连续路径控制(CP)，其定位精度应≤±0.5 mm。

(2) 必须使弧焊机器人可达到的工作空间大于焊接所需的工作空间，经常将机器人悬挂起来或安装在运载小车上使用。

(3) 按焊件材质、焊接电源、弧焊方法选择合适种类的机器人。例如，钢材一般选 CO_2/MAG 弧焊机器人；不锈钢选 MIG 弧焊机器人；铝材选用脉冲 TIG 弧焊机器人或 MIG 弧焊机器人等。

(4) 正确选择周边设备，组成弧焊机器人工作站。弧焊机器人仅仅是柔性焊接作业系统的主体，还应有行走机构及小型和大型移动机架，以扩大机器人的工作范围。同时，还设有各种定位装置、夹具及变位机。多自由度变位机应能与机器人协调控制，使焊缝处于最佳焊接位置(平焊、船形焊等)。

(5) 弧焊机器人应具有以下重要相关功能：防碰撞及焊枪矫正，焊缝自动跟踪，熔透控制，焊缝始端检出，定点摆弧及摆动焊接，多层焊，清枪剪丝等。

(6) 机器人应具有较高的抗干扰能力和可靠性(平均无故障工作时间应超过 2 000 h，平均修复时间不大于 30 min；在额定负载和工作速度下连续运行 120 h，工作应正常)，并有较强的故障自诊断功能(例如，“黏丝”、“断弧”故障显示及处理等)。

(7) 弧焊机器人示教记忆容量应大于 5 000 点。

(8) 弧焊机器人的抓重一般为 5～20 kg，经常选用 8 kg 左右。

(9) 在弧焊作业中焊接速度及其稳定性是重要指标，一般情况下焊速约取 5～50 mm/s，只有在薄板高速 MAG 焊中焊接速度可能达到 4 m/min 以上。因此，机器人必须具有较高的速度稳定性，在高速焊接中还对焊接系统中电源和送丝机构有特殊要求(采用伺服焊枪、高速送丝机等)。

(10) 离线示教方式的选择，这是由于弧焊工艺复杂，示教工作量大，现场示教会占用大量生产时间，因此弧焊机器人必须具有离线编程功能。其方法为：①在生产线外另安装一台所谓主导机器人，用它模仿焊接作业的动作，然后将生成的示教程序传送给生产线上的机器人；② 借助计算机图形技术，在显示器(CRT)上按焊件与机器人的位置关系对焊接动作进行图形仿真，然后将示教程序传给生产线上的机器人，目前已经有多种这方面商品化的软件包可以使用，例如，ABB 公司所提供的机器人离线编程软件 Program Maker。由于计算机技术发展，后一种方法将会越来越多地应用于生产中。

3. 弧焊机器人焊接系统

弧焊机器人焊接质量的保证主要取决于两点：保持焊枪运动轨迹正确只是必要条件；焊接系统(弧焊电源及传感器等)性能要好，也是关键。

(1) 弧焊电源。机器人要求配置的弧焊电源应有以下功能：

1)外特性控制。通过不同算法获得的恒流特性、恒压特性和其他不同形状外特性,以满足各种弧焊方法和场合的需要。

2)动特性控制。对于CO_2焊接短路过渡等负载状态变化较大的场合,要求能对短路电流上升率 di/dt 等进行控制,以使焊接过程平稳,减少飞溅。

3)预置焊接参数。根据不同的焊丝直径、焊接方法、工件材料、形状、厚度、坡口形状等进行预置焊接参数,再现记忆,监控各组焊接参数,并根据需要实时变换参数。

4)对焊接电流波形进行控制。通过软件设计,可获得各种适合焊接的脉冲电流波形,即可对脉冲频率、缝制电流、基值电流、脉冲宽度、占空比及脉冲前后沿斜率进行任意控制,以便对电流功率实现精确控制。

5)具有与中央计算机双向通信的能力。

20 世纪 70 年代出现的晶体管式电源曾长期作为弧焊机器人的配套电源广为使用,但由于其体积大、效率低等显著缺点,目前已被新发展起来的弧焊逆变电源所代替。因为同等容量的逆变焊机只有晶闸管整流焊机体积的 1/4,重量的 1/3,而效率可达 85%以上,功率因数接近 1。而更为重要的是,焊机的控制性能得到很大改善。例如,利用波形控制法,可以精确地控制CO_2焊熔滴路过渡的每一阶段,以此设计的表面张力过渡(STT)逆变电源(美国 LINCOLN 电气公司产品),基本可做到无飞溅焊接。实践证明,逆变式弧焊电源可以很好地满足机器人对焊接电源上述各种功能的要求。

新型弧焊机器人的逆变式弧焊电源采用积木式结构,硬件上保留逆变电源的本体(包括功率主电路和必要的电压、电流检测元件),通过编程由计算机软件来控制焊机的外特性、输出波形,因此更加适合焊接机器人的柔性加工特点。

目前,机器人专用逆变式弧焊机器人电源大部分独立布置在弧焊机器人系统里,也有一些集成在机器人控制器中。

此外,还应注意焊接系统中送丝机的选择,例如,在碳钢和不锈钢焊接中通常应选择四轮驱动送丝机;而在焊铝材时一定要用推-拉丝双驱动送丝机,才能保证可靠地送丝;在脉冲 TIG 焊接机器人中可配备脉动送丝机。

(2) 焊接传感器。当前最普及的焊缝跟踪传感器为电弧传感器,它利用焊接电极与工件之间的距离变化能引起电弧电流或电压变化这一物理现象来检测坡口中心,因不占用额外的空间而使机器人可达性好。同时,因是直接从焊丝端部检测信号,易于进行反馈控制,信号处理也比较简单。特别是由于其可靠性高、价格低而得到了较为广泛的应用。但该传感器必须在电弧点燃下才能工作,电弧在跟踪过程中还要进行摆动或旋转,故适用的接头类型有限,不能应用于薄板工件的对接、搭接、坡口很小等情况下的接头,在熔化极短路过渡模式下也存在应用上的困难。

光学传感器,尤其是基于三角测量原理的激光视觉传感器系统却具有很多优点:

1) 获取的信息量大、精度高,可以精确地获得接头截面集合形状和空间位置姿态信息,可同时用于接头的自动跟踪以及焊接过程的参数控制，还可用于焊后的接头外观检查。

2）检测空间范围大、误差容限大，焊接之前可以在较大范围内寻找接头。

3）可自动检测和选定焊接的起点和终点，判断定位焊点等接头特征。

4）通用性好，适用于各种接头类型的自动跟踪和参数适应控制，还可用于多层焊的焊道自动规划。

图 7.9 所示为某弧焊机器人实例。

图 7.9　弧焊机器人实例

7.3　喷涂机器人

喷涂机器人广泛用于汽车车体、家电产品和各种塑料制品的喷涂作业，一般分为液压喷涂机器人和电动喷涂机器人两类。图 7.10 所示为液压喷涂机器人作业系统组成。

（1）液压喷涂机器人。机器人的结构为六轴多关节式，工作空间大，腰回转采用液压马达驱动，手臂采用油缸驱动。手部采用柔性手腕结构，可绕臂的中心轴沿任意方向做±110°转动，而且在转动状态下可绕腕中心轴扭转 420°。由于腕部不存在奇异位形，所以能喷涂形态复杂的工件并具有很高的生产率。

（2）电动喷涂机器人。近年来，由于交流伺服电机的应用和高速伺服技术的发展，在喷涂机器人中采用电机驱动已经成为可能。电动喷涂机器人的电机多采用耐压或内压防爆结构，限定在1级危险环境(在通常条件下有生成危险气体介质的可能)和2级危险环境(在异常条件下有生成危险气体介质的可能)下使用。电动喷涂机器人一般有六个轴,工作空间大,手臂重量轻,结构简单,惯性小,轨迹精度高。电动喷涂机器人具有与液压喷涂机器人完全一样的控制功能,只是驱动改用交流伺服电机,维修保养十分方便。

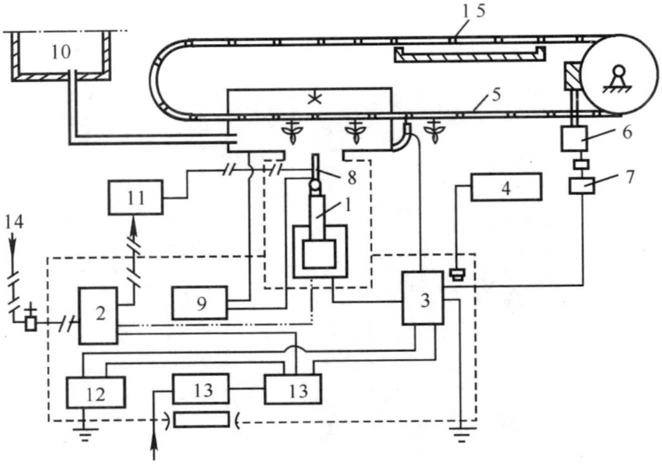

图 7.10　喷涂机器人作业系统

1—操作手;2—液压站;3—机器人控制柜;4,12—防爆器;5—传送带;6—电动机;7—测速电机;8—喷枪;9—高压静电发生器;10—塑粉回收装置;11—粉桶;13—电源;14—气源;15—烘道

喷涂机器人的成功应用,给企业带来了非常明显的经济效益,产品质量得到了大幅度的提高,产品合格率达到99%以上,大大提高了劳动生产率,降低了成本,提高了企业的竞争力和产品的市场占有率。

1. 防爆功能的实现

当喷涂机器人采用交流或直流伺服电机驱动时,电机运转可能会产生火花,电缆线与电器接线盒的接口等处,也可能会产生火花;而喷涂机器人用于在封闭的空间内喷涂工件内外表面,涂料的微粒在此空间中形成的雾是易燃易爆的,如果机器人的某个部件产生火花或温度过高,就会引燃喷涂间内的易燃物质,引起大火,甚至爆炸,造成不必要的人员伤亡和巨大的经济损失。所以,防爆系统的设计是电动喷涂机器人重要组成部分,绝不可掉以轻心。

喷涂机器人的电机、电器接线盒、电缆线等都应封闭在密封的壳体内,使它们与危险的易燃气体隔离,同时配备一套空气净化系统,用供气管向这些密封的壳体内不断地运送清洁的、不可燃的、高于周围大气压的保护气体,以防止外界易燃气体的进入。机器人按此方法设计的结构称为通风式正压防爆结构。

2. 净化系统

机器人通电前,净化系统先进入工作状态,将大量的带压空气输入机器人密封腔内,以排除原有的气体，清吹过程中空气压力为 5 kg/cm^2，流量为 10～32 m^3/h，快速清洁操作过程为 3～5 min，将机器人腔内原有的气体全部换掉，这样机器人电机及其他部件通电时就能安全工作了。

快速清洁操作完成以后，净化系统进入维持工作状态，在这种状态下，此系统在机器人内维持一个非常微弱的正压力。一旦腔体有少量的泄漏，不断输入的带压气体进入腔内防止易燃气体的进入，如果泄露过大，净化系统则无法保持一个正压力，易燃气体会进入机器人腔内。当腔内压力低于 0.7 kg/cm^2 时，低压报警开关被触发，开关信号使得控制面板上的警报发光二极管显示，表示净化系统需要维修。当压力低于 0.5 kg/cm^2 时，低压压力开关合上，使得控制器切断机器人的动力源。

3. 参数设置

(1) 喷涂对象分析。被喷涂零件的形状、几何尺寸是自动喷涂线上的主要设计依据。

1)分析被喷涂零件的几何特征尺寸。一般几何特征尺寸是指最大喷涂面上的轮廓尺寸，根据这些参数选择喷涂设备的最大喷涂行程。

2)进行喷涂区域划分，计算喷涂面积。一般按近似六面体划分区域，并计算出每个区域的面积。根据喷涂面积大小和喷涂形面特征确定喷涂设备的类型。对较平整的喷涂面，可选择喷涂机喷涂；而对形面较复杂或喷涂面法线方向尺寸变化较大的作业面，则可选择机器人喷涂。

(2) 喷涂工艺及参数分析。生产厂家根据被喷零件性能、作用及外观要求确定涂层质量要求。同时，根据这些要求又确定了满足质量保证的喷涂材料和工艺过程。自动喷涂线则必须按照这些要求和工艺过程来进行喷涂作业。

1)根据涂层厚度和质量要求决定喷涂遍数。

2)依据涂料材料的流动性和输送链的速度确定流平时间和区间距离。

3)按照涂层光泽度要求和涂料物理性能(如黏度、电导率等)确定喷枪类型。

4)根据节拍时间和喷涂设备的速度(空气喷枪约为 0.5～0.8 m/s，静电旋杯约为 0.3～0.5 m/s)、喷涂形状重叠(1/4～1/3)，计算每台设备在一个节拍内的喷涂面积，比较这个计算结果与喷涂区域分配面积大小，如果计算结果小于喷涂区域分配面积，说明喷涂设备的喷涂能力不足，需要增加设备。扩大喷涂能力的方法之一是在一台设备上安装多支喷枪。

(3) 喷涂线设备选型。

1)输送链。涂装线的输送链，对于前处理和电泳工位，一般选用悬挂链；对于涂层光泽度要求较高的喷涂、流平、烘干段，选用地面链；对于需仰喷的喷涂零件和光泽度要求不高的喷涂，选用悬挂链，这种链消耗动力少、维修方便。选用输送链时，还应满足承载能力和几何尺寸的要求。

2)喷具。喷具的选择主要取决于涂层的质量要求和涂料性能参数。表 7.2 是几种喷具的主要参数比较。

表 7.2 喷具的主要参数比较

喷枪类型	雾化形式	雾化效果	传递效率/(%)	喷嘴到工件距离/mm
空气喷枪	空气	一般	15～30	200～300
静电空气喷枪	空气	一般	45～75	250～300
无气喷枪	液压	差	20～40	300～370
旋杯静电喷枪	离心力	好	70～90	250～300
盘式静电喷枪	离心力	好	65～90	

选择喷具，除了采用常规方法之外，对于一般仿形自动喷涂机和自动喷涂机，尽可能采用静电喷枪；对于机器人，通常采用空气喷枪。自动喷枪的自动换色系统一般都要配置自动清洗功能。在喷涂过程中定时清洗，以保证喷嘴的喷涂状态一致、喷涂质量一致。

3)喷涂设备。

i) 被喷形面凸凹变化较大、形状复杂，则选用六轴通用机器人，否则选用自动喷涂机或仿形机。

ii) 设备的工作范围和运动参数必须满足喷涂工艺要求。

iii) 设备的功能参数和控制器必须实现自动控制。

iv) 根据工艺参数分析，确定设备数量。

(4) 对喷涂室要求。

1)自动喷涂线配置的喷涂室，除了满足一般涂装工艺要求外，喷涂室里的动力设备应能受总控制台控制，并实现联锁控制。

2)喷涂室风速应按表 7.3 设计。

3)对于静电喷涂作业，喷涂室所有导电体必须接地，喷涂设备及其运动件必须有良好的接地。

4)喷涂室内自动喷涂设备周围应有标志和栅栏，以防止人在设备工作时误入工作区，发生人身伤亡事故。

表 7.3 喷涂室设计风速

喷枪雾化形式	风速/$m \cdot s^{-1}$
离心雾化	0.1～0.3
液压雾化	0.2～0.3
空气雾化	0.3～0.4

(5) 对设备的防爆要求。机器人自动喷涂线内的电器设备必须具备防爆功能。一般防爆结构采用本质安全型隔爆型和正压型防爆结构。对于较难实现防爆结构的电器设备(如控制

柜和总控台)一般采用隔离结构,把其放置在危险区以外的控制室内。

图7.11所示为某喷涂机器人实例。

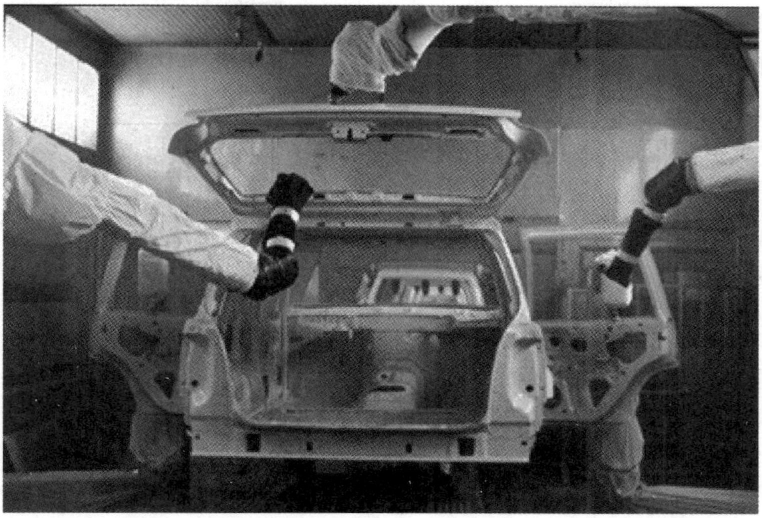

图7.11　喷涂机器人

7.4　装配机器人

统计资料表明,在现代工业化生产过程中装配作业所占的比例日益增大,其作业量达到40%左右,作业成本占到产品总成本的50%～70%,因此装配作业成了产品生产自动化的焦点。以装配机器人为主构成的装配作业自动化系统近年来获得迅猛发展。在国外一些企业的装配作业中已大量采用机器人来从事装配工作,如美国、日本等国家的汽车装配生产线上采用机器人来装配汽车的零部件,在电子电器行业中用机器人来装配电子元件和器件等。

一般来说,要实现装配工作,可以用人工、专用装配机械和机器人三种方式。如果以装配速度来比较,人工和机器人都不及专用装配机械。如果装配作业内容改变频繁,那么采用机器人的投资要比专用装配机械经济。此外,对于大量、高速生产,采用专用装配机械最为有利。但对于大件、多品种、小批量,人又不能胜任的装配工作,则采用机器人合适。例如30 kg以上重物的安装,单调、重复及有污染的作业,在狭窄空间的装配等,这些需要改善工人作业条件,提高产品质量的作业,都可采用装配机器人来实现。

自动装配作业的内容,主要是实现将一些对应的零件装配成一个部件或产品,有零件的装入、压入、铆接、嵌合、黏结、涂封和拧螺丝等作业,此外还有一些为装配工作服务的作业,如输送、搬运、码垛、监测、安置等工作。所以一个具有柔性的自动装配作业系统基本上是由以下几部分构成:

(1)工件的搬运:识别工件,将工件搬运到指定的安装位置,工件的高速分流输送等;

(2)定位系统:决定工件、作业工具的位置;

(3)零件或装配所使用的材料的供给;

(4)零部件的装配;

(5)监测和控制。

据此,要求装配机器人应具有如下的条件:高性能;可靠性;通用性;操作和维修容易;人工容易介入;成本及售价低,经济合理。

目前,国外已有各种专用和通用的装配机器人在生产中得到应用,主要类型有直角坐标型、圆柱坐标型和关节型三大类,关节型装配机器人又有垂直关节型(即空间关节型)和平面关节型(即SCARA型)两种。

7.4.1 机器人装配单元

以某种泵的装配为例,说明机器人装配单元的组成及功能。该泵由泵体、内转子、外转子、端盖及螺钉等零件构成,如图7.12所示。

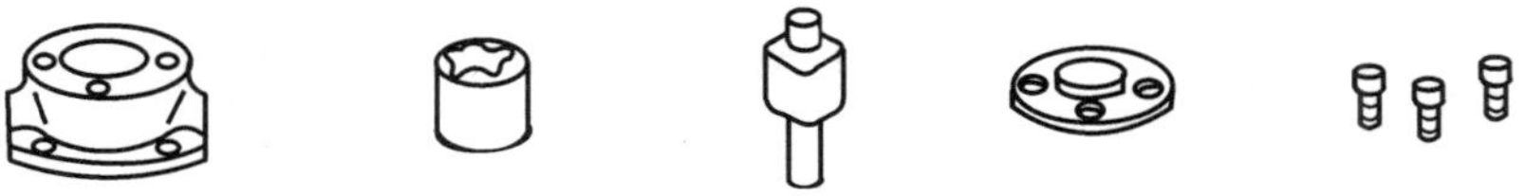

图7.12 组成泵的零件

采用3台机器人、工作台、供料器、料仓、传送带等组成的机器人装配单元完成泵的装配,如图7.13所示。

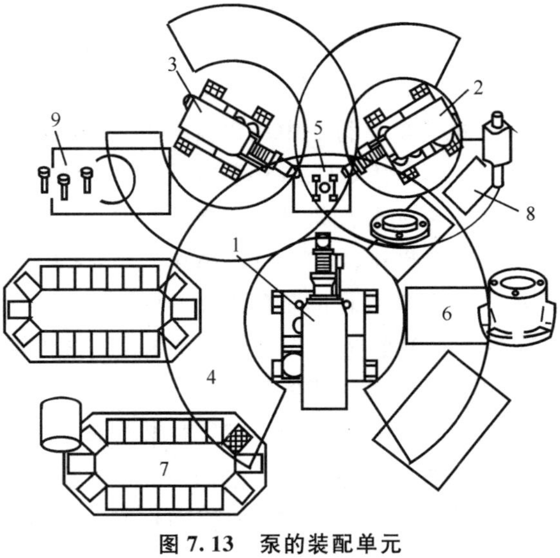

图7.13 泵的装配单元

1,2,3—机器人;4,7—环形传送带;5—装配工作台;6,8,9—料仓装配单元的装配顺序如下：机器人 1 从料仓 6 中夹取泵体并置于装配工作台 5 上；机器人 1 从环形传送带 4 上夹取外转子并将其嵌入泵体；机器人 1 从环形传送带 7 上夹取内转子并将其装入外转子中；机器人 2 从料仓 8 中夹取端盖装到外转子轴上并与泵体贴合；机器人 3 从料仓 9 中夹取排列的螺钉并将端盖与泵体连接；机器人 1 将装配好的泵从装配工作台 5 中夹至传送带 4 上。至此，一个工作循环结束。

7.4.2　机器人装配线

以某吊扇电机的装配为例，说明机器人装配线的构成及其配置。

1. 吊扇电机自动装配作业系统

用于装配 1 400 mm，1 200 mm，1 050 mm 三种规格吊扇电机，生产节拍 6～8 s，图 7.14 是吊扇电机结构图，它由下盖、转子组件、定子组件和上盖等组成，定子由上下各一个向心球轴承支承，整个电机用三套螺钉垫圈连接，电机重量约 3.5 kg，外径尺寸为 180～200 mm。

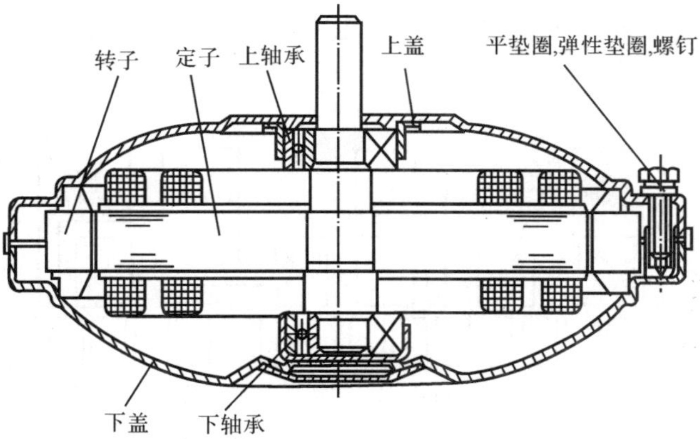

图 7.14　吊扇电机结构

电机装配过程包括轴孔嵌套和螺纹装配两种基本操作，且属于过渡配合情况下的轴孔嵌套。机器人装配线的平面布置图如图 7.15 所示。装配线呈矩形布置，有 14 个工位，34 套随行夹具分布于装配线上，并按规定节拍同步传送；系统中使用 5 台装配机器人，各配 1 台自动送料机；此外，还有 3 台压力机，专用设备 6 台。

各工位需要完成的装配作业如下：

工位 1：机器人从送料机夹持下盖，用光电检测装置检测螺孔定向，放入夹具内定位夹紧。

工位 2：螺孔精确定位，先松开夹具，利用定向专机的三个定向销，校正螺孔位置，重新夹紧。

工位 3：机器人从送料机夹持轴承，放入夹具内的下盖轴承室。

工位 4:压力机将轴承压到位。

工位 5:机器人从送料机夹持定子,放入下轴承孔中。

工位 6:压力机将定子压到位。

工位 7:机器人从送料机夹持上轴承,套入定子轴颈。

工位 8:压力机将上轴承压到位。

工位 9:机器人从送料机夹持上盖,用光电检测装置检测螺孔定向,放在上轴承上面。

工位 10:定向压力机先用三个定向销把上盖螺孔精确定向,随后压头将上盖压到位。

工位 11:三台螺钉垫圈合套专用设备把弹性垫圈、平垫圈,分别套在螺钉上,送到抓取位置,三个机器人分别把螺钉夹持,送到工件并插入螺孔,由螺钉预旋专用设备把螺钉拧入螺孔三圈。

工位 12:拧螺钉机以一定扭矩把三个螺钉同时拧紧。

工位 13:专用设备以一定扭矩转动定子,按转速确定电机装配质量,分成合格品或返修品,然后松开夹具。

工位 14:机器人从夹具中夹持已装好或未装好的电机,分别送到合格品或返修品运输带出线。

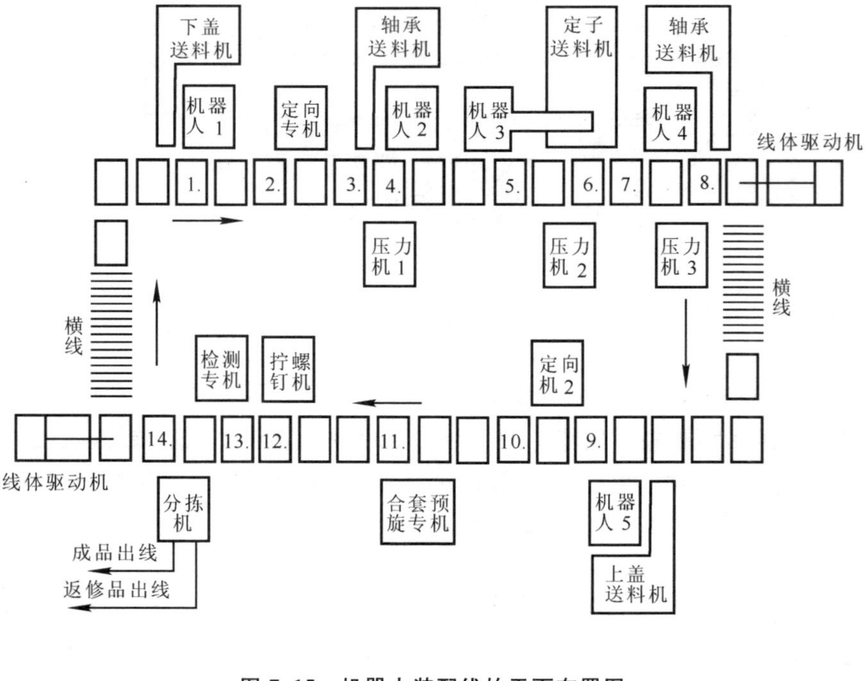

图 7.15　机器人装配线的平面布置图

2. 装配机器人选型

(1) 需求。吊扇电机装配作业系统所使用的机器人主要完成下述操作：

1)利用机器人的堆垛功能，实现对零件的顺序抓取，并运送到装配位置。

2)配合使用柔顺定位装置，实现零件在装配位置上的自动定心和插入。

3)利用机器人及其控制器，配合光电检测装置和识别微处理器，实现螺孔的识别和定向。

4)利用机器人的示教功能，简化设备安装调整工作。

5)使装配系统容易适应产品规格的变化，具有更大的柔性。

(2) 结构形式。根据上述需求，机器人必须具有垂直上下运动，以抓取和放置零件；具有水平两个坐标的运动，把零件从送料机传送到夹具上；此外，还应有一个绕垂直轴的运动，实现螺孔检测；因此，选择具有4个自由度的SCARA型机器人。定子组件采用装料板顺序运送的送料方式，每一装料板上安放6个零件，机器人必须有较大的工作空间，因此，选择了直角坐标机器人。

(3) 规格。

1)行程。根据作业要求，对两种类型的机器人其平面移动范围600 mm，垂直坐标行程在工件装入定子组件之前取100 mm，而在装入定子组件以后，由于定子轴上端有一个保护导线的套管，需要增加100 mm行程，因此，分别选择100 mm和200 mm两种规格。

2)速度。企业要求的装配节拍为6～8 s以内，为了达到这一要求，两种类型的机器人都必须选择高速型，其中SCARA型机器人第一臂和第二臂的综合运动速度5.2 m/s，z轴垂直运动速度0.6 m/s；直角坐标型机器人平面运动速度1.5 m/s，垂直运动速度0.25 m/s。

3)持重。机器人持重由工件及夹持器重量决定，工件重量最重的是定子组件2.5 kg，上下盖或轴承都比较轻，再考虑到夹持器的重量，选用持重5 kg的机器人。

4)重复定位精度。根据作业要求，选择SCARA型机器人的重复定位精度为±0.05 mm，直角坐标型机器人的重复定位精度为±0.02 mm。

(4) 生产厂家。根据性能可靠、价格适中、维修方便等原则，可以选定机器人生产厂家及其具体型号。

3. 机器人装配线外围设备

吊扇电机装配作业系统的外围设备包括机器人夹持器、自动送料装置、螺孔定向装置、螺钉垫圈合套装置等，简介如下：

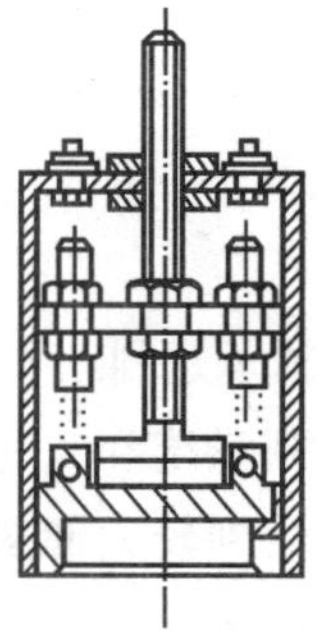

图7.16　SMA轴承夹持器结构

(1) 形状记忆合金轴承夹持器。形状记忆合金(SMA)轴承夹持器的结构如图7.16所示，其外形为直径∅50 mm，高90 mm的圆柱体，重约0.4 kg，可安装在SCARA型机器人手臂末端进行装配作业。当夹持轴承时，夹持器先套入轴承，通电加热右侧记忆合金弹簧(SMA_1)收缩变形，带动杠杆逆时针转动，轴承被夹紧；松开夹紧时SMA_1断电，通电加热左侧记忆合金弹簧(SMA_2)收缩变形,带动杠杆顺时针转动,松开轴承,其工作原理如图 7.17 所示。该夹持器在吊扇电机自动装配作业系统中将下轴承装入电机下盖的工作情况如图 7.18 所示。

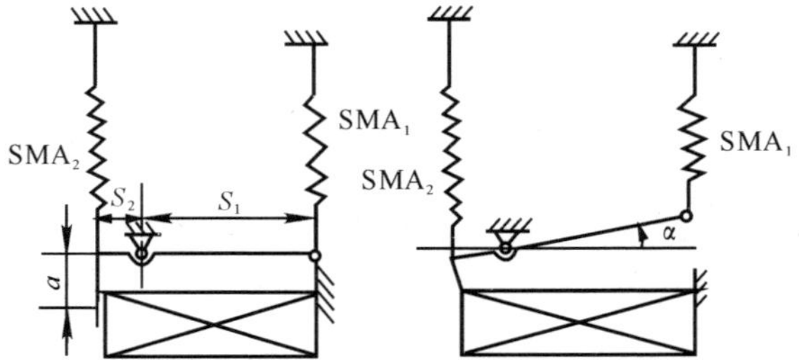

图 7.17　形状记忆合金轴承夹持器工作原理示意图

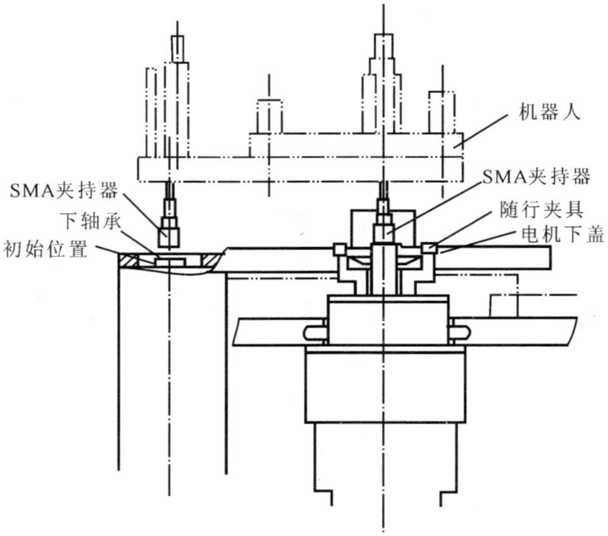

图 7.18　装配轴承工作图

(2) 轴承送料机。轴承送料机如图 7.19 所示,主要由一级料仓、料道、给油器、机架及行程程序控制系统和气压传动系统等组成。物料储备约 600 件,备料间隔时间约 1 h。

为了达到较大储量,轴承送料机采用多仓分装、多级供料的结构形式,设有 6 个一级料仓,每个料仓存有 6 列 16 层轴承;一个二级料仓,存放 16 个轴承。料筒固定,料筒中的轴承按工作节拍逐个沿料道由一个输出气缸送到指定的机器人夹持装置;当料筒耗空后,对准料筒的一级料仓的轴承在列输送气缸的作用下,再向料筒送进一列 16 个轴承,6 次循环之后,该一级料仓轴承耗空,一级料仓由数字气缸组驱动切换料仓,一级料仓按控制系统设定的规律依次与料筒对接供料，直至耗空 5 个料仓后，控制系统发出备料报警信号。

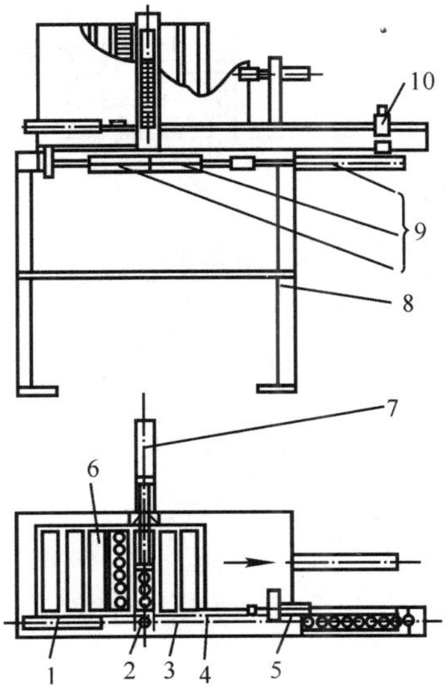

图 7.19　轴承送料机

1—输出气缸；2—二级料仓；3—料道；4—隔离板；5—隔离气缸；6—一级料仓；
7—列输送气缸；8—机架；9—数字气缸组；10—给油器

(3) 上盖送料机。上盖送料机如图 7.20 所示，主要由电磁调速电机及传动机构、转盘、拨料板、送料气缸、定位气缸、导轨、定位板、机架等组成。上盖物料不宜堆叠，采用单层料盘，储料 21 个，备料间隔时间约 2 min。

上盖送料机料盘为圆形转盘，盘面为 3°锥面。电机驱动转盘旋转，转盘带动物料作绕转盘中心的圆周运动，把物料甩至周边，利用物料的圆形特征和拨料板的分道作用使物料在转盘周边自动排序。物料沿转盘边进入切线方向的直线料道，由于物料的堆积力，直线料道可以得到连续的供料。在直线料道的出口处，由送料气缸按节拍要求作间歇供料。物料到抓取位后由定位气缸通过上盖轴承座位孔定位。

(4) 定子送料机。定子形状复杂，绕组部分不容碰撞，且无合适的滑移支承面，因此送料机上定子单层利用下轴颈插装在托盘上，托盘作为移动料仓间歇移动供料，利用机器人的堆垛功能在工作位置的托盘上顺序取料。定子送料机如图 7.21 所示，由 11 个托盘、输送导轨、托盘换位驱动气缸、机架等组成。送料机储料 60 件，正常备料时间间隔 3 min。定子送料机采用框架式布置，矩形框四周设 12 个托盘位，其中一个空位作为托盘先后移动的交替位。矩形框的四边各设一个气缸，在托盘要切换时循环推动各边的托盘移动一个位置。在工作位(输出位)底部设定位销给工作托盘精确定位，保证机器人与被抓定子的位置关系。

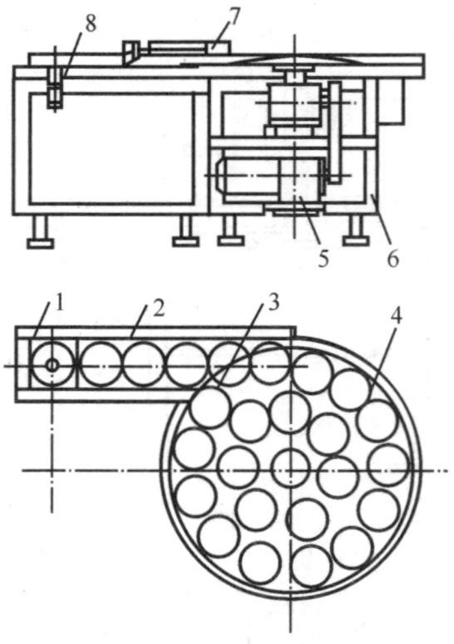

图 7.20　上盖送料机

1—定位板；2—导轨；3—拨料板；4—转盘；5—电机及减速器；
6—机架；7—送料气缸；8—定位气缸

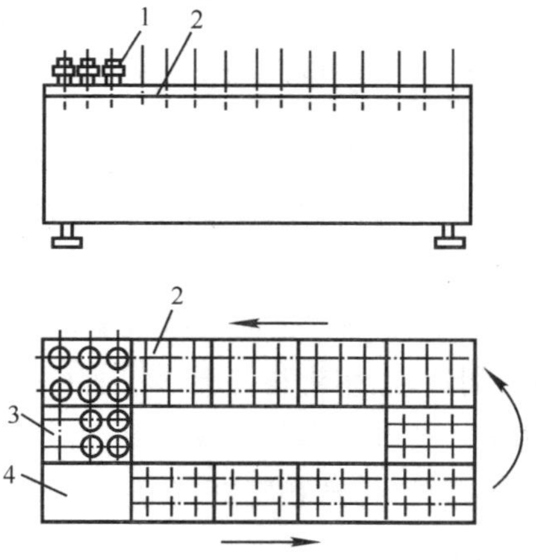

图 7.21　定子送料机

1—定子；2—托盘；3—工作位；4—空位

4. 机器人装配线安全措施

(1) 从控制方面保证系统的安全使用。由于装配线上有 5 台机器人和 20 多台套的专用设备，各自完成一定的动作，既要保证这些动作按既定的程序执行，又要保证安全运转，对其作业状态必须严格进行监测与监控，防止误操作，必要时还要进行人工干预。主要措施包括：

1)设置数百个监测点，检测初始状态信息、运行状态信息及安全监控信息。在关键或易出故障的部位检测危险动作的发生，防止被装零件或机构相互干涉，当有异常时，发出报警信号并紧急停机。

2)采用分级分布式控制方式,既实现了对整个装配过程的集中监视与控制,又使控制系统职能分散,增加了系统的鲁棒性。

3)采用多种通信方式,保障系统信息畅通。

(2) 从气动系统方面保障系统的安全使用。

1)使用专用气源装置,保证气压稳定。

2)在保证生产率的前提下,气缸采取适当的缓冲措施以避免冲击。

(3) 从操作人员培训方面保证系统的安全使用。在系统安装调试阶段,就开始培养使用、维护人员,使其对全系统有一个深入了解,以避免操作失误。

(4) 使用安全栅栏,避免非操作人员进入作业区。

7.5　本章小结

本章从系统的观点出发,对机器人的应用进行了阐述。首先,对组成机器人应用系统的外围设备及其选用作了介绍。其次,通过对机器人在工业领域的一些成熟应用,如焊接、喷涂、装配等的介绍,使读者对机器人应用需求确定、系统选型、相关配套设施等问题有一个深入理解,便于在工作实践中更好地发挥机器人的作用。

习　题

1. 何谓机器人系统?为什么要组成该系统?
2. 机器人外围设备分哪几种类型?各有何用途?
3. 焊接机器人有哪些组成部分?为什么?
4. 装配机器人主要应用领域何在?为什么?
5. 选用机器人要考虑哪些主要因素?为什么?
6. 你认为今后机器人应用热点在哪个方向?

第8章　机器人未来发展

机器人技术作为信息技术和先进制造技术的典型代表和主要技术手段，已经成为世界各发达国家竞相发展的高技术，其发展水平已经成为衡量一个国家技术发展水平的重要标志之一。2000年12月，美国《时代》杂志评选年度风云人物，10位当选者中最后一位是日本本田公司生产的机器人阿西姆(ASIMO)。机器人已成为我们这个世界的一部分，它的发展与我们的工作、生活息息相关。

8.1　智能机器人

人类的智能，是指人类所具有的记忆、思考、观察、想象、学习、推理及发明、创造等认识世界与改造世界的能力。很久以来，人类就期盼能造出具有这种能力的机器。但是，在计算机问世之前，这些愿望不过是些纯粹的幻想。然而随着微电子、光电技术的飞速发展，人工智能技术也一步步地变为现实。

智能机器人一般具有控制、操作、运动、感觉和思维等5种功能。其中感觉功能是最复杂的功能之一，必须有多种传感器。所谓"思维"功能，是指能自动完成决定、规划任务、控制动作和解释传感器数据的功能。上述种种功能，主要依靠智能计算机对文字、图像及语言的识别、处理，输出服务信息，实现人机对话，达到机器人能看、会听、善讲和自动感受环境的目的。

8.1.1　智能机器人现状

如果说20世纪80年代是工业机器人大发展的年代，那么20世纪90年代则是各种各样机器人全面增长的时期。世界各国的科学家现在已经研制出了多种智能机器人。

(1)吃糖的机器人。美国南佛罗里达大学的研究人员研制出了一种依靠蔗糖发生化学反应产生的电能从事各种活动的机器人。据这一机器人的主要发明人司徒阿特·威尔金森称"这种机器人所需的电能来自蔗糖进行化学分解后产生的电能，这种电能可以使其从事一系列自主的活动"。威尔金森希望该机器人未来可以完成诸如看果园等任务，这样它就可以依靠掉在地上的果子发生化学反应来获得新的能量，而不必再由工作人员定期为它添加蔗糖。这样，机器人就可以真正地实现自主"生活"了。

(2)导游机器人。"灵灵"是国内研制成功的一种导游机器人。该机器人会了解周围的环境并适应它，它的身上装有电脑、红外线和超声波测距装置、声音传感器，它可以随着场景的变化向参观者讲解，并能与人们进行简单的交流。“灵灵”采用蓄电池供电，最长使用时间为4 h，具有无缆行走、自主路径规划、障碍物的识别及回避、语音识别和语音合成、自由对话及讲解等功能，可配备多媒体触摸屏电脑。

(3)汽车安装工机器人。在沈阳“金杯”客车公司轻型汽车总装生产线上的 9 台智能移动机器人，在调度台的指挥下，将汽车发动机、后桥、油箱等部件自动引导、运输、装配在“海狮”面包车身上，使这种车的生产节拍由过去 5 min 一台提高到 3.9 min 一台。

(4)弹跳机器人。美国明尼苏达大学研制出一种可以跳上楼梯和搜索危险建筑物内部的微机器人。这种机器人可以用于城市战争或帮助警察挫败处于包围中的劫持人质的恐怖分子。这种机器人的直径只有 4 cm，它可以跳跃、滚动和停下来，并通过无线电和其他同伴联系。跳跃是由安装在机器人腿内部的能够突然释放弹力的弹簧机构产生的。因此这种机器人可以登楼梯，也可以跳过小的障碍物。机器人还有两个独立的轮子帮助其在需要时滚到一定的位置。每个机器人都有一个很小的传感器，并有一个可以突然从体内弹射出的电视摄像头，摄像头既能左右摆动也能上下俯仰，因此可以拍摄周围的全景；另一些机器人还配备有小的振动器和麦克风。

8.1.2　智能机器人关键技术

智能机器人的研究开发取得了令人瞩目的成果，最重要的是设计思想上的创新。没有这些创新就很难想象核工业机器人、水下机器人、救灾机器人等等今天会是什么样子。智能机器人要有新的突破，还应在以下几个领域进行更为深入的研究。

1. 移动技术

移动功能是智能机器人与工业机器人显著的区别之一，附加了移动功能之后，机器人的作业范围大幅度扩大，从而使移动机器人的概念也从陆地拓展到水下和空中。

移动机构有与面向作业任务的执行机构综合开发的趋势。因为无论何种机器人都需要通过搭载的机械手或传感器来完成特定的作业功能。另一个趋势是移动的运动控制与视觉的结合日益密切。实际上这种倾向在 ALV 中就初见端倪，最近则越过了静态图像识别的框框，进入主动视觉(Active Vision)和主动传感(Active Sensing)的阶段。显然，智能机器人在非结构环境中自主移动，或在遥控条件下移动，视觉-传感器-驱动器的协调控制不可少。

就步行机构而言，近期的热点是动步行。围绕这个目标，主要开展的目标有：以仿生学、生物学的角度探索步行机理；弄清楚步态与能量的关系；规划各种步态；开发步行专用语言等。应当指出的是，高水平的动步行必须是智能步行，即对环境有较强的适应能力。为此，传感技术和导航技术结合是必不可少的。

2. 动力源和驱动

尽管智能机器人学的研究达到了相当高的水平，但随着工作的深入，人们越来越体会到，把理论付诸实现，研制智能机器人样机是一件多么困难的事情。障碍是多方面的，动力源和驱动器是其中之一。智能机器人的机动性要求动力源轻、小、出力大。迄今为止，这个问题几乎被研究人员所忽视，因此现有的移动机器人无一例外地拖着“辫子”。以动力源的重量/功率之比为例，目前电池约达到 60 g/W(连续使用 1 h)，发电设备约 10 g/W，汽油机约为 1.3 g/W，都不理想，而且使用有局限性。应当从何处着手改善动力源的落后状态，尚没有头绪，但要提高机器人的自主性，这个问题是难以回避的。

3. 操作器

工业机器人手臂的设计制造已日趋成熟，所以在智能机器人的研究方面，人们的兴趣主要集中在各种具有柔性或灵巧性的手爪和手臂上。

手臂结构要适应智能机器人高速、重载、高精度和轻质的发展趋势。其中轻质化是关键。新型高刚度、抗震结构和材料是当前研究的前沿领域。

机器人手、腕及其连接机构依然是引人注目的研究方向。手腕机构的开发致力于快速、准确、灵活性、柔顺性以及结构的紧凑性。各种专用、通用手爪和可换手爪是实现上下料、装配、搬运等各种作业不可缺少的功能部件。而吸盘式手则用于薄板、盘形零件、纸张等的输送。随着机器人的普及，手爪的应用会越来越广泛。最近，有关手腕、手爪的专利申请相当多。

4. 仿生机构

智能机器人机构的生命在于创新，不断有形形色色的、多姿多彩的机构创造出来。开展仿生机构的研究，可以从主体构造、移动模式、运动机理、能量分配、信息处理与综合以及感知和认知等方面多层次得到启发。目前，以躯体为构件的蛇行移动机构、人工肌肉、仿象鼻子、柔性臂、人造关节、假肢、多肢体动物的运动协调等等受到关注。仿生机构的自由度往往较多，建立数学模型以及基于模型的控制比较复杂，借助传感器获取信息加以简化可能是一条出路。

8.1.3 进化机器人

进化机器人是嵌入了进化机制的，具有较强环境适应能力的机器人，属于智能机器人研究中比较新的技术领域。它受达尔文自然进化和优胜劣汰的思想启发，把机器人作为一个自主个体，在与外界环境的交互中生长、发展、进化。这个进化过程是一个类似于自然生命系统的自组织过程，不受人为因素的干预。进化机器人的这种设计思想在理论上是非常简单的：对于一个机器人群，给定其性能评价函数，计算各个机器人对环境的适应度，选择适应度最好的进行杂交、遗传、变异，产生下一代种群，对下一代进行类似操作，直至产生满足要求的机器人。

进化机器人的想法主要来源于生物进化。进化使得生物能够更好地适应自然环境，最复杂的生物都是由简单的生物经过漫长的岁月逐渐演化而来的。虽然进化的结果非常复杂，但进化的过程却非常简单：繁殖、变异、竞争、选择。其中，变异是模拟自然界中生物遗传物质的变异；交叉是模拟有性生殖过程中的染色体交换过程；选择是模拟自然界的优胜劣汰过程。

进化机器人的优势在于简化了控制器设计中人的工作，将机器人系统及其行为看成了一个整体，与传统机器人相比，进化机器人具有较强的环境适应性、灵活性、鲁棒性以及更高的智能水平。作为一个新型的研究领域，进化机器人学中还有很多问题需要解决，包括仿真模型、进化时间、硬件保障和行为评价等。当机器人结构、环境、任务等向复杂化方向发展时，上述问题就显得更为突出。将人工智能技术与进化计算结合起来，也许会为进化机器人方法提供一种新的思路。随着复杂系统动力学的进展和计算机运算速度的极大提高，进化机器人方法将会应用到环境更为复杂、智能水平要求更高的问题求解中去。

8.2　微机器人

一般而言，尺寸在 1～100 mm 之间的机构称为小型机构，在 10 μm～1 mm 之间的机构称为微型机构，在 10 μm 以下的称为超微型机构。

微机器人是可编程通用微型机械或微动机械，微型机器人系统本身极小，便于进入微小空间并进行操作，像进入人的血管进行检查。微动机器人系统其操作对象和运动范围极小，一方面可以完成先前无法实现的精细操作，另外可以用来改善常规系统的性能，进行细胞级、亚细胞级的自动操作，诸如进行细胞融合、存储、切割等。

8.2.1　微机器人的组成与应用

1988 年，美国加州大学伯克利分校研制成功直径细如发丝的静电马达，轰动了世界。目前，国内外关于微机械的研究已取得一些可喜的进展，但从总体来说，微机械的发展仍处于初期阶段，所加工出的零部件大约 90%以上属于非活动的，只有 10%是活动的，大多数成果处在实验室阶段。

微机器人系统离不开微动系统，由于移动距离小，微动系统运动速度可以很快；温度和震动产生的干扰随着系统的变小而减小；微动系统施加的力比较小，更适于易损物体的操作；微动系统占据空间较小，造价低。

1. 微机器人的组成

（1）微动装置：关键为微驱动马达，通常要求开环精度达到几十纳米。目前微驱动马达有两类：高精度步进电机和用压电晶体做的微驱动器。

（2）操作平台和工具：针对不同的任务而设计。操作平台一般和微动部件相连接，用于定位操作对象。操作工具也要连接到微动部件，以便加工控制到位。比如基因注射，首先把基因枪和细胞控制到位，而后把基因注射到细胞内部。用于微操作的工具不同于常规机器人的末端执行器，如细胞的移动、融合，靠电磁力推动来完成。

(3)传感器：为提高控制精度，要配置内部传感器和外部传感器。由于微动部件本身已经很小，目前与其相配的内部传感器不多，所以外部传感器显得格外重要。先进的显微技术和成像系统可用来监视和测定微操作对象。

(4)控制系统：微动系统的控制除了技术上的问题之外，很可能要借助于新的概念和途径，现有的物理学规律、古典的和现代的控制理论和手段是否能用于微动系统还有待实践的检验。

2. 微机器人系统的应用

微机械系统和微机器人系统可应用的范围极广，1989 年美国国家科学基金会(NSF)列出十几种新型微机械的应用，包括微手术所需的微型剪和微型锯，光纤通信中的微型光学系统，用于小型录音机、计算机的微型驱动部件等。

(1)医疗科学。用于微外科手术、脏器和血液的检查。美国马里兰大学约翰·霍普金斯(John Hopkins)实验室制造了只有维生素片剂大小的药丸，含有一个硅温度计和电子线路，能迅速传递温度数据到记录装置。

日本东京大学的科学家们正致力于制造直径小于 1 mm 的微型机器人，可以在血管与脏器中穿行、定位并治疗疾病组织。

瑞典已经开始制造微型医用机器人。这种机器人由多层聚合物和黄金制成，外形类似人的手臂，其肘部和腕部很灵活，有 2～4 个手指，能够捡起和移动肉眼看不见的玻璃珠。科学家希望这种医用机器人能够在血液、尿液和细胞介质中工作，捕捉和移动单个细胞，成为微型手术器械。

(2)生物工程。生物水平上的操作是微机器人系统的重要应用领域，细胞操作像细胞融合，细胞传递、存储，遗传物质注入细胞、胚胎，DNA 信息获取，除了要求闭环的位置控制外，一般还得有开环的脉冲动力信号。因为细胞膜极易变形，所以尖端必须加速到一定速度，以避免细胞缠绕。

(3)航天探测。利用多个微型机器人探索火星要比使用一个大型机器人探索的面广得多，它们也可以探索较危险的地区，因为即使有几个损坏了，还有一些可以继续工作。

8.2.2 微机器人关键技术及发展前景

1. 微机器人系统关键技术

加工制造只是微机器人系统发展的一方面的障碍，牵涉更多的主要有微驱动技术、传感技术、控制技术、能源技术、制造材料和机构选型。另外需要高速、可靠的通信网络，因为好的部件并不能保证有好的系统性能。

在微米级，静电驱动占有较大优势。由于几何尺寸的微型化，表面积与体积之比将变大，因此表面效应将取代体积效应而占据支配作用。一般而言，静电力与特征尺度的平方成正比，惯性力、电磁力则与特征尺度的立方成正比，随着特征尺度的变小，静电力相对变大，惯性力和电磁力相对变小。静电驱动也有其不利的一面，静电对尘埃的吸引，可能阻碍运动，肉眼看不到的浮尘对微型机器而言看起来就像巨大的活动扳手，可能卡住机器的齿轮。宏观世界的各种规律在微观世界不一定适用，要探索微观运动学、动力学规律。

在未来的数年里，人们将致力于制造更加复杂的传感器，使之具有高分辨率、高灵敏度和高数据密度。这方面的困难除了制造之外主要来自：一是没有通用的理论指明操作任务到底需要什么样的数据，没有集成各种传感器数据的鲁棒模型；二是缺少快速可靠地获取分布传感器数据的办法。

2. 微机器人发展前景

微型机器人的设计可以借助生物学原理。事实上，细胞本身就是一个活生生的纳米机器，细胞中的每一个酶分子也就是一个活生生的纳米机器人。纳米技术与仿生学的结合可以使生物物理学家仿照生命过程的各个环节制造出各种各样的微机器人。可以预测，直接利用太阳能制造食物的机器人将在 21 世纪出现；利用纳米技术可以制造在血管中游走的机器人，以便专门清除血管壁上沉积物，减少心血管疾病的发病率；利用纳米技术还可以制造出能够进入组织间隙专门清除癌细胞的机器人。所有这些都已不再是天方夜谭，在不久的将来，由于机器人的出现，人类的生活必将发生翻天覆地的变化。

8.3　机器人发展趋势

当今机器人技术的发展趋势主要有两个突出的特点：一个是在横向上，机器人的应用领域在不断扩大，机器人的种类日趋增多；另一个是在纵向上，机器人的性能不断提高，并逐步向智能化方向发展。在 21 世纪，机器人技术将继续是科学与技术发展的一个热点。机器人技术的进一步发展必将对社会经济和生产力的发展产生更加深远的影响。机器人是集机械、电子、计算机、控制、传感器、仿生学和人工智能等多学科理论与技术的机电一体化机器。在未来的 100 年中，科学与技术的发展将会使机器人技术提高到一个更高的水平。机器人将成为人类多才多艺和聪明伶俐的“伙伴”，更加广泛地参与人类的生产活动和社会活动。

（1）机器人将更加广泛地代替人从事各种生产作业，使人类从繁重的、重复单调的、有害健康和危险的生产作业中解放出来。

目前工业机器人已广泛地应用于汽车工业、机械加工工业、电子工业及塑料加工工业中，在工业生产中，弧焊机器人、点焊机器人、装配机器人、喷漆机器人及搬运机器人等工业机器人都已被大量采用。随着科学与技术的发展，工业机器人的应用领域也随之不断扩大。现在工业机器人的应用已开始扩大到核能、采矿、冶金、石油、化学、航空、航天、船舶、建筑、纺织、制衣、医药、生化、食品等工业领域中。

工业机器人是一种可编程的柔性自动化设备，它对不同的生产环境和作业要求具有很强的适应性，人所从事的作业，许多都能由机器人来完成。因此，用来完成不同生产作业的工业机器人的种类愈来愈多，具有特殊作业功能的工业机器人层出不穷。例如抛光机器人、打毛刺机器人、激光切割机器人、擦玻璃机器人、高压线作业机器人、服装裁剪机器人、制衣机器人、管道机器人等，种类繁多，数不胜数。当前机器人技术的发展势头很猛，甚至在非工业领域中，机器人技术的应用也正在迅速扩大开来，例如在农业、林业、畜牧业和养殖业等方面都开始应用机器人技术。人类生产活动的需要是生产作业机器人技术发展的基本动力。人类将创造出各种各样的、前所未有的生产作业机器人，用来代替人类的大部分体力和部分脑力劳动。现在人类从事的生产作业，将来大部分都将由机器人及其他自动化设备来完成。工业将实现高度自动化。农业、林业、畜牧业和养殖业等将从现在的手工、半机械化和机械化作业发展到工业化和自动化生产。机器人将成为人类社会生产活动的“主劳力”，人类将从繁重的、重复单调的、有害健康和危险的生产劳动中解放出来，从而有更多的时间去学习、研究和创造。

(2) 机器人将成为人类探索与开发宇宙、海洋和地下未知世界的有力工具。将人类送入太空进行宇宙探索是非常危险和昂贵的。用机器人代替人从事空间作业和太空探索是必要的，也是可能的。实际上，航天飞机已经将舱外作业机器人带入太空进行太空作业。舱内作业空间机器人也已搭载在航天飞机上，在太空进行了实验。火星探测车已被送到火星表面上，并成功地完成了预定的探测任务。现正在进行的国际空间站计划将采用多种空间机器人从事空间作业。用于宇宙空间探索和开发的空间机器人将在 21 世纪大显身手。各种舱内作业机器人、舱外作业机器人、空间自由飞行机器人、登陆星球的探测车和作业车将被送上太空，去开发与利用空间，去发现与利用外界星球的物质资源。

水下作业对于人来说是一项危险作业，特别是在深海作业更加危险。在 10 km 深的深海中，其压力是地面压力的 1 000 倍，那里是迄今为止人类难以到达的地方。海底，特别是深海海底对我们而言还是一个未知的世界。水下机器人将用于海底探测与开发、海洋资源开发与利用、水下作业与救生等。

地下探索与开发是一项难题。在地下矿藏资源的勘察与开发，地下古物、古迹的探索与发现，地质结构与岩石力学分析，地震监测等方面，像穿山甲一样的地下机器人可能会派上用场。

(3) 在未来战争中机器人将发挥重要作用。军用机器人可以是一个武器系统，如机器人坦克、自主式地面车辆、扫雷机器人等，也可以是武器装备上的一个系统或装置，如军用飞机的“副驾驶员”系统、舰船作战管理系统、武器装备的自动故障诊断与排除系统、坦克炮装弹机器人系统等。军用机器人受到军事专家的青睐，多种军用机器人被列入研究计划，有的已经投入实际应用。军用机器人将成为武器装备系统中的一个重要家族。作战机器人(地面、空中及水下无人驾驶作战武器)、侦察机器人、哨兵机器人、排雷机器人、布雷机器人等将会迅速发展。将来可能会出现机器人化部队或兵团。在未来战争中将会出现机器人对机器人的战斗。

(4) 机器人将用于提高人民健康水平与生活水准、丰富人民文化生活。改善人民的生活条件,提高人民的生活水准和丰富人民的文化生活始终是人类面临的一个重要课题。在 21 世纪,服务机器人将进入家庭。家庭服务机器人可以从事清洁卫生、园艺、炊事、垃圾处理、家庭护理与服务等作业。在医院,机器人可以从事手术、化验、运输、康复及病人护理等作业。在商业和旅游业中导购机器人、导游机器人和表演机器人都将得到发展。智能机器人玩具和智能机器人宠物的种类将不断增加。各种机器人体育运动比赛和文艺表演将层出不穷。机器人不再是只用于生产作业的工具,大量的服务机器人、表演机器人、科教机器人、机器人玩具和机器人宠物将进入人类社会,使人类生活更加丰富多彩。

(5) 具有感知功能的机器人和具有自主功能的机器人技术将迅速发展。机器人技术的发展,一方面表现在机器人应用领域的扩大和机器人种类的增多;另一方面表现在机器人的智能化。前者是指应用领域的横向拓宽,后者是在性能及水平上的纵向提高。机器人应用领域的拓宽和性能水平的提高,二者相辅相成、相互促进。应用领域的扩大对机器人不断提出新的要求,推动机器人技术水平的提高;反过来,机器人性能与智能水平的提高,又使扩大机器人应用领域成为可能。计算机的小型化与智能化、传感器系统的集成化与智能化将促进智能机器人的发展。在 21 世纪,各种智能机器人将得到广泛应用。具有像人的四肢、灵巧的双手、双目视觉、力觉和触觉感知功能的仿人型智能机器人将被研制成功,并达到应用。

(6) 机器人技术与相关学科技术将相互促进、共同发展。目前,机器人技术的发展尚存在许多待解决的瓶颈问题。从仿生学角度看,现代机器人的驱动系统还是相当笨重的,虽然人们曾努力创造了数种用于机器人的驱动系统,但是现在还没有任何驱动系统能与人的肌肉相媲美。由伺服电机和减速器等构成的机器人驱动系统的重量占机器人总重量的很大比例。需要研究与创造体积小、重量轻、出力大、灵敏度高的新型驱动系统,用于取代现在使用的笨重的驱动系统。对于移动机器人来说,还需要解决可携带能源的问题。现在所使用的蓄电池的体积与重量,相对其蓄电容量来说,都显得太大、太笨重。计算机的信息传输与处理速度还不够快,还不能满足机器人实时感知系统的需要。机器人的“思维能力”也将取决于计算机的智能化程度。传感器的小型化和集成化已取得一定的进展,但仍然不能满足机器人技术发展的需要。21 世纪,机器人的种类将大量增加,机器人种类的多样性和机器人应用的广泛性,要求机器人系统逐渐走向标准化、模块化、开放化和网络化。

21 世纪,机器人家族一定会越来越兴旺,机器人也将越来越多才多艺,越来越聪明伶俐,机器人将进一步促进人类社会技术的进步和经济的发展。

8.4 本章小结

本章试图通过对机器人当前研究与应用热点领域的介绍，如智能机器人、微机器人等，使读者对机器人发展趋势有一个了解。当然，随着科学的发展、技术的进步，机器人的未来决不仅仅限于本章所介绍的范围，在机器人研究与应用中还有许多新领域、新知识等待着读者们去探索、去追求。

习 题

1. 为什么智能机器人受到学术界和工业界的共同关注？
2. 何谓进化机器人？它与一般机器人的差异何在？
3. 微机器人为什么在短时间内取得较大进展？
4. 你认为微机器人未来的应用重点在哪些方面？
5. 机器人技术未来 10 年最可能在哪些方向取得突破？

参考文献

[1] 付京逊,冈萨雷斯 R C,李 C S G. 机器人学:控制、传感技术、视觉、智能．杨静宇,译．北京:中国科学技术出版社,1989.

[2] 熊有伦．机器人技术基础．武汉:华中理工大学出版社,1996.

[3] 蔡自兴．机器人学．北京:清华大学出版社,2002.

[4] 孙增圻．智能控制理论与技术．北京:清华大学出版社,1997.

[5] Sciavicco L, Siciliano B. Modelling and Control of Robot manipulators. 2th ed. London: Springer - Verlag, 2000.

[6] 王庭树．机器人运动学及动力学．西安:西北电讯工程学院出版社,1990.

[7] Paul R P. Robot Manipulators: Mathematics, Programming and Control. Cambridge:MIT Press,1981.

[8] 殷际英,何广平．关节型机器人．北京:化学工业出版社,2003.

[9] 日本机器人学会．机器人技术手册．宗光华,译．北京:科学出版社,1996.

[10] 蒋新松．机器人学导论．沈阳:辽宁科学技术出版社,1994.

[11] 胡寿松．自动控制原理．3 版．北京:科学出版社,2001.

[12] 周远清,张再兴．智能机器人系统．北京:清华大学出版社,1989.

[13] 高为炳．变结构控制的理论及设计方法．北京:科学出版社,1996.

[14] 克雷格 J 约翰．机器人学导论．苏仲飞,译．西安:西北工业大学出版社,1987.

[15] 孙增圻,严隽薇,钱宗华．机器人智能控制．太原:山西教育出版社,1995.

[16] 柳洪义,宋伟刚．机器人控制基础．北京:冶金工业出版社,2002.

[17] Khalil W, Dombre E. Modeling, Identification and Control of Robots. London:Hermes Penton Ltd. , 2002.

[18] 白井良民．机器人工程．王棣棠,译．北京:科学出版社,2001.

[19] 申铁龙．机器人鲁棒控制基础．北京:清华大学出版社,2002.

[20] Koivo A J. Fundamentals for Control of Robotic Manipulators. America: John Wiley, 1989.

[21] 林尚扬,陈善本,李成桐．焊接机器人及其应用．北京:机械工业出版社,2000.

[22] 机电一体化技术手册编委会．机电一体化技术手册．2 版．北京:机械工业出版社,1999.

[23] 张伯鹏,张昆,徐家球．机器人工程基础．北京:机械工业出版社,1989.

[24] 周明,孙树栋．遗传算法原理与应用．北京:国防工业出版社,1999.

[25] Yoshikawa T. Foundation of Robotics: Analysis and Control. Cambridge: MIT Press, 1990.

[26] 吴广宇,姜复兴．机器人工程导论．哈尔滨:哈尔滨工业大学出版社,1988.

[27] 柳洪义,宋伟刚．机器人技术基础．北京:冶金工业出版社,2002.

[28] 孙迪生,王炎．机器人控制技术．北京:机械工业出版社,1997.

[29] 李清泉．自适应控制系统理论、设计与应用．北京: 科学出版社,1990.

[30] 黄真,孔令富,方跃法．并联机器人机构学理论及控制．北京:机械工业出版社,1997.

[31] 李磊,叶涛,谭民,等．移动机器人技术研究现状与未来．机器人,2002(9).

[32] 陈海英,郭巧．进化机器人．机器人,2003(1).

[33] 蔡鹤皋．机器人将是21世纪技术发展的热点．中国机械工程,2000(2).

[34] 黄亚楼,卢桂章．微机器人和精微操作的研究与发展．机器人,1992(7).

[35] Slotine J E, Li W. On the Adaptive Control of Robot Manipulators. International Journal of Robotics Research, 1987(6):49 - 59.

[36] Fukuda T, Kubota N. Intelligent Robot Systems: Adaptation, Learning and Evolution. Artificial Life and Robotics, 1999, 3(1):32 - 38.

[37] Luh J Y S, Fisher W D, Paul R P. Joint Torque Control by a Direct Feedback for Industrial Robots. IEEE Trans. Automatic Control, 1983, 28(2):153 - 162.

[38] Maciejewski A A, Fox J J. Path Planning and the Topology of Configuration Space. IEEE Trans. Robotics and Automation, 1993, 9(4):444 - 456.

[39] 孙树栋,林茂．基于遗传算法的多移动机器人协调路径规划．自动化学报, 2000,26(5).

[40] 周明,孙树栋, 彭炎午．基于遗传算法的多机器人系统集中协调式路径规划．航空学报,2000,21(2): 146 - 149.

[41] 周明,孙树栋, 彭炎午．伪并行遗传算法及其在多峰值函数全局优化中的应用．信息与控制,1999,28(7):678 - 680.

[42] Sun Shudong, Lin Mao. Path Planning of Multi-mobile Robots Using Genetic Algorithms: 5th Inter. Conf. On Mechatronics and Machine Vision in Practice(M2VIP), Nanjing, 1998: 153 - 156.

[43] 孙树栋,曲彦宾．遗传算法在机器人路径规划中的应用研究．西北工业大学学报,1998, 16(1):79 - 83.

[44] 周明,孙树栋, 彭炎午．基于遗传模拟退火算法的机器人路径规划．航空学报,1998, 19(1):118 - 120.

[45] 周明,孙树栋, 彭炎午．使用遗传算法规划移动机器人路径．西北工业大学学报,1998, 16(4):580 - 583.

[46] 孙树栋,曲彦宾．基于C语言的遗传算法工具箱．西北工业大学学报,1997,15(3).

[47] Sun Shudong, Morris A S, Zalzala A M S. Trajectory Planning of Multiple Coordinating Robots Using Genetic Algorithms. ROBOTICA, 1996, 14(2):227 - 234.

[48] 孙树栋．机器人系统变结构模型跟随控制方法研究．西北工业大学学报,1996,14(1):17 - 21.

[49] Sun Shudong, Su Zhongfei. Experimental Study of Robot Controller with Sliding Mode: 11th ICPR, Hefei, 1991.

[50] Sun Shudong, Zhu Jianying. Variable Structure Model Reference Adaptive Control System with Application in Robots. Annals of CIRP, 1989, 38(1).